U0262005

区域大气污染防治的政策及经济学分析

A i r P o l l u t i o n

昌敦虎 著

中国社会科学出版社

图书在版编目（CIP）数据

区域大气污染防治的政策及经济学分析/昌敦虎著．—北京：中国社会科学出版社，2022.4
ISBN 978-7-5227-0199-8

Ⅰ.①区…　Ⅱ.①昌…　Ⅲ.①空气污染—污染防治—研究　Ⅳ.①X51

中国版本图书馆 CIP 数据核字(2022)第 079493 号

出 版 人　赵剑英
责任编辑　车文娇
责任校对　周晓东
责任印制　王　超

出　　版　中国社会科学出版社
社　　址　北京鼓楼西大街甲 158 号
邮　　编　100720
网　　址　http://www.csspw.cn
发 行 部　010-84083685
门 市 部　010-84029450
经　　销　新华书店及其他书店

印　　刷　北京明恒达印务有限公司
装　　订　廊坊市广阳区广增装订厂
版　　次　2022 年 4 月第 1 版
印　　次　2022 年 4 月第 1 次印刷

开　　本　710×1000　1/16
印　　张　17.25
插　　页　2
字　　数　256 千字
定　　价　89.00 元

前　言

自改革开放至今的40多年里，我国经历了城镇化和工业化进程不断加速、经济腾飞的高速发展历程，但过去粗放的发展模式和对环境保护的忽视也造成了一系列大气污染问题。与其他类型的污染不同，大气污染具有更强的空间关联性和外部性，既能够通过大气环流等自然因素表现出空间溢出效应，也能够通过产业转移等经济机制表现出空间转移效应。随着我国的大气污染由最初的局地污染转变为局地污染和区域污染共存，区域性、复合型特征日益凸显，传统的属地治理模式已无法从根本上解决区域性大气污染问题，"空气流域"边界与行政区划边界之间的割裂使局部地区的污染防治努力无益于改善区域整体甚至本辖区的大气环境质量。因此，开展区域大气污染防治，引导地方政府突破行政区划边界，摒弃固有的"分治"模式，形成治污合力，是解决区域性大气污染问题的重要手段。在上述背景下，本书以我国区域大气污染防治政策体系为研究对象，从理论和实践两个层面展开了深入研究。

在理论分析层面，首先，通过探讨我国部分区域的大气环境质量和污染物排放的年际变化情况以及典型的污染特征和造成污染的主要产业来源，把握我国大气污染现状，并从"空气流域"这一机理视角和环境分权体制这一管理视角入手，解析区域性大气污染的产生原因，而后对采取区域大气污染防治模式的必要性进行分析；其次，聚焦于管理体系，分别对我国区域大气污染防治的政策发展历程和体制改革历程进行梳理与总结；再次，基于经济学理论和范式，阐释区域大气污染防治政策的特点及其理论依据，并从联合机制、政策工具和区域范围三个角度对区域大气污染防治政策进行划分，在各角度下展开对比分析，而后引入大气污染物与温室气体在排放、分布、治理和区域属性方面的对比分析，以期增强理论分析的全面性；最后，结合我国2030年碳达峰、2060年碳中和的“双碳”目标，在分析区域性减碳机制的基础上，对我国在国家尺度、省级尺度和国际尺度的减碳政策进行梳理与分析，从而提高理论分析与应对气候变化战略的相容性。

在实证研究层面，首先，从我国中央政府出台的重要政策的实践成效出发，对《大气污染防治行动计划》的实施效果及其影响因素进行探究；其次，聚焦于北方地区大气污染的症结——散煤燃烧，对农村清洁取暖价格政策的实施效果和经济可行性进行探究；再次，以大气污染联防联控区域之间的连接带作为切入点，对区域性大气污染防治的自发机制进行探究；最后，结合绿色“一带一路”建设方向，对我国“一带一路”倡议对沿线国家碳排放的影响进行探究。上述研究结论可以为我国区域大气污染防治政策体系制度设计的补充完善和具体工作的深入开展提供参考与借鉴。

在本书的写作中，张泽阳、周继、王子玉、王鑫、刘昕雅、缪琪、匡雨静、曾荐方、白雨鑫也有参与，马中教授对本书写作给予了悉心指导。本书可作为高等学校经济类专业、环境类专业、环境经济与环境管理专业、公共政策专业学生和热衷于环保事业人士的阅读参考书籍，也可供从事环境保护工作的政府官员和科研人员阅读。

未来，相信在举国上下的共同努力下，“蓝天白云、繁星闪烁”的目标必将实现！

目　　录

第一章　中国区域大气污染防治政策体系的建立背景

第一节　大气污染现状

在中国改革开放以来的40多年里，已经经历了城镇化和工业化发展步伐不断加快、社会经济迅速腾飞的高速增长时期，但过去粗放的发展模式和对环境保护的忽视也造成了一系列大气污染问题。据统计，全球约92%人口的居住地的空气污染水平超过WHO制定的空气质量标准，每年约有300万例死亡与暴露于室外空气污染有关①。2020年，在全国337个地级及以上城市②中，135个城市环境空气质量超标，占40.1%；所有地级及以上城市累计发生重度污染1152天，严重污染345天；以PM2.5为首要污染物的天数分别占重度及以上污染天数的77.7%③。整体来看，当前中国大气污染形势尚未得到根本控制。

同时，中国的大气污染特征逐步从局部性、单一型污染转变为区域性、复合型污染。区域性大气污染指人类以直接或间接的方式将生产生活中产生的有害物质排入大气层，这些有害物质随着大气流动跨

---

① 《世卫组织公布关于空气污染暴露与健康影响的国家估算》，https：//www. who. int/zh/news/item/27-09-2016-who-releases-country-estimates-on-air-pollution-exposure-and-health-impact，2016年9月27日。

② 地级及以上城市含直辖市、地级市、地区、自治州和盟。

③ 《2020年中国生态环境状况公报》，https：//www. mee. gov. cn/hjzl/sthjzk/，2021年5月26日。

越行政区划边界，最终对整个区域内的人体健康、自然环境、生物资源乃至生态系统造成严重破坏的现象。自2013年以来，较为严重的区域性大气污染事件在我国频频发生，其中京津冀、长三角和东北地区的污染程度位居前列。Yu等（2021b）研究指出，在中国东部和中部地区，区域PM2.5传输对PM2.5总浓度的贡献为62.0%—70.5%。华北平原污染气团的远距离传输是中国中部地区PM2.5浓度急剧上升的关键诱因（Mao et al.，2020）。在我国大气污染最为严重的区域之一——京津冀地区，各地大气环境质量在很大程度上受到其他地区的影响（Wang and Zhao，2018）。对于2015年京津冀区域PM2.5污染及相互输送情况而言，外省（区、市）的PM2.5污染是导致北京、天津和河北东部城市大气环境质量下降的关键因素之一，区域传输贡献了北京和天津大约50%的PM2.5污染（王燕丽等，2017）。此外，中国不同地区的能源消费结构和工业生产情况相异，各地的污染物排放类型也有所不同，而高强度的跨区域污染传输则使不同类型的污染物充分接触、混合，在一定的大气条件下发生多种界面间的复杂相互作用，最终产生由煤烟型污染、石油型污染、扬尘型污染和二次污染等多类型污染组成的复合型污染，带来了大气能见度显著下降、污染危害进一步加剧等问题。

一 重点区域大气污染现状

我国城市规模的扩张带来城市群连片式的发展，同时，在大气环流、大气化学和污染物排放的多重作用下，城市间大气污染物远距离传输和相互影响明显。“十二五”中期以来，雾霾问题的社会关注度剧烈增加，此后我国的污染控制思路逐渐以环境质量为核心。为应对日益凸显的以PM2.5为特征的区域大气污染现状，2012年国务院批复了《重点区域大气污染防治“十二五”规划》，与我国区域性、复合型大气污染特征相适应。之后，我国初步确立了以区域大气污染治理为大气环境质量改善整体工作中的重要组成部分。据此规划，京津冀、长三角、珠三角三个区域被确定为大气污染治理的重点区域。2013年起实施的《大气污染防治行动计划》（“大气十条”）对于三大重点区域的空气质量优化和污染物治理工作作出了详尽的安排和明确的要求。

三大重点区域污染防治工作取得了一些成绩（例如，2017 年珠三角地区 9 个城市 PM2.5 浓度降至 34 微克/立方米，达到国家空气质量二级标准，至此退出重点区域的行列），汾渭平原也在 2018 年全面启动的打赢蓝天保卫战作战计划中被首次确定为未来大气污染治理工作的重点区域。蓝天保卫战以京津冀及周边、长三角、汾渭平原三大区域为重点，强化联防联控措施。自 2017 年以来，通过实施大气攻坚行动，重点区域空气质量持续改善。2020 年冬季，京津冀及周边地区、汾渭平原 PM2.5 浓度比 2016 年同期分别下降 37.5%、35.1%，重污染天数分别下降 70%、65%，长三角地区已基本消除重污染天气①。

（一）京津冀及周边地区

京津冀及周边地区，作为我国北方经济规模最大的区域，是我国能源消耗强度最大、大气污染最严重的区域之一。自 2010 年以来，华北地区日益恶化的大气环境污染问题引起了全社会的密切关注。京津两市周边均被河北省包围，具备广域性、跨域流动的理化特征的大气，使在地理上相邻的地区环境状况互相影响。2015 年 4 月发布的《京津冀协同发展规划纲要》将区域环境协同治理、交通基础设施互联互通、三地产业协同作为三大主要工作。

从政策制定的角度来看，京津冀及周边地区的大气污染治理管控范围呈现不断扩大的趋势。2017 年，环境保护部（现生态环境部）发布《京津冀及周边地区 2017 年大气污染防治工作方案》，首次划定包含“2+26”城市的京津冀大气污染传输通道城市群，涵盖京津周边的河北省、山西省、山东省和河南省，并提出对该区域实施特别排放限值的要求。

同年 6 月，环境保护部核查出 17.6 万家位于京津冀地区的散乱污企业，并规定将无法升级改造达标排放的企业在同年 9 月底关闭。

① 《秋冬季大气污染攻坚名单出炉，长三角 34 城退出》，https：//www.163.com/dy/article/GP9IMVBS0543MKLH.html，2021 年 11 月 20 日。

而关于京津冀及周边地区大气污染管控范围不断扩大的原因，除大气污染物的流动性和大气环境容量的公共物品属性以外，该区域大气污染成因的复杂性也是一个非常重要的因素。“2+26”城市总面积仅占我国国土面积的7.2%。但与较小区域面积相对的是，该地区生产了占全国总量43%的钢铁、45%的焦炭、31%的平板玻璃、19%的水泥。京津冀及周边地区单位面积煤消费量是全国平均水平的4倍。同时，该地区人口密度大，气象因素复杂多变，能源结构导致该地区的大气污染成因十分复杂。除燃煤、汽车尾气和扬尘三个主要方面以外，氮肥使用、焚烧秸秆、二次无机气溶胶、土壤污染、航空污染、轮船排放污染等也都被认为是可能导致雾霾发生的原因（赵辉等，2020）。

随着京津冀及周边地区环境协同治理的防控范围的不断扩大，政策逐渐完善，防控程度也趋于严格。然而，即使努力多年，与长三角、珠三角等其他区域的大气污染治理效果相比，京津冀及周边地区依然是我国整体大气污染最为严重的地区。根据生态环境部发布的《2020年全国生态环境质量简况》，2020年京津冀及周边地区“2+26”城市平均优良天数比例为63.5%[①]，与2015年京津冀地区13个城市平均达标天数比例的52.4%相比提升不到12个百分点。另一个问题是，由于京津冀及周边地区环境联防联治范围日益扩大、手段日益严格，该地区的经济发展却陷入了相对迟缓的困境，在全国经济总量中的比重呈现日益下降态势，从2015年的10.07%下降到2020年的8.5%。

漫长的供暖时期仍是京津冀PM2.5污染重点防控期，如遇不利气象条件，区域重污染天气仍时有发生，严重影响了群众日常生活与健康。其中，北京市的空气质量距国家环境空气质量标准、广大人民群众要求和首都功能定位仍有较大差距，且短期内很难实现达标。根据生态环境部发布的《2017中国生态环境状况公报》和《2018年1—5月重点区域和全国74个城市空气质量状况》，2018年1—5月京津冀及周边区域平均优良天数比例为57.8%，比我国平均标准低

① https://www.mee.gov.cn/xxgk15/202103/t20210302_823100.html.

20.3%。京津冀地区细颗粒物（PM2.5）平均浓度为64微克/立方米，高于国家平均标准浓度，超过30%。我国74个城市空气质量相对较差的后十位城市中有六个城市属于京津冀地区。其中，2017年空气质量相对较差的城市依次为石家庄、邯郸、邢台、保定、唐山和衡水，2018年空气质量相对较差的城市依次为石家庄、邢台、邯郸、唐山、保定和沧州，排名靠后的六个城市全部位于河北省。两次统计结果显示，空气质量较差的城市基本上都集中在钢铁等重工业行业生产集中的地区。由此可见，京津冀及周边地区的大气污染治理形势严峻。同时，在与其他空气污染防治重点区域的比较中也能看出，京津冀及周边地区PM2.5的平均浓度和优良天数比例在三大重点区域中均较差（见表1-1）。

表1-1　京津冀及周边地区与其他重点区域PM2.5平均浓度和优良天数比较

年份	京津冀及周边地区		长三角地区		珠三角地区	
	PM2.5浓度（微克/立方米）	优良天数比例（%）	PM2.5浓度（微克/立方米）	优良天数比例（%）	PM2.5浓度（微克/立方米）	优良天数比例（%）
2013	106	37.50	67	64.20	47	76.30
2014	93	42.80	60	69.50	42	81.60
2015	77	52.40	53	72.10	34	89.20
2016	71	56.80	46	76.10	32	89.50
2017	64	56.00	44	74.80	34	84.50

资料来源：《中国生态环境状况公报》（2013—2017年），https://www.mee.gov.cn/hizysthjzk/.

目前，京津冀及周边地区的大气污染治理仍存在一些系统性的阻碍，影响了治理效果和整体改善。例如，虽然各行政区域在地理上邻近，但京津冀的整体发展水平和产业结构差异极大：北京以服务业为主，天津尚处于工业化后期，而河北重污染、高能耗产业仍然占据较高比重。在环境管理趋于严格的背景下，发展水平较低、承担环境治理成本较高的河北与发展水平较高、较少承担环境治理成本的北京之间的发展差距，会继续加大（王红梅等，2016）。区域间利益协调和污染成本协商机制亟待完善。如表 1-2 所示，京津冀三地工业污染物排放量（以 SO_2 为例）差距显著，重污染型企业集聚的河北贡献了绝大部分大气污染物的排放。

表 1-2　　2010—2014 年京津冀地区工业 SO_2 排放情况　　单位：万吨

年份	北京	天津	河北
2010	5.70	21.80	99.40
2011	9.79	23.09	141.20
2012	9.38	22.45	134.10
2013	8.70	21.68	128.50
2014	7.89	20.92	110.80

资料来源：《中国城市统计年鉴》（2011—2015 年）。

总体来看，近年来京津冀及周边地区大气污染治理工作与过去相比有明显的进步。每一年行政命令型政策的发布，均帮助该区域向前推进了大气污染治理工作。自 2016 年开始，除国家层面的规划战略，环保部门每年都会制定和发布京津冀大气污染协同治理方案（或措施）以外，京津冀地方政府 2014—2016 年相继出台各自的大气污染防治条例，为区域大气污染协同治理提供制度保障。2015 年 3 月，首次京津冀协同立法工作会议通过了《关于加强京津冀人大协同立法的若干意见》，开启了三地之间的协同立法之路。2017 年度，北京市很好地完成了“大气十条”的五年清洁空气行动目标，PM2.5 平均浓度比 2013 年下降了 34.8%，达到 58 微克/立方米。京津冀、长三角、珠三角 PM2.5 平均浓度分别下降了 39.6%、34.3%、27.7%，74 个重点城市与 2013 年相比，优良天数增加 21%，重度及以上污染天数减少 66%①。

① 《2017 年中国生态环境状况公报》，https：//www.mee.gov.cn/hjzl/sthjzk/.

（二）长三角地区

长三角地区包括江浙沪皖三省一市，作为我国代表性城市群，占全国经济总量约1/4①，但在取得巨大的经济成就的同时，区域性污染事件频发。快速的工业化和城市化导致耕地面积锐减、矿产资源短缺，加上日益严重的区域性、流动性的生态破坏和环境污染，已成为该区域迈向具有较强国际竞争力的世界级城市群的重大制约因素（盖美等，2013）。地理层面紧密联系，区域的大气污染问题和特征趋同，交叉污染严重。严峻复杂的大气污染形势，以及重要的经济社会地位，决定了长三角地区中的任何一个城市都无法单独解决整个区域性的大气污染问题（刘冬惠等，2017）。

多年来，长三角地区主要污染物发生从单一型到复合型的转变。工业是长三角地区经济发展的主要因素，因此工业排放为其大气污染物的主要来源，随着城镇化水平的提高，常住人口缓慢增长，全区域机动车保有量持续增长，因此在2005—2008年，全区域的煤烟型污染特征十分突出。为改善环境空气质量，2006年起长三角地区各省市对一次颗粒物和SO_2、NO_x等二次颗粒物及O_3前体物进行了持续性减排并对其总量控制措施加以扩充和强化。同时，国家大力推进SO_2总量控制，推进实施燃煤电厂脱硫、燃煤锅炉清洁能源替代等措施，这之后区域SO_2污染改善效果显著，各省市SO_2年均浓度持续大幅下降。在2008年，江浙沪签署《长三角地区环境保护工作合作协议（2008—2010）》，加强区域大气污染控制，在区内各大城市逐步推行机动车环保分类标志管理制度，为2010年上海世博会提供环境保障。因此，2009年长三角地区空气污染指数处于较低水平，空气环境质量较好（王昂扬等，2015）。2004—2012年，PM10作为首要污染物的比率占绝对主导的地位，伴随着扬尘污染治理力度的加大以及环境管理的水平提升，年均PM10整体呈显著下降趋势，但2013年区域各省市PM10浓度大幅反弹，这是因为快速增加的机动车保有量和

---

① 《长三角经济半年报：GDP总量超13万亿元约占全国的四分之一》，https://baijiahao.baidu.com/s?id=1707753499786510908&wfr=spider&for=pc，2021年8月11日。

使用强度以及能源消费总量在很大程度上抵消了污染治理的效果（石颖颖等，2018）。随着大气污染治理向纵深发展，以一次排放为主的PM10、SO_2、NO_2 污染得到持续改善，但这之后以 PM2.5 和 O_3 为代表的复合型大气污染问题日益突出（见表 1-3）。尽管各项大气污染物浓度在治理下总体呈现逐年降低趋势，但是长三角地区城市的各污染物浓度达标率以及城市综合达标率仍然较低。

表 1-3　　　　长三角地区各项污染物浓度

单位：微克/立方米，CO 为毫克/立方米

年份	SO_2	NO_2	PM10	CO	O_3	PM2.5
2013	30	42	103	1.9	144	67
2014	25	39	92	1.5	154	60
2015	21	37	83	1.5	163	53
2016	17	36	75	1.5	159	46
2017	14	37	71	1.3	170	44
2018	11	35	70	1.3	167	44
2019	9	32	65	1.2	164	41
2020	7	29	56	1.1	152	35

注：CO 的浓度为日均值第 95 百分位浓度，O_3 为日最大 8 小时均值第 90 百分位浓度。

资料来源：《中国环境状况公报》（2013—2020 年），https://www.mee.gov.cn/hjzl/sthjzk/.

大气质量达标天数占比在区域联防治理下逐步提高，截至 2020 年，长三角地区 41 个城市优良天数比例平均为 85.2%，比 2019 年上升 8.7%，平均超标天数比例为 14.8%（见图 1-1）。其中，轻度污染为 12.3%，中度污染为 2.0%，重度污染为 0.5%，重度及以上污染天数比例比 2019 年下降 0.1 个百分点。以 O_3、PM2.5、PM10 和 NO_2 为首要污染物的超标天数分别占总超标天数的 50.7%、45.1%、2.9%和 1.4%，已经连续多年未出现以 SO_2 和 CO 为首要污染物的超标天数。

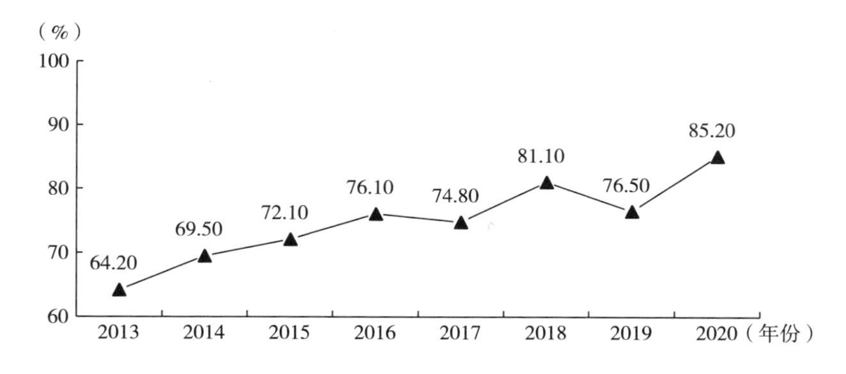

图 1-1　长三角地区全年大气质量达标天数比例

资料来源：《中国环境状况公报》（2013—2020 年），https：//www. mee. gov. cn/hjzl/sthjzk/.

长三角地区的污染呈现显著的空间分异特征。长三角城市群大气污染空间特征表现为由西北向东南递减的“阶梯式”空间格局。高浓度污染主要集中在长三角城市群的西北部，主要因为南京、常州、扬州等城市目前重工业比重仍然较大，并且与沿海地区相比大气扩散条件较差；低浓度类型的城市主要集中在东部沿海地区，在宁波、上海、嘉兴和台州等；上海由于紧邻长江入海口，海洋性气候更为明显，空气中的污染物质在气候影响下易于扩散，且空气湿度大颗粒物易沉积，因而上海市的空气污染指数是长三角地区最低的。低浓度和较高浓度类型城市的数量出现扩大趋势，而较低浓度类型城市的数量相应减少（程进，2016）。在污染物差别上表现为大部分内陆城市 PM2. 5 浓度较沿海城市高，沿海城市 O_3 浓度整体高于内陆城市。

长三角地区的污染还具有明显的季节差异。秋季和春季大气层较为稳定，不利于污染物的扩散，污染物易累积，出现雾霾天气。南方地区一般不采用集中燃煤供暖，因此与北方地区冬季污染较为严重的情况相比，长三角地区污染程度较轻。长三角地区降水主要集中在夏季，夏季雨水充沛对污染物进行冲刷，强大气对流有利于污染物的扩散，因此，长三角地区夏季的空气污染指数明显低于其他季节，空气环境质量较好（王昂扬等，2015）。其中，O_3 在 5 月和 9 月达到浓度峰值；PM2.5 峰值出现在 3 月、12 月和 1 月。春季上海及周边城市群、江苏及浙江东部沿海城市 O_3 污染最严重，夏季 O_3 浓度北高南低，宿迁—淮安—滁州片区 O_3 污染较重；冬季 PM2.5 浓度最高且覆盖面积大，呈西北高东南低分布。总体而言，长三角地区的空气质量由差到优的季节排序为秋季、春季、冬季、夏季，且夏季的空气质量明显优于其他季节。2018 年以来，长三角地区持续开展秋冬季大气污染综合治理攻坚行动，发布多个秋冬季大气污染综合治理攻坚行动方案，空气质量改善明显，2019—2020 年秋冬季，长三角地区 PM2.5 平均浓度较 2017—2018 年秋冬季下降 22%，重污染天数下降 79%。尽管秋冬季攻坚取得积极成效，但长三角地区秋冬季 PM2.5 平均浓度仍比其他季节高 50%—70%，重污染天气占全年的 95%以上①。

总体而言，虽然长三角地区的空气质量有了显著改善，但仍有待提高。根据生态环境部 2020 年 7 月发布的上半年全国环境空气质量状况，长三角地区 41 个城市的 PM2.5、PM10、SO_2、NO_2、CO 日均值已达到国家环境空气质量一级标准；O_3 达到国家环境空气质量二级标准，但日均值尚未达到世界卫生组织指导值，年均值未达到我国空气质量一级标准和世界卫生组织指导值，O_3 浓度距我国空气质量一级标准和世界卫生组织指导值还有距离，夏季和秋冬季 PM2.5、O_3 时有超标②。

（三）珠三角地区

珠三角地区位于珠江下游，广东省中南部，毗邻港澳，与东南亚地区隔海相望，海陆交通便利，是全国科技创新与技术研发基地、全国经济发展的重要引擎，是中国人口集聚最多、创新能力最强、综合实力最强的三大城市群之一，也是世界上有影响力的先进制造业基地和现代服务业基地。由于资源能源消耗大，各种大气污染物集中排放强度高，一次污染和二次污染相互耦合交织，大气污染问题日益严重。

---

① 《长三角地区 2020—2021 年秋冬季大气污染综合治理攻坚行动方案（征求意见稿）》，https：//www.mee.gov.cn/xxgk2018/xxgk/xxgk06/202010/t20201012_802666.html.

② 《华理副校长钱锋：长三角空气污染共性明显，亟须加强联防联控》，https：//baijiahao.baidu.com/s?id=1693926161592110898&wfr=spider&for=pc，2021 年 3 月 11 日。

珠江三角洲的空气污染情况因该地区多样的地形而进一步复杂化。珠三角地区三面环山一面朝海，每年10月下旬，南海季风逐渐减弱退出大陆，导致南北气流交换能力较弱，海上从珠江口附近吹向陆地的弱风，经常遇山体后转向形成涡旋，在珠三角地区形成旋涡，导致珠江口地区很容易聚集污染形成重污染带。由于广东省没有明显的四季变化，因此其污染物浓度根据温度与降水量的差异具有干湿季差异的独特特征。其中，湿季是4—9月，温度较高、雨量较多；其余时期为干季，气候相对干燥，温度较低（简茂球，1994）。由于湿沉降的清除作用，珠三角各市各项污染物的浓度在干季普遍要高于湿季，但O_3浓度干湿季节差异不大。秋季和冬季是珠三角地区雾霾天气最频繁的时期。2012年10月至2013年2月，珠三角地区出现了两次持续时间10天以上的灰霾天气。2015年，SO_2、PM10与PM2.5浓度呈现珠三角中西部城市较高，惠州、深圳与珠海较低的分布格局；佛山、广州、东莞与中山的NO_2质量浓度较高；除深圳湿季O_3浓度相对较低以外，珠三角各市O_3浓度差异不大。PM2.5与PM10浓度在干季高于湿季，广州和中山干、湿季PM2.5与PM10浓度比较高，说明这些城市的二次污染相对更加严重（沈劲等，2015）。

广东省在大气污染多城市协同治理上制度先行，建立了较为完备的污染防治决策管理体系。2002年，广东省政府和香港特别行政区政府共同发布了《改善粤港珠江三角洲空气质素的联合声明（2002—2010）》，确定了区域空气质量改善的努力方向。在此基础上，粤港双方在珠三角地区，主要在空气质量监测、能力建设、交流培训方面共同组织开展了大气环境管理合作。双方持续合作，为推动珠三角地区空气质量率先达标起到了重要作用。2010年广东省发布全国首个面向城市群的《广东省珠江三角洲清洁空气行动计划》，建立三个经济圈联防联控工作机制，依托广佛肇（广州、佛山、肇庆）、深莞惠（深圳、东莞、惠州）、珠中江（珠海、中山、江门）三个城市群，共同推进环境空气质量改善。2012年对清洁空气行动计划第一阶段实施情况进行评估，印发第二阶段行动计划；2013年国家《大气污染防治行动计划》印发后，2014年省政府牵头制定《广东省大气污染防治行动方案（2014—2017 年）》和《珠江三角洲区域大气重污染应急预案》；2018 年省政府印发《广东省打赢蓝天保卫战实施方案（2018—2020 年）》；2019 年实施《广东省大气污染防治条例》。珠三角各城市也针对各自的污染特征相应实施了一系列的减排措施。

在各类管控措施中，工业提标对污染物减排有显著贡献，具体表现为煤改气、低硫煤、低硫油对 SO_2 减排有主要贡献；低灰分煤对 PM10 和 PM2.5 减排有较大贡献；机动车提标、淘汰黄标车对 NO_x 减排有较大贡献（崔晓珍等，2021）。2013—2017 年珠三角地区 SO_2、PM10、PM2.5 和 NO_x 浓度分别下降 50%、55%、54%和 24%。目前，广东省蓝天保卫战取得阶段性胜利，自 2015 年起连续多年全省环境空气质量整体达标，在我国三大城市群中率先达标。2018 年，珠三角已经从全国大气污染防治三大重点区域“退出”。截至 2020 年，珠三角 PM2.5 年均浓度已经降低到了 21.2 微克/立方米。珠三角地区 2015—2020 年 PM2.5 年均浓度如图 1-2 所示。

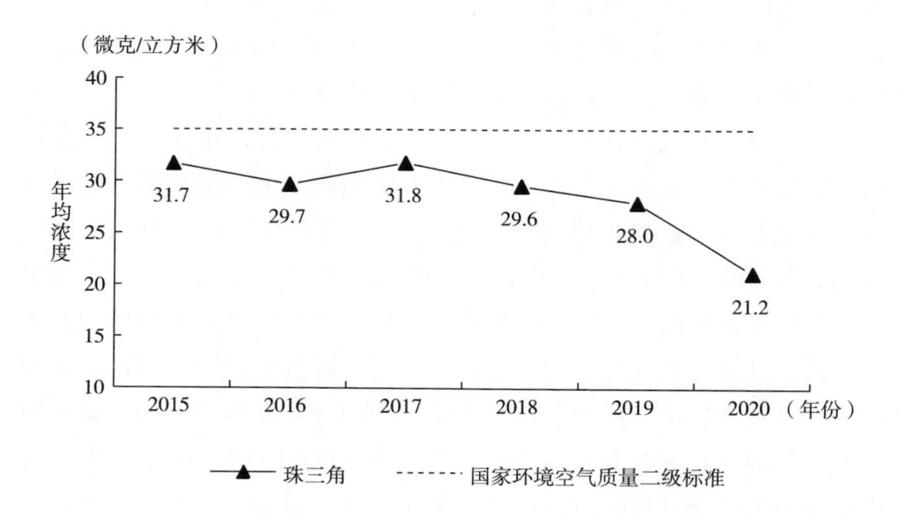

图 1-2　珠三角地区 PM2.5 年均浓度

资料来源：《中国环境状况公报》（2015—2020 年），https：//www.mee.gov.cn/hjzl/sthjzk/.

珠三角地区的大气污染控制最早，效果也最显著，在工作机制和制度保障上下功夫，从源头治污，调整优化产业能源结构，精准施策，推进多污染物协同控制，严格执法，形成全民参与污染治理的格局，最终取得成效。珠三角地区为其他大气污染区域协同治理的城市群提供了经验教科书、打造了大气污染防治样板。

（四）汾渭平原

汾渭平原是汾河平原、渭河平原及其台塬阶地的总称，呈东北—西南方向分布。汾渭平原北起山西省代县，南至陕西省秦岭山脉，西达陕西省宝鸡市，总长约760千米，宽度40—100千米。汾渭平原主要城市包括陕西省的西安、咸阳、渭南、宝鸡、铜川，山西省的吕梁、晋中、运城、临汾，河南省的洛阳、三门峡11个市。随着工业化和城镇化的推进，该区域生态环境逐渐恶化，大气污染防治压力急剧增加。2015—2017年，汾渭平原PM2.5、PM10、NO_2、O_3浓度均不断上升，且是SO_2浓度最高的区域，呈恶化趋势，优良天数比例逐年下降。

2018年7月，在国务院发布的《打赢蓝天保卫战三年行动计划》中，汾渭平原首次被列入大气污染三大重点防控区域之一。2018年9月，汾渭平原大气污染防治协作小组成立，晋、陕、豫三省11个市（区）成为联防联控区域。2018年10月，生态环境部印发《汾渭平原2018—2019年秋冬季大气污染综合治理攻坚行动方案》，要求汾渭平原立足于产业结构、能源结构、运输结构和用地结构调整优化，以燃煤污染控制为重点，抓好工业企业全面达标排放和“散乱污”企业综合整治，积极推进冬季清洁取暖、柴油货车污染治理、扬尘综合管控，强化区域联防联控，实现2018年10月1日至2019年3月31日PM2.5平均浓度同比下降4%左右、重度及以上污染天数同比减少4%左右的目标。此后，《汾渭平原2019—2020年秋冬季大气污染综合治理攻坚行动方案》和《京津冀及周边地区、汾渭平原2020—2021年秋冬季大气污染综合治理攻坚行动方案》相继出台，进一步提高了汾渭平原大气污染治理成效和大气环境质量改善的目标。

汾渭平原的整体空气质量多年来维持在较差水平，对于居民生活和经济发展有显著负面影响。根据《2018年中国生态环境状况公报》，汾渭平原中的临汾、咸阳、西安、运城、晋中、渭南6个城市位列全国空气质量最差的20个城市之列，平均超标天数为45.7%，主要大气污染物以PM2.5、O_3和PM10为主①。到2019年，西安、运城、晋中、渭南、运城已经离开了最差的20城行列，该年度汾渭平原的污染物平均超标天数比例为38.3%，污染天气中以PM2.5和O_3为首要污染物的超标天数约占90%。太原市空气质量综合指数在全国排倒数第七②。2017年，临汾市重度及以上污染天数同比增加31天，优良天数同比减少22天，2016—2017年冬天，共启动重污染天气预警19次，其中红色预警6次，造成了大范围、长时间的限产、停产等现象。表1-4列出了2016—2020年汾渭平原城市与全国地级市空气质量优良天数的比较。可以看到，汾渭平原区域的城市群中11个地市空气质量天数普遍偏低。不同城市同一年空气质量优良天数的比例平均值都低于70%，仅吕梁市和宝鸡市高于70%，其中临汾市和咸阳市优良天数占比最低，空气质量最差。

表1-4　2016—2020年汾渭平原主要城市与全国空气质量优良天数比较　单位：天

年份	吕梁	晋中	临汾	运城	洛阳	三门峡	西安	宝鸡	渭南	咸阳	铜川	年度平均值	全国平均值
2016	78.4	62.0	68.6	68.9	45.4	54.1	52.5	65.3	47.5	45.9	57.4	58.7	78.8
2017	66.0	50.1	34.2	43.3	57.5	64.9	49.3	67.7	45.2	42.2	66.3	53.3	78.0
2018	81.0	71.0	49.9	63.0	49.6	71.8	51.5	69.3	48.8	51.5	64.4	61.1	79.3
2019	83.8	62.8	47.7	54.0	48.5	65.5	61.6	74.8	56.2	58.6	72.9	62.4	82.0
2020	82.8	73.2	61.5	65.8	66.7	73.2	68.3	76.8	66.4	63.9	77.6	70.6	87.0
平均值	78.4	63.8	52.4	59.0	53.5	65.9	56.6	70.8	52.8	52.4	67.7	61.2	81.0

资料来源：《中国生态环境状况公报》（2016—2020年），https：//www.mee.gov.cn/hjzl/sthjzk/，部分数据来源于中国空气质量在线监督平台。

① 以空气质量指数AQI来判别空气质量。优指AQI介于0和50，良指AQI介于50和100。

② 《2019年中国生态环境状况公报》，https：//www.mee.gov.cn/hjzl/sthjzk/.

汾渭平原各城市空气质量一直维持在全国较差水平，这既有地理环境上的原因，也有区域产业结构、能源消耗等层面的原因。在地形气象条件方面，汾渭平原特殊的地形和气象条件使污染物难以扩散。受山脉阻挡和背风坡气流下沉作用影响，全年静风率35%，冬季达45%。汾渭平原地区易形成反气旋式的气流停滞区，在污染阶段地面汇聚形势明显，污染物汇聚后不易扩散。从地理环境上看，汾渭平原四面环山，地形特殊，导致河谷内城市群风速普遍较低，对污染物的扩散极为不利，其中大部分城市空气流动受到地形因素限制，污染物集聚严重。例如，位于太行山脉和吕梁山脉之间的临汾市，地理条件造成其空气流通不畅。晋中、运城也因处于河谷地带，东西两面皆有山，污染物扩散困难。

而在污染物排放的源头，即在产业结构和能源消耗方面，汾渭平原与河北省类似，该区域产业结构以重化工为主，产业布局密集，装备水平低，作为我国焦炭原煤的主要产区，汾渭平原每天大约生产76万吨原煤，17.5万吨焦炭，氧化铝、焦化、钢铁等产能，分别占到全国的31%、18%和4%。在能源结构方面，汾渭平原的煤炭消费在能源消费中占比相对偏高，与全国平均水平的差距不断拉大。陕西、山西是产煤大省，同时也是煤炭消费大省，汾渭平原煤炭消费更是集中，煤炭在能源消费中占比近90%，远高于全国60%的平均水平。煤炭利用效率较低，散煤户均消费相对较高，更严重的是，一些灰分大、硫分高、产生污染物量大的劣质散煤还在流通使用，尚未杜绝。汾渭平原区域钢铁、焦化企业聚集，工业规模小、集中度低，与此同时，企业主环保意识淡薄，加大了污染防治的难度。在交通运输结构方面，汾渭平原短期内以公路运输为主的运输结构不可能完全扭转，“公转铁”基础薄弱，机动车污染治理和监管还不成熟，多个城市油品抽检合格率偏低等问题不同程度存在。每年秋冬季节，采暖需求导致燃煤污染物排放量急剧增加，这进一步增加了该地区的污染物排放。

汾渭平原的大气污染状况相比于其他区域有其特殊性。与京津冀、长三角、珠三角等地区不同，汾渭平原各地的气象观测站存在覆盖面不足、分布不均等问题，对于雾霾高发区、敏感区及污染物输送通道的观测能力有待进一步加强。此外，除了西安市，汾渭平原各城市在对污染源的解析及治污措施的系统科学性等方面距离精准防治需求还有较大差距。

（五）小结

自2013年以来，我国陆续出台了《京津冀及周边地区落实大气污染防治行动计划实施细则》《京津冀大气污染防治强化措施（2016—2017年）》《京津冀及周边地区2017年大气污染防治工作方案》，以及京津冀及周边地区、长三角地区和汾渭平原秋冬季大气污染综合治理攻坚行动方案等一批重要文件，针对区域大气污染防治工作目标、重点任务措施和治理工程等实施统一要求和监督考核。2018年以后，随着珠三角地区从我国过去的三个大气污染治理重点区域中“退出”和汾渭平原新“加入”重点区域名单，我国形成了以京津冀及其周边、汾渭平原和长三角这三个重点区域的大气污染防治工作为重心的重点区域大气污染防治工作方向。我国以不断完善重点地区大气污染防治政策体系为导向，全面落实减排措施，推进重点产业超低排放升级、北方清洁取暖试点等重点工程，推动重点区域空气质量得到显著改善。

至2020年年底，当前的三大重点区域共完成5.19亿千瓦火电装机容量超低排放改造、3.95亿吨粗钢产能超低排放改造的任务。完成2532万户散煤替代，并实现京津冀及周边地区、汾渭平原两区平原地区散煤基本清零；淘汰国三及以下排放标准营运中型和重型柴油货车超过100万辆。如图1-3所示，2020年京津冀及周边地区、长三角、汾渭平原PM2.5浓度分别为51.3微克/立方米、34.6微克/立方米和48.3微克/立方米，与2015年相比明显降低，下降比例分别为35.4%、32.3%和13.5%，其中北京市下降53%。2020年京津冀及周边地区、长三角、汾渭平原重污染天数明显降低，重污染过程的峰值浓度、持续时间、污染强度和范围均明显降低。

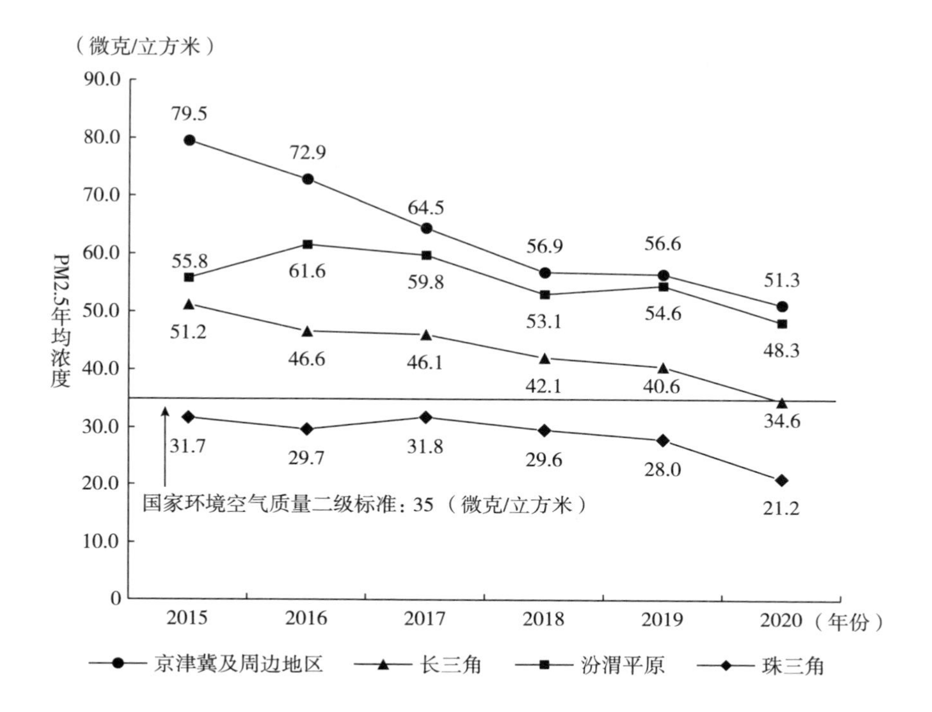

图 1-3　2015—2020 年重点区域 PM2.5 浓度变化趋势

资料来源：《中国环境状况公报》（2015—2020 年），https：//www.mee.gov.cn/hjzl/sthjzk/.

总体来看，广东省近年来以珠三角地区大气环境质量改善为切入点，建立起了粤港澳大珠三角及珠三角三个城市群的大气污染联防联控机制，有效推进区域大气污染联防联治工作，并取得阶段性蓝天保卫战的胜利。2018 年珠三角 PM2.5 年均浓度为 32 微克/立方米，珠三角已正式“退出”全国大气污染防治重点区域行列。而对于目前仍是大气污染防治重点区域的京津冀、长三角和汾渭平原三大区域，随着 2019 年起大气污染治理进入攻坚期，不同区域依据不同阶段产业转型需求和污染模式，采取了寻找不同治理重点的方式，见表 1-5。例如，对于工业废气排放的防治、散煤整治等方面，采取了差异化分级限停产等举措。

表 1-5　　三大重点区域未来大气污染治理工作侧重点

重点区域	大气污染治理工作未来侧重点
京津冀及周边区域	散煤及“散乱污”治理；推进超低排放；企业集群整治；打击黑加油站点；推进“公转铁”；等等
长三角地区	散煤、燃煤锅炉治理；焦化行业结构升级；推进“公转铁”、扬尘管控；等等
汾渭平原	化工和钢铁等产业结构转型；“散乱污”企业治理；等等

此外，2019 年 3 月 9 日联合国环境规划署发布《北京二十年大气污染治理历程与展望》评估报告。这份报告强调了北京市已经在五年内实现了国内外普遍认为无法实现的目标，例如 2017 年的 PM2.5 年均浓度比 2013 年下降了 35.6%，为世界其他城市的空气污染治理提供了宝贵经验。

二　其他区域大气污染现状

除重点区域外，其他区域城市群的区域性复合型大气环境问题也给传统的以行政区为主体的大气环境管理模式带来了挑战。2010 年，环境保护部、国家发展改革委等 9 部门发布的《关于推进大气污染联防联控工作改善区域空气质量的指导意见》中提到，除京津冀、长三角、珠三角三个重点区域外，在辽宁中部、山东半岛、武汉及其周边、长株潭、成渝、台湾海峡西岸等区域，要积极推进大气污染联防联控工作，形成了“三区六群”的大气污染联防联控治理格局。2012 年国务院批复的《重点区域大气污染防治“十二五”规划》中，除原有的重点区域和六个城市群外，山西中北部、陕西关中、甘宁、新疆乌鲁木齐六个城市群也被纳入区域性大气污染防治范围，从而形成了区域性大气污染治理“三区十群”的格局。本节以长株潭、成渝、山东、武汉及其周边和辽宁中部城市群几个区域为代表对大气污染现状进行分析。

（一）长株潭城市群

湖南省作为欠发达省份，大气状况也不容乐观。包括长沙市、株洲市、湘潭市的长株潭地区是湖南省的经济核心，其人口密度、城市规模、经济发展水平均居全省前列，对湖南省全省的大气环境影响最大，污染源点多面广，大气环境容量已趋近饱和；此外，长株潭地区秋冬季节风速相对较低，低层大气有明显的逆温现象，不利于大气污染物扩散，容易形成雾霾天气[1]，雾霾污染较为严重，且呈现频发化、常态化的趋势（刘兰芳和谭秉霖，2020）。

湖南省是能源匮乏大省，无气、无油，水电梯级开发将至极限，再加上季节的影响，近70%的一次能源来自煤炭，煤炭消费总量占全省能源消费总量的80%。“十一五”时期，六大高耗能行业综合能源消费量达4994.27万吨标准煤，占规模工业综合能耗的79.5%（苏惠，2014）。长株潭地区2010年各项大气污染物的年均浓度如表1-6所示。2010年，虽然按主要污染物年均值计算，这3个城市的环境空气质量均已经达到国家二级标准，但是酸雨污染仍然较为严重，且分布广泛，降水pH值低，频率高，其中株洲市的酸雨污染为全省频率最高地区，超过90%；根据大气污染综合指数结果来看，湘潭市的空气质量在整个湖南省最差；长沙市则在各项评价维度中都属于较差的城市之一[2]。因此，在“十二五”规划中，长株潭地区被列入大气污染防治的重点区域，长沙市则是该区域的重点控制区。2013年，按新空气质量标准（GB3095-2012），长株潭地区达标天数比例分别为54.0%、59.0%、53.4%；长沙市在全国74个重点监控城市中环境空气质量排名第53位（苏惠，2014）。

表1-6　　2010年长株潭城市群各项污染物年均浓度

单位：微克/立方米

城市	SO_2	NO_2	PM10
长沙	40	46	83
株洲	58	33	81
湘潭	55	40	95

资料来源：《重点区域大气污染防治“十二五”规划》，https：//www.mee.gov.cn/gkml/hbb/bwj/201212/t20121205_243271.htm.

2013年湖南省开始全面实施大气污染防治，2015年出台的《长株潭

① 《〈2017年度长株潭大气污染防治特护期实施方案〉发布》，http：//www.xiangyin.gov.cn/31176/31183/content_1200000.html，2017年11月14日。

② 《2010年湖南省环境状况公报》，http：//sthjt.hunan.gov.cn/sthjt/xxgk/zdly/hjjc/hjtj/201106/t20110603_4663364.html.

大气污染防治特护期工作方案》首次提出了大气污染防治特护期的治理模式。长株潭地区空气重污染天气绝大部分集中出现在10月中旬至次年3月中旬这五个月，所以每年的这段时间都是长株潭大气污染防治特护期。然而，防控重视不够、紧迫感不强、责任心不强、措施不到位、联防联控不够、督办不力、监管执法不严等问题集中凸显，“温水煮青蛙”的累积效应爆发，特护期重污染天气应对效果并不明显，因此2017年开展“长株潭蓝天利剑”环境执法专项行动，以工业企业大气污染物排放为重点，持续保持环境执法的高压态势，并推动新的防治特护期工作方案的制定和实施，加大公众参与力度，落实公众监督。这之后，又相继推出《湖南省大气污染防治特护期实施方案（2018—2020年）》和《长株潭及传输通道城市大气污染联防联控工作方案》等。截至2020年，长株潭及传输通道城市中有4个城市环境空气质量综合指数改善幅度在全国168个重点城市排名前20位[①]。但是，整个湖南省14个城市按照空气质量优良天数比例由高到低排序，株洲市、湘潭市、长沙市分别列第10位、第11位和第13位；按照城市环境空气质量综合指数排序，株洲市、湘潭市、长沙市分别列全省的第11位、第13位和第14位[②]。

在绝对数值上，长株潭城市群的大气环境质量有所改善，但是相对地，长株潭城市群依然是湖南省大气污染最严重的区域。在复合型污染形势不退的同时，酸雨污染仍然每年在长株潭城市群出现。雾霾污染“新病症”和酸雨污染“旧顽疾”仍然是制约长株潭城市群大气污染联防联控的重点问题。

（二）成渝城市群

成渝城市群包括重庆市及四川省的成都市、自贡市、泸州市、德阳市、绵阳市、遂宁市、内江市、乐山市、南充市、眉山市、宜宾市、广安市、达州市、资阳市共15个地级及以上城市，其中大气污染防治的重点控制区为重庆市主城区和成都市。

---

① 《积极应对臭氧污染，我省召开长株潭及传输通道城市大气污染联防联控联席会议》，https://www.sohu.com/a/474232818_121106908，2021年6月26日。

② 《2020年湖南省生态环境状况公报》，http://sthjt.hunan.gov.cn/sthjt/xxgk/zdly/hjjc/hjtj/202106/t20210605_19433148.html.

川渝两地在地理位置上存在聚集大气污染的先决条件，同时经济发展协同往来，因此共性强，区域性污染特征显著。受大气环流和地形影响，四川盆地有三条明显的大气污染传输通道，川渝两地跨界污染相关的主要通道是沿“乐山—自贡—宜宾—内江—泸州—荣昌—永川—重庆主城”的“城市群中部通道”和沿“达州—广安—合川—重庆主城”的“西南—东北通道”，成渝城市群交界处的城市多数位于该传输通道上。成渝城市群大气污染来源主要是燃煤、工业废气、机动车尾气、扬尘等，而川南城市群和渝西片区两区域是重点经济发展区域，人口密集、工业产业布局集中、交通运输频繁，大气污染物排放量大，大气污染通过“城市群中部通道”传输互相影响，因而成都平原城市群、川南城市群以及重庆渝西片区大气污染较为严重。

成渝城市群的大气污染具有季节分异特征，表现为“冬春季 PM2.5 污染、夏秋季 O_3 污染”。PM2.5 主要来源为燃煤、机动车及非道路移动机械尾气排放、生物质燃烧和扬尘，在不利气象条件下，排放的一次污染物转化成的二次污染物在 PM2.5 中的占比较高。同时，由于该地区湿度较大，污染气团容易集聚，上下风向城市间的相互作用较为明显（曾德珩和陈春江，2019）。对 O_3 生成贡献较大的污染源有机动车尾气、挥发性有机物排放、生物质燃烧等。O_3 是一种典型的二次产物，其上风向排放的前体物 NO_x 和 VOCs 会对下风向所在区域产生不利影响（蒋婉婷等，2019）。

“十一五”时期，四川省 SO_2 的防治成效明显，但对 PM2.5、氮氧化物和挥发性有机物的控制较弱，按国家新二级标准限值评价，2010 年，成渝城市群中四川省的 14 个城市中，SO_2 超标城市 1 个，NO_2 超标城市 4 个，PM10 超标城市 9 个[①]。重庆市主城区尽管优良天数比例达到 85.2%，SO_2、NO_2 以及 PM10 年均浓度比上一年下降，但仍超过标准，同时酸雨频率达到 56.5%[②]。因此，“十二五”规划

① 《〈重点区域大气污染防治“十二五”规划四川省实施方案〉获批成渝城市群实施协同控制》，https://www.mee.gov.cn/ywdt/hjnews/201307/t20130717_255666.shtml.

② 《2010 年重庆市环境状况公报》，http://sthjj.cq.gov.cn/hjzl_249/hjzkgb/202008/P020200828407918415138.pdf.

提出《重点区域大气污染防治“十二五”规划四川省实施方案》，实施成渝城市群协同治理大气污染方案。自国务院印发《大气污染防治行动计划》以来，环保部西南环保督查中心先后对重庆、成都、绵阳等18个重点地区开展了一系列大气污染防治工作督查，但是成渝城市群在开展污染联防的工作中履职不够到位，推进力度不够，造成该区域整体未形成联合屏障，大气污染防治未达到国家要求。2018年四川、重庆空气质量以良好为主，两地污染天数都达到50天左右；同时，两地的酸雨频率不降反增，四川酸雨频率接近10%，重庆酸雨频率高达14%（杨波和龚锐，2020）。截至2020年，尽管主控区域重庆市和成都市的空气质量有所改善，如表1-7所示，PM2.5逐渐降低，但是成渝城市群目前仍然面临严峻的大气污染问题。一是大气环境承载能力不足，PM2.5及其气态前体物的排放量超过大气环境容量（赵乐陶，2020）；二是复合型污染突出，PM2.5、O_3污染重，年平均浓度面临超标（张玥莹等，2018）；三是燃煤减排潜力有限，交通污染不减反增，扬尘和生活污染排放强度增加（张皓，2021）。

表1-7　　2019—2020年重庆市、成都市空气质量情况

年份	城市	空气质量优良天数比例（%）	PM2.5年均浓度（微克/立方米）
2019	重庆①	86.6	38
	成都②	78.1	43
2020	重庆③	91.0	35
	成都④	76.7	41

资料来源：①《2019年12月和1—12月重庆市及各区县空气质量状况》，http://sthjj.cq.gov.cn/hjzl_249/dqhjzl/kqzlpm/202003/t20200331_6858990.html，2020年1月16日。②《四川省2019年12月环境空气质量状况》，http://sthjt.sc.gov.cn/sthjt/c103943/2020/2/11/d392c9a81b8b441788546573ebd776ff.shtml，2020年2月11日。③《2020年12月和1—12月重庆市及各区县空气质量状况》，http://sthjj.cq.gov.cn/hjzl_249/dqhjzl/kqzlpm/202101/t20210127_8824075.html，2021年1月27日。④《2020年各市（州）环境空气质量通报》，http://sthjt.sc.gov.cn/sthjt/c104150/2021/1/21/e5b8dc576f1e4ba1a071b2ca46711cdd.shtml，2021年1月21日。

2020年，成渝城市群签署《深化川渝两地大气污染联合防治协议》，将建立和完善川渝两地大气污染防治协作机制，突出交通污染和PM2.5、O_3污染协同防控，以实现成渝地区优良天数增加和PM2.5浓度下降为重点，持续提升大气污染治理能力和水平①。

与其他大气污染防治区域不同的是，成渝城市群是西部大开发的重要平台，在经济建设和崛起上承担重要责任，而在大气污染防治仍然存在短板，因此两地目前仍然在探索合作方式，不断加大污染防治力度，让联防联控逐渐步入正轨，驱动成渝地区的绿色可持续发展，并讨论大气污染联防联控与碳达峰碳中和的协同路径。

（三）山东城市群

山东城市群位于京津冀和长三角两大重点区域的中间地带。城市群最初有济南、青岛、淄博等8个沿海城市，2014年扩大到13个城市，2017年出台《山东半岛城市群发展规划（2016—2030）》，扩大到17个城市。

山东半岛城市群的大气污染问题突出，2005—2019年，山东半岛城市群NO_2、SO_2、VOCs均值显著高于黄河流域其他地区（赵鹏飞等，2021）。2013年，城市群的主要污染物为PM10，年均浓度达到160微克/立方米，与前一年相比同比上升24%，占17个城市污染负荷的40.1%；SO_2和NO_2差别不大，分别占29.7%和30.2%②。随着大气污染防治攻坚战的开展，2015年城市群17个城市的空气质量有所好转。2015年，城市群PM2.5、PM10、SO_2和NO_2的平均浓度分别为76微克/立方米、131微克/立方米、45微克/立方米和41微克/立方米，与上一年相比分别改善7.3%、7.7%、23.7%和10.9%③，SO_2和NO_2改善效果更好。

由于地处交界地带，山东城市群与京津冀、长三角两个区域存在

---

① 《成渝“云签”协议协作防治大气污染》，https://www.sc.gov.cn/10462/10464/10797/2020/4/2/b533fe4c32744ac88618d2b2f86a78f4.shtml，2020年4月2日。

② 《2013山东省环境状况公报》，http://xxgk.sdein.gov.cn/wryhjjgxxgk/zlkz/zkgb/201412/t20141212_820929.html，2014年12月12日。

③ 《2015年山东省大气环境质量状况》，http://sthj.shandong.gov.cn/dtxx/hbyw/201601/t20160121_774001.html，2016年1月21日。

污染传输关系（王传达等，2020；王玉祥等，2020）。另外，山东城市群自身的大气污染也存在显著的空间自相关关系，呈现区域性复合性的特征。2015 年，在山东城市群 17 个城市中，仅青岛、日照、烟台与威海 4 个城市中度污染以上天数少于 50 天，济南、东营及德州等城市中度污染以上天数超过 90 天（王媛媛等，2020）。2017 年以来，城市群 O_3 污染超标问题相对突出，且与 PM2.5 污染在时间上呈“交错污染”的态势。

从产业特征来看，山东城市群主要形成了包括家电制造产业、汽车制造产业、纺织服装产业、海洋产业、石化和医药产业及电子信息产业六大产业在内的产业集聚区。山东城市群的大气污染与当地的产业存在着密切关系（李在军等，2021）。SO_2、NO_x 等污染物的排放主要来自火力发电、汽车尾气等能源消耗。城市群内部火电厂分布较多，人类活动、工业活动频繁。秋冬季节的秸秆燃烧和燃煤取暖进一步加剧了区域大气污染。

由于管辖权限的地域局限性，污染的区域性特征使单一城市政府难以依靠自身行动解决区域内大气污染问题，山东城市群的部分城市对跨行政区环境问题的有效治理进行了有益的探索。2014 年 5 月，济南、泰安、莱芜等七市共同签订了《省会城市群行政边界地区环境执法联动协议》。2015 年 3 月 18 日，山东省人民政府办公厅印发《山东省环境空气质量生态补偿暂行办法》，以各市 PM2.5、PM10、SO_2、NO_2 季度平均浓度同比变化情况为考核指标，建立考核奖惩和生态补偿机制。2015 年 11 月，济南、泰安、莱芜等七市制定了《省会城市群冬季大气污染执法联动行动方案》，以对区域内涉大气重点工业园区、重点排污单位进行联动执法检查。

但是，山东城市群区域性大气污染联防联控机制尚未完全形成。例如，在 2015 年冬季的一次重污染天气过程中，尽管山东城市群各城市污染存在空间自相关关系，但在同一时段，各地所展现出的污染级别不一样，各市政府所启动的应急预案的级别也不相同，应急工作方面难以实现联动。德州启动了Ⅳ级应急预案，而济南、聊城启动的是Ⅲ级应急预案。应急预案的级别不同，导致各地的应急措施、减排措施也有差别，在此基础上，区域性的、有效的落实、督察机制也难以形成。

（四）武汉及其周边城市群

武汉及其周边城市群，是以中国中部最大城市武汉为中心，由武汉及其周边的黄石、鄂州、孝感、黄冈、咸宁、仙桃、天门、潜江九个城市构成的城市联合体。武汉及其周边城市群是湖北省产业和生产要素最为密集的地区。

从污染状况来看，武汉及其周边城市群空气污染指数达优良的情况如表 1-8 所示。可以看到，城市群空气污染指数达优良的百分率存在先降后升的情况。2010 年，城市群各城市空气污染指数达优良的平均百分率为 93.02%。2015 年前后空气污染较为严峻，平均达优良的百分率仅为 68.56%。至 2020 年，空气质量有所改善，尽管空气污染有所改善，平均达优良的百分率上升至 88.61%，但一些城市的空气污染指数达优良的百分率仍未回到 2010 年水平。在各城市中，武汉市的空气污染问题最为突出，2015 年，武汉市空气指数达优良的百分率仅为 61.3%。但自 2010 年以来，武汉与其周边城市空气污染情况差距逐渐缩小，污染的区域性特征更为明显。

表 1-8 武汉及其周边城市群空气污染指数达优良的百分率 单位:%

城市名称	2010 年	2015 年	2020 年
武汉	77.8	61.3	84.4
黄石	88.2	71.2	89.9
鄂州	93.7	63.5	87.4
孝感	94.8	65.1	87.9
黄冈	97.5	74.2	88.5
咸宁	98.4	74.0	94.0
仙桃	97.8	72.0	86.5
潜江	96.7	65.4	89.3
天门	92.3	70.3	89.6

资料来源：2010 年数据来源于《2010 年湖北省环境质量状况》，http：//sthjt.hubei.gov.cn/fbjd/xxgkml/gysyjs/sthj/sthjgb/201103/t20110310_564552.shtml，2011 年 3 月 2 日。2015 年数据来源于《2015 年湖北省环境质量状况》，http：//sthjt.hubei.gov.cn/fbjd/xxgkml/gysyjs/sthj/sthjgb/201603/t20160327_564559.shtml，2016 年 3 月 7 日。2020 年数据来源于《2020 年湖北省生态环境状况公报》，http：//sthjt.hubei.gov.cn/fbjd/xxgkml/gysyjs/sthj/sthjgb/202106/t20210615_3595396.shtml，2021 年 6 月 15 日。

2015年武汉及其周边城市群各城市环境空气各项指标年均值浓度如表1-9所示。影响武汉及其周边城市群空气质量的主要污染物是PM2.5和PM10，区域传输和本地积累均对城市群颗粒物浓度有较大影响。从表中可以看到，2015年武汉及其周边城市群PM2.5和PM10超标现象普遍。对于城市群中心城市武汉而言，除PM2.5和PM10外，NO_2和O_3也有不同程度的超标。由于区域人口密集，化石燃料燃烧和汽车尾气排放使得区域内CO和NO_x浓度较高，各污染物之间发生化学反应，加剧了O_3污染。同时，武汉及其周边城市群是O_3污染最严重的地区之一，2016年城市群春、夏、秋、冬各季节O_3浓度均值分别为125.9微克/立方米、136.9微克/立方米、103.7微克/立方米和78.6微克/立方米，均超过各季节全国浓度均值（吴锴等，2018）。

表1-9　2015年武汉及其周边城市群各城市环境空气各项指标年均值浓度

单位：微克/立方米，CO为毫克/立方米

城市名称	SO_2	NO_2	PM10	PM2.5	CO	O_3
武汉	18	52	104	70	1.8	170
黄石	21	33	102	68	2.3	146
鄂州	21	31	104	68	2.2	171
孝感	13	23	110	72	2.5	155
黄冈	13	28	85	59	2.6	164
咸宁	12	22	90	55	2.0	173
仙桃	21	27	114	63	1.9	106
潜江	18	21	105	70	1.6	161
天门	12	17	97	70	1.1	156
年均值二级标准	60	40	70	35	4	160

注：CO浓度为日均浓度的第95百分位数，O_3浓度为日最大8小时平均值第90百分位。

资料来源：《2015年湖北省环境质量状况》，http://sthjt.hubei.gov.cn/fbjd/xxgkml/gysyjs/sthj/sthjgb/201603/t20160327_564559.shtml，2016年3月7日。

从产业结构方面看，武汉及其周边城市群是中国重工业基地，城市群存在以武汉都市区为中心的集聚格局。钢铁、机械、冶金、化工、建材等是各城市的支柱产业，不同城市在支柱产业上存在产业同构现象（郑艳婷等，2016）。重工业大量排放 PM2.5、PM10、SO_2、CO，使武汉及其周边城市群呈现出重工业型污染的特征（卢进登等，2018）。

从政府间合作关系来看，武汉及其周边城市群的区域性大气污染防治开始较晚，目前仅处于规划和探索阶段。2021 年 6 月，第一届武汉城市圈城市生态环境合作会议签订了《武汉城市圈城市生态环境合作协议书》，提出开展区域性大气污染防治，编制《武汉城市圈大气污染防治规划》。力争到 2023 年在城市群实行统一的排放标准、编制统一的重污染天气应急预案，并通过开展区域颗粒物、臭氧污染成因研究为政策制定提供依据，推进大气污染物协同联合治理。

此外，武汉及其周边城市群还与环长株潭、环鄱阳湖城市群一道共同构成长江中游城市群的主体。可以考虑与两个城市群进行合作，在长江中游城市群建立区域大气污染防治常态化协作机制，共同完善协作会商机制。

（五）辽宁中部城市群

辽宁中部城市群是以沈阳为中心，通过沈阳的经济辐射和吸引形成的包括沈阳、鞍山、抚顺、本溪等 8 个城市在内的区域经济共同体。

2014 年，辽宁中部城市群大气污染以 PM2.5 和 PM10 污染为主，各城市年均 PM10、PM2.5 浓度均超标。除此之外，沈阳、锦州 SO_2 年均浓度超标，沈阳、锦州、葫芦岛 NO_2 年均浓度超标，沈阳、抚顺 O_3 日最大 8 小时平均浓度超标①，沈阳市的大气污染形势最为严峻。从污染特征来看，与成渝、长三角、京津冀等区域相比，辽宁中部城市群 PM2.5 二次污染程度较低，一次污染是 PM2.5 的主要来源。对

① 《2014 年辽宁省环境状况公报出炉》，http：//ln.sina.com.cn/news/m/2015-06-05/detail-icrvvpkk7947939-p2.shtml，2015 年 6 月 5 日。

PM2.5的化学组分进行分析发现，辽宁中部城市群的大气污染是以燃煤污染和机动车尾气污染为特征的复合型污染，燃煤污染的贡献大于机动车尾气，该现象在秋冬季尤为明显（秦思达等，2021）。与其他城市群的情况类似，近年来辽宁中部城市群的 O_3 污染严重，2015 年辽宁中部城市群日均 O_3 浓度超标率在 9%左右，2016 年，该值升高至 15%以上。辽宁中部城市群的大气污染也存在区域性特征，沈阳、鞍山两市的大气污染物有相当程度由周边城市贡献。对城市间 O_3 浓度相关性的分析可知，沈阳与其他城市的相关性均较高（王帅，2020）。

从区域间传输的角度看，辽宁中部城市群发生污染天气时气流主要有两个来向，即西南方向的京津冀来向和偏北方向的内蒙古和长春来向，前者对于辽宁中部城市群霾污染的影响最大（洪也等，2015）。

从产业结构的角度看，辽宁中部城市群重工业基础雄厚，是我国重要的原材料工业和装备制造业基地，目前已经形成矿山—能源—冶金—机械装备的产业发展链条。为了改善区域大气环境质量，在《辽宁中部城市群经济区发展总体规划纲要》中提到，加强对电力、冶金、建材、石化等行业的污染治理力度，有计划地搬迁改造中心城区的重污染企业。

2011 年辽宁省制定《辽宁省大气污染联防联控工作方案编制提纲》，文件中提到辽宁省大气污染联防联控工作以控制颗粒物污染为核心任务，结合 SO_2 和 NO_x 控制措施，综合改善空气质量。2020 年，辽宁省修订了重污染天气应急预案，借鉴京津冀等重点区域的经验，完善了区域联防联控的部分内容。

（六）小结

总结而言，“三区十群”城市群是我国经济活动水平和污染排放高度集中的区域，大气环境问题更加突出。“三区+群”包含 47 个城市，占全国 14%的国土面积，全国近 48%的人口，产生 71%的经济总量，消费 52%的煤炭，排放 48%的 SO_2、51%的 NO_x、42%的烟粉尘和约 50%的挥发性有机物，单位面积污染物排放强度是全国平均水平的 2. 9—3. 6 倍[①]。除京津冀、长三角和珠三角三个重点区域外，其余十个城市群 2010 年重点区域主要污染物排放量如表 1-10 所示。从表中可以看到，山东城市群、辽宁中部城市群各污染物排放量均较大，陕西关中城市群和成渝城市群 SO_2 和 NO_x 排放突出。

表 1-10　　2010 年重点区域主要污染物排放量　　单位：万吨

区域	省份	SO_2	NO_x	工业烟粉尘	重点行业挥发性有机物
辽宁中部	辽宁	62. 31	54. 71	50. 44	24. 20
山东	山东	181. 10	174. 00	58. 10	79. 60
武汉及其周边	湖北	39. 27	36. 97	24. 17	20. 70
长株潭	湖南	12. 04	14. 13	17. 05	3. 80
成渝	重庆	56. 10	27. 21	22. 43	15. 60
	四川	73. 20	52. 01	38. 36	8. 90
海峡西岸	福建	40. 91	43. 37	27. 88	26. 50
山西中北部	山西	53. 94	46. 37	32. 43	2. 60
陕西关中	陕西	61. 34	49. 80	21. 56	10. 20
甘宁	甘肃	25. 69	18. 21	7. 40	8. 60
	宁夏	6. 68	9. 30	3. 04	3. 95
新疆乌鲁木齐	新疆	18. 30	19. 87	7. 22	4. 00

资料来源：《重点区域大气污染防治“十二五”规划》，https：//www. mee. gov. cn/gkml/hbb/bwj/201212/t20121205_243271. htm.

巨大的污染物排放量带来严重的大气污染，成为制约区域社会经济发展的瓶颈。2010 年重点区域主要空气污染物年均浓度如表 1-11 所示。可以看到，山东城市群 SO_2 年均浓度最高，其次是长株潭城市群、辽宁中部城市群和甘宁城市群。就 NO_2 而言，长株潭城市群年均浓度最高，其次是山东城市群和新疆乌鲁木齐城市群。各城市群可吸入颗粒物浓度均较高，甘宁城市群和陕西关中城市群最高，均超过

① 《重点区域大气污染防治“十二五”规划》，https：//www. mee. gov. cn/gkml/hbb/bwj/201212/t20121205_243271. htm.

100 微克/立方米。按照我国新修订的环境空气质量标准评价，超标现象普遍。

表 1-11　　2010 年重点区域主要空气污染物年均浓度

单位：微克/立方米

区域	SO_2	NO_2	可吸入颗粒物
辽宁中部	46	33	84
山东	52	38	96
武汉及其周边	28	28	91
长株潭	51	40	86
成渝	43	35	76
海峡西岸	29	26	71
山西中北部	44	19	75
陕西关中	37	35	106
甘宁	46	32	111
新疆乌鲁木齐	43	36	96

资料来源：《重点区域大气污染防治“十二五”规划》，https://www.mee.gov.cn/gkml/hbb/bwj/201212/t20121205_243271.htm.

2013 年全国 PM2.5 年均值高值区主要集中在陕西关中、武汉及周边和新疆乌鲁木齐城市群，其 PM2.5 年均值分别达到 102 微克/立方米、88 微克/立方米和 85 微克/立方米（李沈鑫等，2017）。近年来，“三区十群”重点区域内各城市年均 O_3 浓度值集中分布趋势加强且呈现由低值向高值变化的特征，由 2015 年的 60—120 微克/立方米升高为 2016 年的 80—140 微克/立方米，大气污染治理形势严峻（吴锴等，2018）。

同时，我国的大气污染防治也对“三区十群”城市制定了更严格的标准，提出了更高的要求。2013 年的“大气十条”提到，“三区十群”中的 47 个城市，新建火电、钢铁、石化、水泥、有色、化工等企业以及燃煤锅炉项目要执行大气污染物特别排放限值。

第二节 区域性大气污染的产生原因

一 机理层面

归因于大气环境要素的流动性特征，大气中存在的污染物会随着大气运动而扩散、传播，产生污染空间溢出效应。虽然大气在全球范围内循环流动，但受地形和气候条件影响，“空气分水岭”能将大气隔断成多个彼此相对孤立的气团——“空气流域”，进而导致某一地区的大气污染物不会马上扩散并均匀混合到全球大气中，而是在排放源所在的“空气流域”内聚集，最终产生区域性大气污染（王金南等，2012）。由于“空气分水岭”会因气象因素的改变而发生变化，“空气流域”的范围具有较强的不稳定性。此外，各种污染物具有不同的大气化学行为和归属方式，因而表现出差异化的半衰期和传输距离，进而导致不同污染物的“空气流域”范围也有所不同（蒋家文，2004）。“空气流域”的存在使即使某一地区的大气污染物排放量并未超出其环境容量，也可能会因外地污染物的输入而出现污染天气。由此可见，地方政府各自为政的大气污染治理方式并不能真正、彻底地实现本地区空气质量的改善。

二 管理层面

20世纪70年代初，中国政府正式介入环境保护领域。1973年，环境保护基本建设列入国家预算内基本建设投资计划，标志着环境保护成为政府的一项职责和事权。自此，中国逐渐建立起“统一管理与分级、分部门管理相结合”的环境分权体制。具体而言，在环境保护业务体系中，下级环境保护部门要服从上级环境保护部门的领导并接受指导，体现出“条条”管理的制度设计①；在地方党政领导体系

---

① 《中华人民共和国环境保护法》（2014年修订版）第十条规定，“国务院环境保护主管部门，对全国环境保护工作实施统一监督管理；县级以上地方人民政府环境保护主管部门，对本行政区域环境保护工作实施统一监督管理”，http://www.gov.cn/zhengce/2014-04/25/content_2666434.htm，2014年4月24日。

中，地方环境保护部门还要受到本级地方政府的领导，体现出“块块”管理的制度设计[①]。因此，中国的属地化环境分权体制呈现出“条块结合、以块为主”的特征（李正升，2014）。由于同时受中央政府环保部门和地方政府的领导，地方环保部门在行使环境管理事权时很大程度上会因人力、财力和物力的限制而受到地方政府的制约，缺乏独立的执法权限。当中央政府与地方政府目标不一致时，地方环保部门处于左右为难的窘境，往往选择被迫执行本级地方政府的指令，成为地方政府的代言人。

在“属地管理，分级负责”的属地管理模式下，地方政府以改善本辖区环境质量为目标，而无须为辖区外的环境污染负责，因此环境分权体制在解决区域性大气污染问题时面临诸多阻碍。具体来说，中国的行政区划体制将全国划分为若干具有各自行政权力的区划单元，而“空气流域”边界往往与行政区划边界存在差异，这种边界的割裂使得各地区大气污染治理的责任界定模糊，在大气环境污染的负外部性和大气污染治理的正外部性的双重作用下，地方政府存在“搭便车”的倾向，即竞相减少本地区的环境治理投入、降低本地区的环境规制强度，进而造成地区间在环境规制领域的恶性“逐底竞争”，最终导致区域性大气污染防治的低效。例如，在 2014 年，当上海在长三角地区大气污染联防联控联席会议中承诺大力治理 PM2. 5，到 2017 年使 PM2. 5 平均浓度降低 20%时，安徽仅做出将 PM10 的平均浓度降低 10%的承诺，这在客观上阻碍了本区域大气污染治理的整体进程（胡志高等，2019）。此外，受财政分权体制和“晋升锦标赛”模式的影响，地方政府和地方政府官员存在牺牲环境以谋求经济增长和政治晋升的激励。以建设项目的环境影响评价审批为例，很多地方政府为了追求财政收入和地区经济增长，要求环保部门放松对企业投产的环评环节，甚至允许高污染企业“未批先建”，导致环保部门没有起到真正的监督管理作用。第十个“五年计划”中污染物减排目标

---

① 《中华人民共和国环境保护法》（2014 年修订版）第六条规定，“地方各级人民政府应当对本行政区域的环境质量负责”，http：//www. gov. cn/zhengce/2014-04/25/content_2666434. htm，2014 年 4 月 24 日。

的失败也被中国环境规划院（现生态环境部环境规划院）归因为地方政府过于渴望实现经济增长目标，选择忽视环境保护工作，并允许污染密集型行业快速扩张。上述动机及其引致的行为导致地区间的“以邻为壑”和区域内的“公地悲剧”问题愈演愈烈。

第三节　区域大气污染防治的必要性

1979 年，中国颁布了新中国成立以来第一部综合性的环境保护基本法——《中华人民共和国环境保护法（试行）》，揭开了大气污染防治的序幕。在大气环境治理初期，大气污染的主要表现形式是粉尘的点源排放，省级政府作为大气污染治理的主要行动者，主要运用命令控制型环境规制手段，独立完成中央政府规定的本地区的大气环境治理目标（Zhang and Wu，2018）。这种地方自治的大气环境治理模式主要依靠强制性的行政权力得以开展实施。在该模式下，各治理主体之间缺乏合作，地方政府都必须单独完成上级政府布置的任务，并接受其监督和考核。

然而，随着中国的大气污染由最初的局地污染转变为局地污染和区域污染共存，区域性、复合型的大气污染特征日益凸显，局部地区对污染防治措施的落实和环境规制强度的趋严无法改善区域整体的大气环境质量，甚至在大气污染物的流动与传输作用下，对本辖区的环境质量提升作用有限。此外，区域内不同地区的污染排放特征、污染治理能力和环境规划目标也存在较大差异。在大气污染特征发生改变和不同地区之间表现出明显差异的双重作用下，地方自治模式一方面无法从根本上解决区域性大气污染问题，另一方面没有充分利用各地区在污染治理技术和成本上的相对优势，进而导致实施成本高且治理效果差（Li et al.，2020b）。

由此可见，中国需要开展区域大气污染防治，通过中央政府出台相应政策的方式，建立包含法律、管理、市场、技术等各个层面的结构化的制度安排，引导地方政府突破行政区划边界，摒弃固有的“分治”模式，形成治污合力，共同为区域大气环境质量的改善做出贡献。区域大气污染防治是指在综合“空气流域”范围、地区间经济地理联系程度等因素所划定的区域内，由地方政府作为治理主体联合协作解决区域性大气污染问题，同时充分考虑各地区在经济发展水平和污染治理能力上的差异性，允许地方政府针对性地制定和执行污染防治措施，并通过地区间利益协调机制，使大气环境整体性与行政区划分割之间的矛盾引致的外部性充分内部化，从而抑制污染排放、激励污染治理，是一种典型的协同治理模式。区域大气污染防治充分考虑了大气污染物的流动性和各治理主体在污染治理技术和成本上的相对优势，因而在改善空气质量、降低成本、稳定就业、减少污染对公众健康的不利影响方面具有更大优势（Wang et al.，2019a）。

在中国区域大气污染防治的实施过程中，聚焦于组织架构，中国已经建立了一个由中央政府、生态环境部和中央环境保护督察组等其他国家行政主管部门、地方政府和地方环保部门组成的庞大的环境治理组织架构。各个部门在纵向（具有行政隶属关系的治理主体之间）和横向（在同一行政级别的治理主体之间）上相互影响。从纵向的角度来看，中央政府和生态环境部根据国家法律法规和发展规划制定详细的生态环境制度和环境保护目标，为地方政府提供具体的行动方案指引，并通过环境监测、评估、问责、监督、约谈、执法等垂直监管方式落实相关制度的实施和保障环保目标的实现。从横向的角度来看，省与省之间、市与市之间以及同级政府部门之间的协同共治，有利于区域大气污染防治政策的实施。聚焦于参与主体，区域大气污染防治强调多元主体参与，即政府、企业、社会组织和公众等主体各司其职、合作解决区域性大气污染问题。具体来说，中央政府制定法律法规和政策方案，并出台区域大气污染防治及环境基础设施建设规划；地方政府按照相关制度的规定开展具体工作，并承担地区大气污染治理和环境基础设施建设的责任；企业根据主体责任要求，严格落实污染物限量排放和达标排放的规定，推进生产技术转型升级和资源循环利用，并强化主观能动性和责任意识；社会组织和公众积极履行参与、监督及宣传等职能，发挥其在环境保护监督、环境诉讼、环境科普宣传、绿色消费等方面的积极作用。聚焦于利益协调。鉴于大气环境治理会在短期内对地区财政收入和经济发展产生较大负面影响，且各地区普遍存在采取“搭便车”行为来逃避污染治理责任的动机，中国建立了生态补偿机制以提供开展大气污染治理、改善大气环境质量的经济激励。聚焦于治理措施，中国主要以污染总量控制制度加强对地区的宏观调控，以污染排放标准限制工业企业的污染排放，以清洁生产标准促进企业技术研发创新，以环境准入门槛推动产业转型升级，以制定能源利用目标，划定“禁燃区”，推进集中供热、“煤改气”、“煤改电”工程建设，推广清洁能源利用等方式促进能源结构调整。聚焦于保障措施，中国通过建立“五个机制”[①] 来落实协同治理目标要求，通过完善法规标准、严格考核评估、加强环境监管、提升执法力度来提高监督管理效力，通过建立统一的区域空气质量监测预警体系和信息共享机制、完善污染源自动监控体系、编制区域大气排放清单、推进机动车排污监控能力建设来提升协同治理管理能力。

① “五个机制”：区域大气污染联防联控联席会议机制、区域大气环境联合执法监管机制、重大项目环境影响评价会商机制、环境信息共享机制和区域大气污染预警应急机制。

第二章　中国区域大气污染防治管理体系的发展历程

第一节　政策发展历程

为了更加全面地展示中国区域大气污染防治政策体系的发展历程，本章总结了其他学者对该政策体系发展历程的划分方式及划分依据，如表 2-1 所示。

表 2-1　　其他学者对中国区域大气污染防治政策体系发展历程的划分方式及原因

作者	划分方式	划分依据
燕丽、雷宇、张伟[①]	（1）区域协作理念形成阶段（1996—2006 年） （2）以重大活动为契机，积极探索区域联防联控阶段（2008—2020 年） （3）政策法规推动区域协作不断深化阶段（2012—2020 年） （4）区域一体化发展推动协作机制不断完善阶段（2013 年至今）	以政策发展的主要表现形式进行划分（例如，第一阶段主要表现为大气污染防治区域协作理念的形成；第二阶段主要表现为北京奥运会等重大活动期间大气污染控制的省际联动、部门联动），同时允许不同阶段之间存在时间重叠

① 燕丽、雷宇、张伟：《我国区域大气污染防治协作历程与展望》，《中国环境管理》2021 年第 5 期。

续表

作者	划分方式	划分依据
康京涛[①]	(1) 区域探索性实践阶段(2002—2009年) (2) 国家规范性文件规划指引阶段(2010—2013年) (3) 国家法律确立并全面推进阶段(2014年至今)	以关键政策的出台进行划分(例如,2010年,国家层面的第一个关于区域性大气污染联防联控制度的规范性文件《关于推进大气污染联防联控工作改善区域空气质量的指导意见》出台;2014年,《中华人民共和国环境保护法》(2014年修订版)首次在法律层面对区域污染协同治理作出规定)
赵新峰、袁宗威[②]	(1) 主要大气污染物控制区阶段(1995—2005年) (2) 重点区域大气污染防治阶段(2006年至今)	以"五年规划"的时间节点进行划分(同时区别区域政策目标和区域政策工具)

本节将中国区域大气污染防治政策体系划分为探索阶段(1995—2009年)、建立阶段(2010—2013年)和深化阶段(2014年至今)三个发展阶段,分别代表区域大气污染防治的理论探索和实践尝试、区域大气污染联防联控制度在全国范围的正式建立以及区域大气污染协同治理模式的进一步完善。

一　探索阶段(1995—2009年)

中国在区域大气污染防治政策方面的探索最早可以追溯到"两控区"[③]的划定。自改革开放以来,我国采取粗放式的模式大力推进经济发展进程,高硫煤的大规模使用和脱硫措施的不充分应用导致SO_2排放量不断增加,酸性气体在雨雪的冲刷和溶解作用下形成大范围的酸雨[④],对居民人身健康和财产安全以及生态系统造成了严重威胁。为了控制SO_2污染和日益严重的酸雨问题,1995年8月修订的《中华

① 康京涛:《论区域大气污染联防联控的法律机制》,《宁夏社会科学》2016年第2期。

② 赵新峰、袁宗威:《区域大气污染治理中的政策工具:我国的实践历程与优化选择》,《中国行政管理》2016年第7期。

③ "两控区"为酸雨控制区和SO_2污染控制区。

④ 覆盖范围由西南局部地区扩展到西南、华中、华南和华东的大部分地区。

人民共和国大气污染防治法》规定在全国划定酸雨控制区和 SO_2 污染控制区，加强对“两控区”内 SO_2 排放企业的监督与管理。1996 年 8 月，国务院发布《关于环境保护若干问题的决定》，进一步提出划定“两控区”的要求。1998 年 1 月，国家环境保护局对“两控区”的划定范围、污染防治目标和污染防治措施进行了明确规定①。2002 年 9 月，“两控区”污染治理工作继续推进，国务院批复了《两控区酸雨和二氧化硫“十五”计划》，对“两控区”的污染防治目标、污染防治手段和保障措施进行了详细规定。上述针对“两控区”污染防治的一系列政策是中国对大气污染问题进行区域性管理的首次探索。然而，这一机制在当时并没有得到充分推广，仅限于行政区管辖范围内的单独防治，未能开展有效的常态化跨区域污染防治行动。同年 4 月，广东和香港签署和发布了《关于改善珠江三角洲空气质素的联合声明（2002—2010 年）》，旨在协同治理珠江三角洲地区的区域性大气污染。此后，一系列污染防治措施在两地协同推进，加之技术交流等环境管理合作稳步开展，珠三角地区实现空气质量率先达标。2006 年，为了兑现申奥时关于改善大气环境质量的承诺，环境保护部和北京、天津、河北、山西、内蒙古、山东六省区市成立空气质量保障工作协调小组，共同制定奥运会空气质量保障措施，实施区域联动，大力开展污染减排工作，通过改善能源结构、严格新车排放标准、调整工业结构和严格施工管理等措施，着力控制扬尘、燃煤、工业和机动车四种主要污染源的排放，在短期内有效缓解了区域性大气污染问题，实现了奥运会、残奥会期间大气环境质量明显改善的目标，以实际行动践行了“绿色奥运”。2007 年 11 月，京津冀、长三角、珠三角等地区被要求以城市群为单位统筹规划区域性大气污染防治②。2008 年 12 月，沪苏浙共同签订《长江三角洲地区环境保护工作合

① 《酸雨控制区和二氧化硫污染控制区划分方案》（环发〔1998〕86 号），https://hk.lexiscn.com/law/law-chinese-3-304001199803.html，1998 年 1 月 12 日。

② 《国家环境保护“十一五”规划》（国发〔2007〕37 号）提出“统筹规划长三角、珠三角、京津冀等城市群地区的区域性大气污染防治”，http://www.gov.cn/zhengce/content/2008-03/28/content_4877.htm，2007 年 11 月 22 日。

作协议（2009—2010年）》，以期加强区域环境治理效果和监管力度。在探索阶段，区域性大气污染联防联控理念逐步形成，一些地区也进行了污染协同治理的尝试并取得了一定成果，在实践层面论证了区域联防联控与协同减排在治理区域性大气污染上的有效性，为中国构建区域大气污染防治政策体系提供了宝贵经验。

二　建立阶段（2010—2013年）

前述区域性大气污染协同治理的探索和实践证明了各自为政的属地管理模式难以从根本上解决区域性大气污染问题，进一步凸显了在一定区域内开展大气污染协同治理的重要性。在总结国内实践经验和借鉴国外有效措施的基础上，中国着手建立区域性大气污染联防联控制度。2010年5月，国务院办公厅转发环境保护部等部门编撰的《关于推进大气污染联防联控工作改善区域空气质量的指导意见》，首次提出在全国范围内建立区域性大气污染联防联控制度，这是该制度的第一个国家层面的规范性文件。该意见指出应当在规划、监测、监管、评估、协调五个方面实现统一，区域性大气污染联防联控制度初现雏形。此外，该意见对重点区域的范围划定方式也为此后一系列政策的重点区域划定打下了基础①。2012年10月，《重点区域大气污染防治"十二五"规划》的发布标志着我国首次以全国五年规划形式实施区域性大气污染联防联控制度②，该规划划定"三区十群"共13个大气污染重点控制区，并提出建立"五个机制"，旨在切实改善区域大气环境质量，提高公众对大气环境质量满意率。2013年9月，国务院发布实施《大气污染防治行动计划》，明确提出区域大气污染协

---

① 《关于推进大气污染联防联控工作改善区域空气质量的指导意见》（国办发〔2010〕33号）明确工作目标为"到2015年，建立大气污染联防联控机制，形成区域大气环境管理的法规、标准和政策体系"，"开展大气污染联防联控工作的重点区域是京津冀、长三角和珠三角地区；在辽宁中部、山东半岛、武汉及其周边、长株潭、成渝、台湾海峡西岸等区域，要积极推进大气污染联防联控工作；其他区域的大气污染联防联控工作，由有关地方人民政府根据实际情况组织开展"，http://www.gov.cn/zwgk/2010-05/13/content_1605605.htm，2010年5月11日。

② 《重点区域大气污染防治"十二五"规划》（环发〔2012〕130号），https://www.mee.gov.cn/gkml/hbb/bwj/201212/t20121205_243271.htm，2012年10月29日。

同治理的要求①，体现了我国总量控制与质量改善相统一、区域协作与属地管理相结合的区域大气污染防治政策特点，区域性大气污染联防联控制度进一步完善。此后，珠三角、山东省会城市群、粤港澳等区域纷纷建立区域性大气污染协同治理机制，在信息共享、环评会商、联席会议、联合执法、预警应急、应急联动方面进行了有益尝试，为我国全面开展区域性大气污染联防联控奠定了实践基础。在这一阶段，中国区域性大气污染联防联控制度初步建立，其具体工作机制如图 2-1 所示。

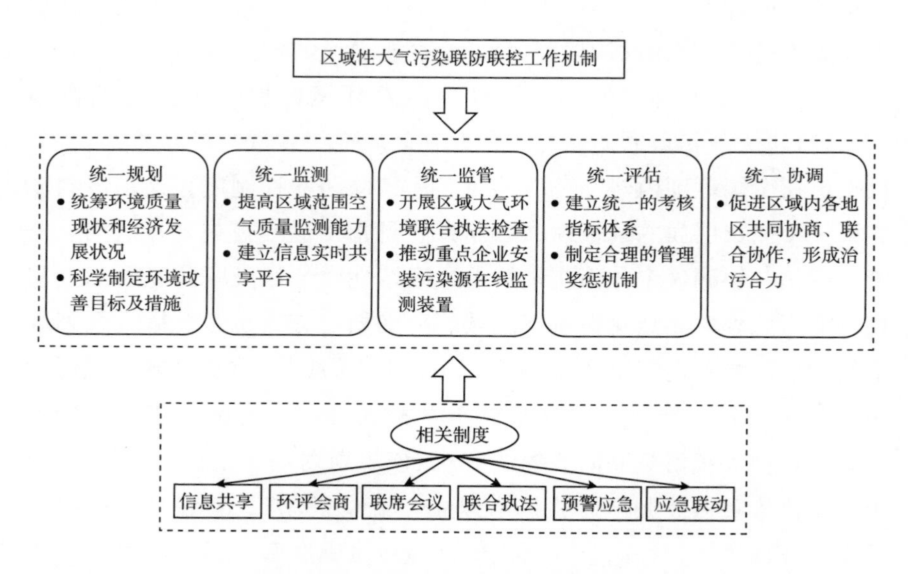

图 2-1　中国区域性大气污染联防联控工作机制

三　深化阶段（2014 年至今）

2014 年 4 月，《中华人民共和国环境保护法》进行修订，首次在

① 《大气污染防治行动计划》（国发〔2013〕37 号）提出“建立区域协作机制，统筹区域环境管理，京津冀、长三角区域建立大气污染防治协作机制，由区域内省级人民政府和国务院有关部门参加，协调解决区域突出环境问题”，http：//www. gov. cn/zwgk/2013-09/12/content_2486773. htm，2013 年 9 月 10 日。

法律层面对区域污染的联合治理作出规定①。2015 年 8 月，《中华人民共和国大气污染防治法》进行修订，以单独一章（第五章重点区域大气污染联合防治）的形式在法律上确立了区域性大气污染联防联控制度，并综合考虑重点区域内各地区的经济发展水平和大气环境质量现状，对区域大气污染联合防治行动计划的制订提出了要求②。同年 9 月，中共中央、国务院印发《生态文明体制改革总体方案》，强调建立健全环境治理体系，将污染防治区域联动作为机制之一。2018 年 6 月，国务院印发《打赢蓝天保卫战三年行动计划》，将区域协同治理摆在了更重要的位置上，强调通过建立完善区域大气污染防治协作机制、加强重污染天气应急联动和夯实应急减排措施来强化区域联防联控，有效应对重污染天气。2019 年 11 月，“最严格的生态环境保护制度”将完善污染防治区域联动机制作为其重要内容之一③。2020 年 3 月，《关于构建现代环境治理体系的指导意见》出台，将推动跨区域跨流域污染防治联防联控纳入现代环境治理体系的构建工作中。2021 年 3 月，《中华人民共和国国民经济和社会发展第十四个五年规划和 2035 年远景目标纲要》发布，将大气污染协同治理作为深入开展污染防治行动的关键举措④。在深化阶段，中国区域性大气污染协同治理模式进一步完善，在各地区协同治理大气污染的合力下，重

---

① 《中华人民共和国环境保护法》（2014 年修订版）第 20 条规定，“国家建立跨行政区域的重点区域、流域环境污染和生态破坏联合防治协调机制，实行统一规划、统一标准、统一监测、统一的防治措施”，http://www.gov.cn/zhengce/2014-04/25/content_2666434.htm，2014 年 4 月 24 日。

② 《中华人民共和国大气污染防治法》（2015 年修订版）第 87 条规定，“根据重点区域经济社会发展和大气环境承载力，制定重点区域大气污染联合防治行动计划，明确控制目标，优化区域经济布局，统筹交通管理，发展清洁能源，提出重点防治任务和措施，促进重点区域大气环境质量改善”，http://www.gov.cn/xinwen/2015-08/30/content_2922117.htm，2015 年 8 月 29 日。

③ 《中共中央关于坚持和完善中国特色社会主义制度推进国家治理体系和治理能力现代化若干重大问题的决定》，http://www.gov.cn/zhengce/2019-11/05/content_5449023.htm，2019 年 11 月 5 日。

④ 《中华人民共和国国民经济和社会发展第十四个五年规划和 2035 年远景目标纲要》提出“坚持源头防治、综合施策，强化多污染物协同控制和区域协同治理”，http://www.gov.cn/xinwen/2021-03/13/content_5592681.htm，2021 年 3 月 13 日。

点区域大气环境质量得到显著改善，区域大气污染防治取得良好成效。

中国区域大气污染防治政策的发展历程如图 2-2 所示。

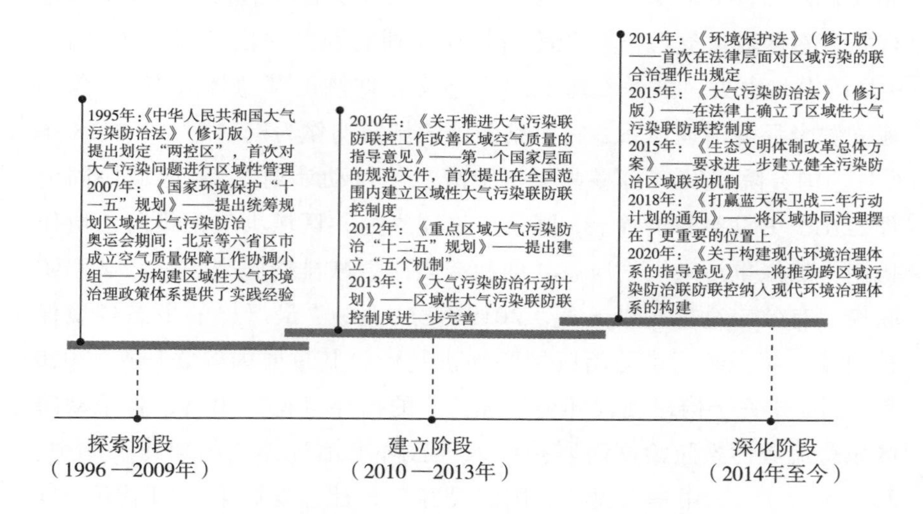

图 2-2　中国区域大气污染防治政策的发展历程

第二节　体制改革历程

2002—2008 年，中国国家环保总局陆续成立六大区域环保督查中心①，覆盖 31 个省（市、自治区）。鉴于这些环保督查中心是国家环保总局的派出机构，中央政府直接管辖的垂直管理体制保障了环保督查中心在执法监督方面的权威性和不受地方政府影响的独立性（赵阳等，2021）。区域环保督查中心的主要职能是监督地方政府开展环境保护工作、应对突发环境事件和协调区域性污染纠纷，其设立为区域性污染协同治理机制的建立奠定了基础。然而，区域环保督查中心的职能较为复合，难以专司区域性大气污染的监督管理职责（王清军，

① 六大区域环保督查中心为华北、华东、华南、西北、西南、东北环境保护督查中心。

2016)，且其缺乏强制处罚权力，因而并未产生对区域性大气污染的显著治理效果（陈晓红等，2020）。2004 年 7 月，泛珠三角区域九省（自治区）[①] 和香港、澳门两个特别行政区（以下简称“9+2”）共同签署了《泛珠三角区域环境保护合作协议》，通过不定期举行泛珠三角区域环境保护合作联席会议、建立专题工作小组和建立环境保护工作交流和情况通报制度等方式在大气环境保护等方面开展合作，这可以被视为中国区域大气污染防治体制改革的开端。2006 年，北京奥运会空气质量保障工作协调小组成立，通过将环境管理的决策、执行和监督权力集中至该小组，实现了各地区大气污染的协同治理，从而解决了大气污染防治属地管理的固有弊端，成功实现“绿色奥运”目标。2008 年，沪苏浙政府共同签订的《长江三角洲地区环境保护工作合作协议（2009—2010 年）》也建立了“两省一市”环境保护合作联席会议制度。总的来说，“9+2”合作协议、北京奥运会协调小组和“两省一市”联席会议都是中国在区域大气污染防治体制方面进行改革的尝试与探索。

然而，这些改革尝试却存在根本性的差异。第一，从改革路径来看，“9+2”合作协议和“两省一市”联席会议以推进跨行政区划环境保护合作为目标，仅设立相对松散的区域协调机构和常设执行部门，缺少具有一定管理职权的组织机构，因此不能算作真正的体制改革。北京奥运会协调小组则以在特定时期改善大气环境质量为目标，设立了集决策、执行和监督权于一体的区域性组织管理机构，实现了区域大气污染防治体制的改革与创新。第二，从改革效果来看，“9+2”联席会议和“两省一市”联席会议建立于地区间自发性的环境保护合作动机，具备一定的常态化特征，但由于协议内容空泛且监督约束机制欠缺，协同治理的执行性较差。而北京奥运会协调小组的设立能够在短时间内通过运动式环境治理实现大气污染防治目标，但由于缺乏长效性的利益合作机制，这种协同治理在长时间尺度下很难维持。

① 包括福建、江西、湖南、广东、广西、海南、四川、贵州和云南。

为了解决上述两种区域大气污染防治体制改革方式存在的弊端，中国开始建立顶层性的区域性大气污染防治协作机制。2013 年和 2014 年，京津冀及周边地区大气污染防治协作小组和长三角区域大气污染防治协作小组（以下简称协作小组）相继成立，旨在建立协作长效机制，进一步深化区域联防联控工作，并加强在信息共享、措施联动等方面的沟通。2014 年，环境保护部牵头联合其他部委组建全国大气污染防治部际协调小组（以下简称协调小组），作为国务院最高层级的议事协调机构，主导全国大气污染防治方针的政策制定、协调执行和执行监督。上述区域性大气污染管理体制改革同样聚焦于建立集权的区域性组织管理机构，重点改革传统体制中不适应联防联控制度的要素和环节，从部门协调、地区协作和部门地区合作三方面推进大气污染治理工作。此外，为了保障制度的有效运行，协调小组和协作小组建立了高规格领导机制，即由中共中央政治局常委兼任协调小组组长，由中共中央政治局委员兼任协作小组组长，同时设立由环境科学相关领域专家学者组成的区域性大气污染防治协作专家小组，为区域性大气污染协同治理工作提供必要的科研支撑。2018 年，京津冀及周边地区大气污染防治协作小组升格为京津冀及周边地区大气污染防治领导小组，地位与职权得到进一步提升。

另外，中国着手调整和改革生态环境监管方式。2015 年 7 月，《环境保护督察方案（试行）》经中央全面深化改革领导小组第十四次会议通过，提出组建中央生态环境保护督察工作领导小组（以下简称中央环保督察组），由省部级干部担任组长、原环境保护部副部长担任副组长，对全国各省、自治区、直辖市的环境保护工作落实情况进行督察。2016 年，随着中央环保督察组进驻河北，中央环保督察工作正式拉开了序幕。环保督察最主要的特点是对地方政府的环境保护行为进行督察，旨在落实地方党委和政府“党政同责”“一岗双责”的环境保护责任。在实施过程中，中央环保督察组被派驻到全国各地，通过明察暗访、听取汇报、查阅资料、走访询问、受理信访、接受投诉、个别抽查等形式，开展为期一个月的驻地督察。在督察结束后，中央环保督察组形成报告上达中央政府并反馈至被督查的地方政府，被督察地区需根据中央环保督察组的反馈意见制定包括责任单位、整改目标、整改措施和整改时间的整改方案，最后再由中央环保督察组抽查落实。由于环保督察具有利用自上而下的强制性行政力量、覆盖全地区和全行业、引导公众积极参与等特点，在区域大气污染防治中发挥了重要作用。截至 2017 年 8 月，共计四批次的中央环保督察完成了对全国所有省级单位的环保巡视。同年，六大区域环保督查中心更名为区域督察局，性质也由事业单位转为原环境保护部的派出机构，其督政职能得到进一步强化。

总结而言，上述实践对于改革"统一管理与分级、分部门管理相结合"的环境分权体制、抑制地方政府大气污染治理"搭便车"动机、解决地方政府环境规制"逐底竞争"问题以及提高区域大气污染防治效率具有一定积极意义。

第三节　小结

总结而言，在经历了探索、建立、深化三个阶段后，中国区域大气污染防治政策体系逐步发展完善，区域性大气污染协同治理取得阶段性成效，区域协作能力得到显著提升。在各项污染防治措施的稳步推进下，实现了京津冀及周边地区、长三角地区和汾渭平原三大大气污染防控重点区域空气质量的大幅度改善（2020 年三大区域重度及以上污染天数比例比 2018 年分别低 2.5%、1.5%和 2.5%[①]）、重污染天气应急预警体系建立（京津冀地区、长三角地区、华中地区等区域相继建成空气质量预测预报中心，能够预测未来 7—10 天区域、省、市三级的空气质量状况）、联合监管模式应用（各地在统一的环境执法尺度下，对环境违法行为进行联合执法、监管、调查）等成效。在体制改革的不断探索下，实现了由单一的中央政府纵向管制或

① 《中国生态环境状况公报》（2018—2020 年），https://www.mee.gov.cn/hjzl/sthjzk/.

地方政府横向协调向纵向横向相结合的转变，有助于统筹推进跨部门合作、跨地区联合和跨层级治理，同时提高了区域性大气污染协同治理制度的高效性和长效性。中国区域大气污染防治政策体系中各个政策的政策目标、政策手段和保障措施等具体内容如附表 A-1 所示。

第三章　区域大气污染防治政策的理论探析

第一节　区域大气污染防治政策的特点及其理论依据

一　区域协作与属地管理相结合

区域大气污染防治政策最突出的特点是区域协作与属地管理相结合。具体而言，在区域性大气污染防治中，需要由各地区建立协同治理机制，将“空气流域”所覆盖的区域作为一个整体进行治理，而在治理过程中，各地区则根据自身实际情况安排污染物减排工作。致使区域大气污染防治政策具有该特点的理论依据主要包括三个方面。

（一）外部性理论

外部性又称为溢出效应或外部影响，是指一个人或一群人的行动和决策使另一个人或一群人受损或受益的情况。外部性理论最重要的特征是某一经济行为个体没有通过市场制度发挥作用，在缺乏任何相关经济交易的前提下带给另一经济行为个体收益或成本，即在生产或消费中非自愿增加的收益或成本。外部性可以分为正外部性和负外部性，分别代表使他人或社会受益和受损的情况，而在这两种情况下，产生正外部性和负外部性的行为个体均未因此获得补偿或承担成本。对大气环境污染而言，某一地区的污染排放不仅导致本地空气质量下降，也对其他地区的空气质量产生负面影响，是产生负外部性的体现。对大气污染治理而言，某一地区的污染控制行动在使本地空气质量得到改善的同时也促进了其他地区空气质量的提升，是产生正外部性的体现。由此可见，某一地区的行动，无论是污染排放还是污染治理，都不可避免地会产生外部性，进而对相邻地区的空气质量产生影响。此外，排污成本和治污收益的不对称使污染物排放量和治理量均偏离社会最优水平（Pigou，1920），进而导致整个区域的“公地悲剧”。基于此，为了促使各地区履行自身减排义务、形成治污合力，从而实现集体理性的目标，有必要建立和实施区域性大气污染协同治理制度。

（二）公共物品理论

公共物品是指具有效用的不可分割性、消费的非竞争性和受益的非排他性的物品。与私人产品可以通过市场竞争机制和价格信号实现资源的最优配置不同，公共物品的效用不可分割性意味着不能将其进行分割以供个体单独享用，而应归属于社会全体成员；公共物品的消费非竞争性意味着某一消费者对其的消费并不会减少其他人对其的消费，增加一个额外消费者的边际成本为零；公共物品的受益非排他性意味着任何消费者都没有排除其他人对该物品的消费的权利。公共物品的上述特点导致每一个消费者都不愿意为公共物品的消费付出成本，进而产生普遍的“搭便车”现象，导致市场失灵。区域性公共物品是根据公共物品的外溢性而划分出来的一种公共物品类型。根据外溢性大小的差异，可以将区域性公共物品划分为全国性公共物品、区域或流域性公共物品和社区性公共生态产品。大气环境容量资源就是一个典型的区域性公共物品。具体而言，区域内任何地区都有权消费整个区域内的大气环境容量资源，而这种效用不能划分为若干部分分别归属于某个地区。由此可见，如果不从区域整体出发，只考虑单个地区的利益，“搭便车”行为会导致大气环境容量资源这种区域性公共物品的供给效率大打折扣，最终导致严重的区域性大气污染问题。

（三）环境分权理论

环境分权是指环境管理的权力由中央政府向地方政府下放，使地方政府拥有一定的环境治理权力。该体制在促进环境质量改善方面的优势主要表现为以下几点：首先，地方政府比中央政府更加清楚当地的环境保护和经济发展目标、环境质量现状、污染源分布情况、居民偏好等信息。因此，环境权力下放有利于发挥地方政府强大的信息优势，便于其实施差异化的政策，从而改变环境政策"一刀切"的弊端（Oates，1999）。其次，考虑到市场分割问题的存在，环境分权有利于地方政府提供当地最迫切需要的环境服务，从而提高环境服务的效率，使环境服务提供这一公共物品在更小的区域内实现最优供给（Oates，2008）。最后，环境分权可以促进同级政府部门的协同合作，提升政府工作效率（Sjoberg，2016）。在区域大气污染防治中，鉴于地方政府在大气污染防治方面具有先天的信息优势，对所在地区的空气污染状况、主要污染物、污染源等情况更为了解，可以根据本辖区内的具体情况实施差异化的治理政策，并加强对高污染、高能耗企业的监管，从而提高污染治理的效率，属地管理模式有其存在的必要性。

基于上述理论，在区域大气污染防治中，一方面，要采取区域协作的治理模式，由不同地区的政府共同协商、联合协作，从而有效地控制大气污染；另一方面，要发挥属地管理的积极作用，强化地方政府对大气污染的科学管理能力，使之有针对性地制定和执行污染防治措施。总结而言，属地管理是区域大气污染防治政策的基础，是工作得以开展的基本动力；而区域协作则是区域大气污染防治政策的核心，是工作顺利进行的根本保障，二者相辅相成、不可偏废。

二　共同但有区别的责任

区域大气污染防治政策的另一个主要特点是落实各地区共同但有区别的责任。具体而言，在区域性大气污染防治中，各地区以及各行业作为大气污染的"贡献者"，都需要承担污染治理的责任，但各方的责任又因历史和现实的污染物排放情况和经济承受能力的差异而有所区别。区域大气污染防治政策中共同但有区别的责任这一特点主要来源于以下两个理论。

（一）环境正义理论

区域层面的环境正义是指保障各地区享有平等的环境权利并根据实际享受的权益履行相应的义务（徐春，2012），即对各地区的利益诉求进行统筹规划，并最大化地保证其实质公平，最终实现多元利益共生和发展，促进地区生态环境的可持续发展。就区域性大气污染协同治理而言，鉴于各地在过去粗放的发展模式下都对大气环境造成了累积性污染，同时在当今也是大气污染的“贡献者”之一，旨在统筹指导污染协同治理工作的具有约束力的区域协议都会强调区域内各方共同承担大气污染的治理责任，体现出污染治理责任分配中的“共同”特征。此外，区域协议还会根据区域内各方的实际情况对污染治理责任进行差异化分配，同时引入生态补偿等机制对各地区的利益进行协调，体现出污染治理责任分配中的“区别”特征。

（二）社会协同理论

社会协同是指社会中各行动主体之间通过一定方式形成的紧密配合、和谐共存、相互支持的合作关系（朱力和葛亮，2013）。归因于社会治理活动的复杂性，以政府为主体的管理模式容易出现成本高而效益低的弊端。作为典型社会公共事务治理类型的区域大气污染防治，亟须全社会各行动主体协同共治，依靠自身的优势与特点做出贡献，而构建一个以政府为主导、以企业为主体、社会组织和公众共同参与的有机协调的环境治理体系则是其中的关键所在。因此，在政府作为区域大气污染防治主体的基础上，应当充分发挥企业和公众的作用，通过多元的市场型手段推进工业绿色转型发展，通过灵活的自愿型手段引导社会组织和公众参与，最终实现大气污染的社会协同治理。

基于上述理论，在区域大气污染防治中，一方面，在区域协同治理协议中，要明确污染治理是区域内各方共同的责任，各地区和各行业（包括工业、农业和居民生活等）都要参与减排工作，并通过相应的管理机制进行有效的监督和约束，防止推卸责任等现象的产生；另一方面，在分配各方的污染治理时，要统筹考虑各地区历史和现实的污染物排放情况、区域间大气污染传输情况、污染治理成本、经济发展水平、地区发展规划和定位等因素，合理分配各地区的污染治理责任，同时各地区还应当根据不同行业的污染排放特点，设立差异化的减排目标和监管机制，从而使大气污染的主要“贡献者”承担更大的预防和减排责任。举例而言，发展水平较高但当前排放量较低的地区因其在历史的发展过程中曾产生过大量污染物，应当承担主要的历史责任，可以通过提供资金、技术支持等方式弥补减排地区的成本；而当前排放量较高的地区则应当承担主要的现实减排责任，通过产业结构升级和能源结构优化等方式切实减少排放量。此外，在推进社会协同治理方面，还应当通过污染收费、使用者付费、排污权交易等基于市场的环境政策手段引导企业自觉履行法律责任，并通过建立开放、透明的环境决策和执行过程，鼓励公众参与环境政策的制定和企业环境行为的监督，并形成环境友好型和资源节约型的生活方式。

第二节　区域大气污染防治政策的划分方式

为了进一步理解区域大气污染防治政策，本节从联合机制、政策工具和区域范围这三个角度对其进行细致划分，从而梳理和总结区域大气污染防治政策在不同划分依据下的各种政策分类及其内涵。

一　根据联合机制划分

区域性环境问题具有极强的外部性特征，究其根源是因为区域间环境保护工作的实质是环境与经济利益的再分配和再平衡，区域环境保护工作往往需要牺牲经济发展，带来的收益又有极强的外部性外溢，导致各地区地方政府出于利益考量而造成区域环境保护政策的异化。基于此现实原因，我们往往认为环境公共物品需要区分其地方性特征和全国性特征，环境公共物品的提供主体在利益分配上应是该公共物品的受益方，而不仅仅是作为环境政策命令的执行者的地方政府。换句话说，具有全国性特征和区域性特征的环境公共物品中央政府应承担供给责任，而空间外部性较小的地区性公共物品，则可以由地方政府承担提供责任。对于介于两者之间的环境公共物品应通过区域协调的方式，由中央政府和地方政府，划清主体责任，明确职责范围。

综上所述，对于大气污染防治此类有明显区域性特征的环境问题，需要由中央政府建立起区域环境联防联控框架体系，建立起权利职责明确、主体间沟通有效、中央与地方协调治理的央地关系。但在我国目前的区域环境框架中，中央政府仍扮演着决策中枢和直接监督者的角色，而地方政府仍是政策被动的执行单元和被监督者。

在区域环境问题治理中，区域治理的内涵为治理理念及其原则在区域公共管理中的具体运用，代表着各类利益相关主体为实现区域公共利益最大化或主体利益最大化，而通过谈判、协商等妥协及再平衡方式就区域公共决策展开的集体行动，其结构实质是区域内相关行动主体之间互动而形成的合作网络（党秀云和郭钰，2020）。由于我国目前的垂直管理和水平管理的行政模式影响，大部分区域间生态环境的治理工作都是在中央政府统一的政策调度下完成的，各行政区之间有着高度明确和稳定的边界，生态环境治理体系中以中央为主导的央地关系明显。

中央政府在区域环境治理中代表了社会公众的总利益要求，其目标在于生态环境和经济福利的最大化，但是其通过委托治理的方式，将生态环境政策执行权下放到地方政府，而不直接参与环境治理工作。同时，地方政府作为被委托的利益代表，其目标不仅仅是区域内的总体福利最大化，在考虑生态环境福利的同时往往还需要让位于经济发展地区稳定等与地方政府晋升考核有关的其他因素。出于这种利益考量，地方政府又因为在区域环境治理上对中央政府有着明显的信息优势，在信息不对称条件下，地方政府有一定的利益动机与企业合谋规避中央政府环境规制，以区域总福利为代价，换取自身福利的最大化。

因此，地方政府在区域环境治理中具有多重身份：一方面，地方政府代表多元化的地方利益；另一方面，地方政府自身也有自己的利益诉求，正是这种复杂性导致地方政府在区域环境治理中的不同行为逻辑。从微观上来看，中央政府通过晋升考核方式，对地方政府间合作形成激励，但在宏观的区域利益分配中，又对地方政府的合作行为存在一定制约。在复杂多变的利益需求和宏观微观的激励机制下，地方政府呈现出了多元化的环境治理行为，如何利用这一特点是区域环境框架构建的主要抓手。

作为区域环境治理主体的地方政府，需要通过区域环境治理框架对其形成引导，在现有的以中央为主导的央地关系框架下实施更有效的权力分配与权利赋予，通过生态环境法律建设对其提供法律保障，进而形成有效的区域环境协同治理机制。具体而言，我国跨区域生态环境合作治理的基本原则主要有以下几个。

一是跨区域生态环境制度构建。

制度建设是跨区域生态环境治理中最重要的一环，其决定了生态环境治理的利益分配规则，对经济社会法律的运行规范有指导性作用。理顺央地关系，对跨区域生态环境制度的构建有着重要影响。

要强化顶层设计，中央政府作为区域环境治理的最大受益方和整体规划者，必须统筹规划区域生态环境治理，对各地方主体进行协调与指导，通过建立行之有效的区域协调机制，对现有区域生态环境治理体系进行制度化改革，通过重构财权分配、事权管理、激励约束和信息沟通机制，允许各利益主体充分表达自身诉求，增强框架内协调沟通有效性，以信息共享、优势互补、区域协作为基本原则，增强制度规范的权威性、科学性和合法性。

二是跨区域生态环境法律构建。

根据《中华人民共和国宪法》，处理跨区域公共事务，原则上由上级政府和国务院进行统一部署，地方政府行使职权和处理公共事务的职责范围仅限于本辖区。所以，要建立行之有效的区域环境联防联控机制，必须要解决地方政府在跨区域生态环境法律下协调行动的合法性问题。

根据《中华人民共和国宪法》和《中华人民共和国环境保护法》两部母法，在我国目前的法律框架下，有必要对跨区域生态环境治理的治理主体赋予法律地位，对地方政府间协作的基本规范以法律形式加以确认，通过颁布相关法律，明确各主体的权利与义务，对各方应承担的责任有效划定，加快区域生态环境治理体系法治化进程。

同时，在区域生态环境治理体系的基础上，还应逐步健全相关法律机制，在目前的司法审查程序框架下，对跨区域生态环境治理的纠纷与争端，应通过行政调解、诉讼裁决等方式进行处理，保护有关各方利益，维护治理主体行为的合法性与正当性。

三是跨区域生态环境责任构建。

明确职责、风险共担应是跨区域环境治理的基本原则，在以中央为主导的央地关系垂直管理中，应确保区域内各治理主体权责分工明确，对不同治理主体和参与者进行利益协调，兼顾效率与公平地进行职责划分，进而保证跨区域生态环境治理体系激励有效。

坚持谁污染谁治理、谁受益谁付费分摊原则，在保证区域生态环境治理统一与公平的前提下，完善生态环境治理责任清单制度，确立各责任主体的权责边界，激励区域间主动承担治理责任。

在现有生态环境治理体系主体功能区的基础上，统筹协调好其与行政区划间的内在关系，在明确行政区角色定位的基础上，以主体功能区为着眼点构建差异化的生态责任清单，通过主体功能区促进行政区划间协同治理，承担相应的生态责任。

四是跨区域生态环境利益关系构建。

在区域生态环境协同治理体系中，央地矛盾突出表现为利益关系分配不均，要实现有效的区域间协同治理，中央政府一方面需要实现地区间政府的有效配合，另一方面需要建立一套合理的绩效制度，通过具有科学性、权威性、灵活性、协调性的利益关系及保障机制的构建，实现区域间主体自发的保护行动，进而实现总福利的最大化。

因此，中央政府作为区域间生态环境协同治理体系的最大受益者，应优化利益共享机制，通过对区间治理主体的共同考核，激励主体间协作完成区域治理目标，同时应加强自身信息的有效性，通过信息共享的方式避免地方政府的对抗行为，从而提升利益关系的可协调和可预期性。

同时，在可能的基础上，应推动构建第三方部门进行利益协调，通过重新配置权力、放管结合的方式，以效率优先为导向，增强中央政府在利益分配中的权威性，从而实现利益的合理分配协调。

五是跨区域生态环境创新合作模式构建。

党的十九大报告提出，要构建“共治、共建、共享”的现代化治理格局，同时强调“要构建以政府为主导、以企业为主体、社会组织和公众共同参与的环境治理体系”。这一目标的提出标志着生态环境治理主体，不仅是地方政府，还应引入公众企业等多元社会治理主体。作为居间生态环境治理体系的利益相关方，引入多元社会治理主体，有助于治理模式的变革与创新，能够推动治理体系良性发展，更好地反映出社会诉求，理顺利益关系，从而满足公众对环境公共物品的需求，实现社会总福利的最大化。

过去的区域间生态环境治理体系构建，反映出我国各环境管理部门间存在一定的权责划分不明确、协调机制不够畅通、协调能力有待改善等问题。党的十九届三中全会通过了《中共中央关于深化党和国家机构改革的决定》和《深化党和国家机构改革方案》，在此基础上，国务院生态环境管理部门进行了重大改革，原有的环保部等部门通过职能重新划分改为自然资源部与生态环境部。

从现有的自然资源部与生态环境部的改革实践来看，此次部门重组通过完善职能与机构划分，改善了原有生态环境管理职责不统一的弊病，实现了生态环境管理的权力所有者与责任监管者分离，从而促使生态环境管理的权责从分散到集中，有效解决了跨区域生态环境协同治理的管理问题，实现了横向生态环境治理体系的重大变革（冯汝，2018）。

但是在纵向生态环境管理体系方面，由于我国是以中央为主导的央地关系构建，以行政区划为单位的生态环境治理权责划分，那么在现有的纵向管理体系下，地方政府仍是区域环境治理的主体，通过其下设的不同级别环保机构，完成生态环境治理的政策实施。

在生态文明建设的大框架下，我国正积极探索纵向生态环境治理体系的解决方案，通过对责任主体实施垂直改革，进而理顺省级以下环境治理主体的责任关系。但是，目前对于中央与地方在区域生态环境协同治理体系中的权责划分，省级以上环境保护主体的合作治理等机制创新方面仍存在一定的空白，在本轮生态环境治理体系改革后，仍会存在一定的地方治理主体间合作的不协调，进而导致跨区域生态环境协同治理体系的有效性被削弱。

从横纵向央地关系权力配置的实践困境来看，跨生态环境治理体系的管理核心仍是中央和地方权力划分、利益分配和责任分配。

（一）纵向联合机制

纵向联合机制也称自上而下的联合机制，是指由中央或上级政府制定多个地区的合作方案和政策，各个地区政府响应这些的政策并采取相应的合作行动，实现区域大气污染联合防治，是一种中央或上级政府依托法定的正式权力而形成的刚性机制。比较典型的纵向联合机制是京津冀及其周边的区域性大气污染防治，由环保部（现生态环境部）发布《京津冀及周边地区落实大气污染防治行动计划实施细则》，区域内各城市依据细则采取行动，联动应对大气污染。

纵向联合机制一般适用于以下两种情形：一种情形是中央出于整体利益的考量而主动组织区域合作，从而以纵向合作带动横向合作。另一种情形则是地方政府有合作意向但合作的风险较高，依靠横向机制可能产生制度性集体行动困境。此时，横向机制难以自发形成，需要引入纵向合作机制。纵向联合机制的主要手段包括构建高层次的管理协调机构、强制性的行政命令、政治动员、法律、战略规划等。

按照合作机制的可持续性，纵向联合机制又可分为运动式合作和科层式合作（石晋昕和杨宏山，2019）。运动式合作主要指短时间内为实现某一短期目标而形成的区域性大气污染防治合作。运动式合作机制强制性有余而协商性不足。一方面，这是政府在重大事件发生前解决问题的重要手段，由自上而下的行政指令推动，可以在短期内大大改善空气质量，适用于行动主体关系复杂、利益冲突较大、任务紧迫的情境。另一方面，运动式合作机制的执行几乎完全依赖于行政命令，执行成本高，对就业、经济发展和社会发展影响大。作为一种非常态行动，运动式合作在短时间内投入大量人力和资源，不能持久地为合作提供有效制度支持（Wang et al.，2018）。在中国，运动式合作的例子很多，中央政府为保证北京奥运会、上海世博会、APEC 会议等国家重大活动期间的空气质量均采用运动式合作的区域性大气污染协作机制。

科层式合作的主要特征则是上级行政命令通过相对固定的组织结构和路径来落实。科层组织具有较强的稳定性和规范性，中央通过科层制度对地方政府在合作过程中出现的问题予以协调和监督，同时为地方政府提供官员任命、交流和晋升等激励。在此机制下，合作具有系统性和可持续性，实施的长期效果更好。比较典型的科层式合作包括成立高规格的议事协调机构、制定相关法规和发展规划等。京津冀及其周边地区大气污染防治领导小组是区域科层式合作方式的典型体现。

纵向联合机制通过以下几个方面发挥大气污染防治作用（Xu and Wu，2020）。其一，以更高级别的权力直接参与协作治理过程，通过设定可实现的目标或任务，委派协作的角色和责任，加强强制合作。其二，通过成立专门的领导机构，减轻政策执行过程中的交易成本来减少碎片化，实现有效的协作。其三，通过统一的仪器设备信息管理平台，防止技术壁垒的出现，有效解决协同过程中的科研和技术共享问题。其四，自上而下的专项基金的激励机制以及政绩考核的监督机制成为合作执法和环境改善的重要保障。

纵向联合机制具有以下的优势：其一，中央政府从社会发展的全局性和长远性出发，对于生态治理的观念明显先进于谋求自身发展的地方政府，对于雾霾治理的决心和压力也大于地方政府，在地方政府合作积极性不足的情况下能够有效促进污染防治（孙荣和邵健，2016）。其二，上级部门将区域内各地方的经济发展水平、生态环境敏感性、产业结构等个体差异充分考虑在内，进行区域规划与具体制度安排，推行利益协调措施，有利于实现内在实质公平。其三，长期来看，纵向机构的管理模式也有利于区域空气质量管理机制和环保工作的长效化、制度化（Li et al.，2019a）。

但由于依赖行政命令，纵向联合机制仍是一种被动的政策响应，是自上而下的单向治理，形式上是区域合作但实质上仍然是以行政区为主的“碎片化”治理。同时，它没有考虑到空气污染物的流动性特征和不同行动者的相对优势成本和技术，导致行动者的积极性较低、执行成本较高、治理的成本有效性较低（Guo and Lu，2019）。在强政府、大政府的治理场景下，区域性大气污染防治常常表现为纵向联合机制，由上级政府特别是中央的纵向权力介入大气污染防治领域。在这种制度惯性下，地方政府会在属地治理的基础上，依赖行政力量逐步突破“属地”单一行政边界。

（二）横向联合机制

区域性的大气污染在时间维度和空间维度上均表现出路径依赖特征和空间溢出效应，除了上级政府直接的行政命令，地方政府也可以主动利用空间溢出效应，加强各地区间的促进和协调，达到控制污染的目的（Qiang et al.，2020），从而形成横向联合机制。横向联合机制，也称区域性大气污染防治的自发机制，是指地方层面若干个行政区为了应对特定的区域公共问题，组成治理网络，平等协商，达成一致意见而采取的区域合作模式。

地方政府在合作过程中的行为在很大程度上取决于本地区“搭便车”收益与集体行动收益的比较。当集体行动收益大于“搭便车”收益时，地方政府可能更倾向于自愿性开展合作，形成横向联合机制；反之则横向联合机制难以自发形成。此外，横向联合机制还会受到地理相邻、政策一致性以及行政管辖关系的影响（锁利铭和李雪，2021）。因此，横向联合机制一般适用于各方具有较强利益互补关系的区域合作过程，能够有效地降低污染减排成本。

按照合作机制的可持续性，可将横向联合机制又分为对话式合作和契约式合作。对话式合作依托合作主体间的信任而形成，表现为领导人互访、举行论坛等形式；又因为合作机制间隔周期较长而对话时间较短，合作较为松散，不确定性较大。因此，对话式合作协商性有余而约束性不足，为制度化合作奠定了基础。契约式合作则是典型的制度化合作，各合作主体进行动态博弈，最终达成均衡，并将均衡结果以书面文件形式固定下来。这种机制允许各主体争取各自利益，具有平等协商性。同时，通过书面文件明确设定信息共享、利益补偿、监督等规则，也有利于消除合作各方因有限理性和信息不对称而导致的不确定性预期结果。

按照发起者的不同，横向联合机制也可以分为两种：一种是由区域内影响力较大的地方政府发起，其他相关地区响应并参与的模式，如泛珠三角区域合作模式；另一种是由区域内各个地方政府共同发起的模式（谢宝剑和陈瑞莲，2014）。此外，区域内各城市经济力量对比和污染物传输特征不同，形成的联合机制也存在较大差异。

横向联合机制的主要手段包括成立工作组、签订协议等整体决策和协调机制以及包括构建完善环境信息共享平台与机制、统一标准、统一监测、统一考核等在内的管理支撑体系；也可以综合运用各种经济激励措施，深化污染减排的激励手段，推行主要空气污染物排污权有偿使用与交易机制（蔡岚，2013）。

在横向合作方面，最重要的还是政府行为，因其对区域性大气污染防治效果的影响远大于企业行为和社会行为（Meng et al.，2021）。一般而言，地区间是否能够形成区域性大气污染防治，取决于地方政府在合作、竞争和追逐三种行为模式中的行为选择。通过合作博弈模型识别出大气污染联防联控的效果是常用的方法（Yeung et al.，2021）。然而，由于政府的异质性和“搭便车”行为，利益共享机制（Guo，2016）、责任分工和协同执法（Wang and Zhao，2021）对于建立稳定的自发合作模式都有其重要性。

区域性大气污染治理的自发性机制包括产业、技术和监管三个维度（Feng et al.，2020）。产业机制与生产要素在区域内行政区之间的分配有关。技术机制与大气污染控制的成本效益相关，技术研发本身需要资金的支持，而有效的污染防控技术则有助于实现低成本减排。监管机制反映行政区之间环境规划、管理与执法的协同性，一定程度上也决定企业在行政区之间的分布。

可以看到，横向联合机制既考虑了空气污染物的迁移特性，又利用了各参与方在技术和成本上的相对优势，在改善空气质量、降低成本、稳定就业和减少污染对公众健康的不利影响方面具有更大的潜力。但在法律、法规、技术、市场等方面，它需要比其他模式更有组织性的制度安排（Yang et al.，2021b）。在市场机制不完善的情况下，由于产权界定不明晰、协商成本高等问题，横向联合的自发机制难以形成。又由于法律地位模糊、执行的强制性有限等问题，其区域合作治理功能往往受限。

欧盟区域性大气污染防治是在各个国家签订的国际条约和欧盟指令的基础上的典型的横向联合机制。欧盟能够形成自发的横向联合机制主要是基于以下原因：其一，欧盟框架有利于成员国之间利益协商机制的构建，降低了协商成本；其二，欧洲各国经济发展水平较高，更加关注生态环境，合作防治大气污染所带来的福利改善收益大于“搭便车”收益；其三，用法律手段构建起了强制执行和制度约束机制，保障了区域性环境监管的有效运行。

对于我国而言，随着中央政府的作用空间越来越小，地方政府之间的自发机制应当受到更多关注。由于存在外部性、共有产权等问题，单一行政区域自身的最优选择并不一定是区域整体的最优选择，可以通过采取一定的制度安排来降低风险，促进自发机制的形成。区域治理的激励机制主要包括政治激励、经济激励等。在政治激励方面，要改革过去政绩“锦标赛”晋升模式，对于区域大局观念强、在区域性大气污染防控工作绩效突出的领导干部予以政治奖励和晋升。在经济激励方面，要通过制度设计完善区域间生态补偿机制、区域内核心城市的利益让渡机制、大气污染排污权的交易机制等。

（三）纵向与横向相结合的联合机制

由前文的分析可以看出，纵向联合机制和横向联合机制各有其特点。实践中更为常见的是纵向与横向相结合的联合机制。按照主导因素的不同，纵向与横向相结合的联合机制可以进一步分为“上级主导—地方参与”的联合机制和“地方主导—上级协调”的联合机制。

“上级主导—地方参与”的联合机制以纵向联合机制为主导，纵向维度构建高层次管理协调机构和刚性组织架构，将横向机制嵌入纵向合作的框架，充分发挥地方政府的积极性。例如，我国京津冀大气污染防治，由国家进行顶层设计，成立京津冀及周边地区大气污染防治领导小组，京津冀各地区积极合作，召开联席会议，共同促进地区空气质量的改善。

“地方主导—上级协调”的联合机制以横向联合机制为主导，将纵向机制嵌入横向合作的框架，发挥上级政府指挥和协调的作用。这既包含在合作提出阶段通过恰当的方式施加任务压力，也包含在合作推动过程中适时追加过程压力，避免因公共问题过度集聚导致不可控局面。例如，川南地区大气污染防治，由四川省政府提出区域性行动构想，但并未明确具体措施，川南地区各城市以联席会议、视频会议等形式主动进行合作，形成区域性合作机制。

除此之外，纵向与横向相结合的联合机制还有多种划分方法。依据中央纵向权力介入与地方横向协调之间的强弱关系，李辉等（2020）将政府间合作模式分为自主探索型、应景响应型、压力回应型、命令指派型和直接组织型，提出中央政府要将纵向权力介入控制在适度范围内，既要适时施加任务压力和过程压力，也要调动地方政府合作的积极性，鼓励自发合作。母睿等（2019）则认为中央或上级政府的纵向干预应当在适宜的时候介入。对于已有较高水平横向协调和领导力的城市群，国家不宜使用纵向干预措施。对于缺乏横向协调和领导力的城市群，国家应在合作初期以一定的方式进行适宜程度的纵向干预，目的在于培养政府间信任，创建城市间合作基础和协商规则，当城市群形成稳定、可持续的合作机制后，中央权力应当适时地退出。依据纵向权力介入的方式不同，邢华和邢普耀（2018）将中央权力的介入分为政治嵌入、行政嵌入、机构嵌入和规则嵌入四种，认为需要依据具体情况选择合适的嵌入工具。

作为主权国家，美国的区域性大气污染防治兼具横向与纵向特征。纵向方面，美国在《清洁空气法》的框架下，将环保署作为区域性大气污染联防联控机制实施的总体布局机构，下设各区域办公室作为环境保护的常务机构，负责执行各项具体事务。针对特定的环境问题，环保署也有权建立跨州空气污染传输区域及其管理委员会，从而实现区域性大气污染联防联控。横向方面，各州针对具体的大气污染问题，也积极进行州际合作，成立了诸如南加州海岸空气质量管理委员会等横向区域协调机构。

基于我国的行政框架，结合我国目前的污染防控形势，可以考虑构建分层跨区多向联动的大气污染治理模式（王振波等，2017），即由国家—区域—城市构成的分层纵向联动构架，协同多个省市行政区的跨区横向联动管治方式，再加上涉及清洁生产和污染治理的技术创新机制和涉及能源消费和能源结构的能源改善机制组成的多向联动机制。

在该体系下，在国家层面要加强对区域集体行动指挥和协调的权威性。由于区域内部各地在发展阶段与水平、政策执行能力以及利益分配上的差异性，可能会在集体行动中产生矛盾和协同掣肘，这时就需要中央政府对区域联动强有力的协调和指挥。在地方政府层面则要通过利益关系的调整让市场主体在产业链的不同环节自发地转换结构、创新技术、降低能耗。可以探索构建有效的区域内碳排放交易机制、补偿机制等，通过打通区域社会政策壁垒，优化社会资源的配置，缩小区域鸿沟进而促进区域协调发展。此外，还应建立大气污染监测信息共享和通报机制、区域大气污染联合检查交叉执法机制，健全重度污染天气的联动应急机制，为区域性大气污染防治提供保障。

二　根据政策工具划分

命令控制型环境政策是生态环境治理中常用的一种手段，其目的在于有效实现生态环境治理目标，是以行政主导为原则的生态环境治理方式。命令控制型政策主要属于直接管制类型的政策工具，在法律允许的范围内下，政府通过行政权力对企业的环境标准、能源使用、环保要求等提出明确的指示，直接控制企业的污染排放行为。

市场激励型环境政策则更为多样，不仅可以有效实现生态环境治理目标，同时通过价格传导等工具，实现激励目标的成本较小化，属于间接激励类的政策工具。在早期的市场激励型环境政策中，主要是以环境税、排污费、补贴等价格型工具方式出现，在后来的环境实践中，也往往引入排污权交易等产权工具。近年来随着绿色金融手段的兴起，以绿色债券、绿色信贷、绿色资产证券化等方式为代表的市场激励型环境政策也方兴未艾，随着生态环境治理体系和能力的进一步提高，市场激励性政策正受到政府的逐渐青睐。

在区域性大气环境问题中，往往是由区域利益不均衡导致难以协调利益分配，进而造成区域性环境污染，需要中央的行政手段调节，引入命令控制型环境政策是实现地方政府有效合作的基础。而市场手段能够解决过分依靠行政手段的信息不对称、识别损益关系等问题，推进区域环境治理体系效率提升。

行政命令手段往往是区域大气污染防治政策建立的基石，为排污权等市场手段的建立提供前提。区域大气污染防治框架稳定后，经济激励手段会发挥越来越重要的作用，以谋求减排成本的最小化和地区间利益的最大化，以提供大气污染物减排的持续动力。

在区域环境治理的框架下，统一监管标准的命令控制型环境政策不符合成本效率原则，因为它要求所有的污染者遵守同样的减排指标，忽视了不同污染者之间控制污染的巨大成本差异，无法适应区域环境治理主体间的巨大差异性，也无法发挥区域环境治理的优势。

在现有生态环境治理体系下，命令控制型政策的弊端在于中央政府必须让渡自身权力给予地方政府，在地方政府利益与其他利益相关者相背离的前提下，会导致区域利益与地方利益的不匹配，进而使命令控制型方法偏离原有的政策目标。尽管在我国的生态环境实践当中，中央政府通过限制地方政府行使权力、为地方政府划定权力边界、对政策目标设立激励考核机制等方法来规避这一问题，但地方政府仍然能够从中央政府中获得一定的自主空间乃至空白授权，这对于协调区域间生态环境治理体系发挥作用是不利的。地方政府囿于自身所代表的组织性利益需求，会发生俘获和短视，导致责任机制的弱化和丧失（马允，2017）。

而市场激励型环境政策作为一种效率至上的政策工具，其出发点本身就在于成本最小化地完成政策目标的设定。这种情况往往会导致环境利益的分配不公，加剧了环境利益与责任分配不公平的利益现状，在排污权交易的实践当中，往往是高收入地区向低收入地区转移污染来降低成本，而其提供的价格补偿则有限；在产生地方效应和阈值效应的环境问题上，市场激励型的作用性也有限（吕晨光和周珂，2004）。

综上所述，在区域生态环境治理体系中，命令控制型政策和市场激励性政策都有其局限性，在早期的生态环境管理实践中，命令控制型政策往往更多地被使用，当其趋近于效用峰值时，政府则会转向采用市场激励性政策，以减缓传统命令控制型政策给社会带来的负激励和随大量行政命令而与日俱增的行政成本。市场激励型政策的构建更为复杂，既需要对环境目标有明确界定，又要选择最适合的工具实现相关环境目标。在不同情况下，政策制定者需要权衡两种工具的有效性，对自身环境目标作出清晰评估，通过分析环境问题的特点，污染物本身的理化性质和区域间经济发展等要素制约，从而选择综合性的环境管理手段。

（一）行政手段

行政手段是由政府主导并依靠其强制性实施的管制，通过设定污染物排放标准、生产工艺技术标准等制约污染者的行为，实现污染减排的目标。行政手段也被称为命令控制型手段。国家行政部门根据相关的法律、法规和标准等确定环境政策目标，禁止或限制使用某些严重损害环境的资源或污染物的排放，对违规破坏环境的企业和个人予以相应处罚（Tang et al.，2020）。行政手段是各国最早采用的环境管理手段，是政府对环境污染问题关注所引发的。世界上相继爆发的重大污染事件加速了各国政府对污染问题尤其是大气污染问题的重视，由此采取相应的行政管制措施施加控制。

环境标准是行政手段的基础。为改善环境质量、保护人体健康和维护生态系统的稳定，环境标准结合具体环境特征与经济发展状况，对污染源的数量、环境中污染物的浓度、排放速率等做出明确规定（周珂，2010）。目前，我国已建立“两级五类”环境标准体系[①]，对区域大气污染防治而言，现行环境标准已总体满足我国环境管理的需求。环境标准按具体实施类别可分为技术标准和执行标准。技术标准规定了企业必须采用的污染控制技术、生产工艺技术，执行标准则是对企业排污量进行强制限制。常见的执行标准包括环境影响评价、“三同时”制度、污染物排放标准、限期治理制度、关停并转、环境目标责任制等。环境影响评价指在实施工程建设活动前，调查、预测和评定拟建项目的潜在环境影响，提出相应的污染防治措施，确保拟建项目满足环境保护政策要求。“三同时”制度为确保污染防治设施的及时建设和运行，规定建设项目投入生产的前提是项目中的污染防

① “两级”是指国家级标准、地方级标准；“五类”是指环境质量标准、污染物排放（控制）标准、环境监测类标准、环境管理规范类标准、环境基础类标准。

治设施必须经原审批环境影响报告书的行政主管部门验收合格，且该设施必须与主体项目同时设计、同时施工、同时投产使用。在区域大气污染治理中，环境影响评价、“三同时”制度、排污申报登记制度的作用对象是新建项目，通过污染物源头管控，形成事前控制；排污许可证制度、污染排放标准是事中控制工具；限期治理制度、关停并转是事后控制工具；环境目标责任制则属于全程管制政策工具。

区域性大气污染治理中的市场失灵是政府选择及实施行政手段的理论依据。行政手段作为环境管理中的主要手段，能有效缓解环境污染，并且相对于市场手段更易实施，具有确定性的政策效果。尽管有以上优势，但是面对环境问题的长期性和复杂性，行政手段的劣势也逐渐显现（马中，2019）。首先，行政手段的成本高昂。制定和实施行政手段的前期需要获取大量的信息，尤其是企业减排的成本和技术信息；行政手段的效果依赖于政府对企业实施有力的监管。当环境保护与经济发展、地方利益、政绩考核冲突时，环境执法者与污染者之间会合谋，使行政手段的效果大打折扣。其次，行政手段的效率低下。这体现在行政手段缺乏灵活性上，政策的修改和制定需要时间和程序，无法及时应对各种环境问题的变化，使得政策实施效率难以与高昂的成本相匹配。最后，行政手段以牺牲效率换取公平，企业的生产技术与污染治理技术参差不同，而对边际治理成本差异很大的全部污染者实施“一刀切”，不仅无法为污染者提供有效的激励，还会造成资源的严重浪费。

（二）市场手段

基于市场的环境手段利用资金机制来解决环境问题，其特征是促进形成区域大气污染治理的内在动力——增加排放污染的成本或减少治理污染的收益，促使污染者改变自身环境行为的政策手段。从整体角度看，市场手段基于外部性内部化的原则，旨在通过调整污染者涉及环境资源的相关利益，建立环境保护和可持续发展的激励与约束机制。相对于行政手段的低效率，市场手段在降低环境治理成本、促进绿色技术创新、提升市场竞争力、扩大财政收入与降低政府行政监管成本上具有诸多优势。2010 年，《关于推进大气污染联防联控工作改善区域空气质量指导意见的通知》中明确要求完善环境经济政策："积极推进主要大气污染物排放标准的有偿使用和排污权交易工作。完善区域生态补偿政策，研究对空气质量改善明显地区的激励机制"，在国家层面坚定了利用市场手段解决区域大气污染问题的决心①。

市场手段的目标是：（1）达成减排效果。市场手段的首要目标是污染减排。环境经济政策以市场为基础，通过市场机制释放价格信号，以更灵活性的手段促使污染者加大治污投入。当污染者的边际减排成本相等时，达到最优的环境质量。（2）外部成本内部化。污染者为了追求利润最大化，会在私人成本和社会成本间进行比较，当私人成本小于社会成本时，将产生负外部性。私人成本与社会成本的差值便是由污染者的外部损害所引起的环境污染的成本。市场手段的第二个目标体现在其作用机制上：通过将环境的因素内部化到污染者的成本中，使污染者承担产生的环境成本。（3）高效率达成减排效果。高效率体现在政策促使污染者减排的同时是否进一步激励绿色创新。当污染者的环境成本增加时，合理的经济刺激能促使污染者增加技术投入，优化生产要素配置，实现污染治理与产出增长的双重效益。市场手段的第三个目标表现为其持续的动态效应：鼓励污染者创新更有效的减排技术，实施更有竞争力的绿色生产，促进区域节能减排和产业结构转型，尤其是加快提升区域内工业企业的能源效率及生产结构的长期调整。

市场手段最重要的是"污染者付费原则"（Polluter Pays Principle，PPP），指污染者必须承担其造成污染的治理费用，其本质是为污染者施加了一种内在经济约束，而非行政手段的外在行政约束。基于PPP原则的市场手段得到广泛的应用，可以分为利用市场型手段和创建市场型手段。利用市场型手段的代表性学者是庇古，他认为环境污染是一种外部不经济，将导致市场价格扭曲，政府通过征收污染税或排污费，用税收弥补私人成本与社会成本之间的差距，能够纠正价

① 《关于推进大气污染联防联控工作改善区域空气质量指导意见的通知》，http：//www.gov.cn/xxgk/pub/govpublic/mrlm/201005/t20100513_56516.html，2010年5月11日。

格扭曲，将污染控制在预期水平（Pigou，1951），如环境税、排污收费等；创建市场型手段的代表性学者是科斯，他认为只要明确界定所有权，当交易成本为零时，经济主体可以自发形成交易并产生环境资源的价格，从而解决环境外部性的问题（Coase，1960），如排污权交易、生态补偿等。

1. 排污收费

排污收费的政策作用对象是向环境排放污染物的单位和个体工商户，由环境保护部门代表国家向其征收排污费。排污收费要求污染者承担污染的成本，实现外部性的内部化，使污染者强化污染防治。庇古提倡根据边际损害成本等于边际治理成本向污染者收费，从而引导污染者向社会最优污染水平削减。但是，在现实中缺少与损害相关的准确信息，无法为污染者提供准确的经济刺激。为此，通过设置实现特定排放水平的排污收费，能够达到污染治理的有效激励。

排污收费作为世界各国常用的环境经济政策，对区域大气质量改善具有积极的作用。其一，排污收费为污染者提供经济刺激，促使污染者将排污量降至边际治理成本与单位排污收费相等的水平。在理论上，当单位排污费高于边际治理成本时，污染者就会在政策作用下治理污染；当单位排污费低于边际治理成本时，污染者就会选择缴纳排污费。排污收费能够激励企业提升污染治理的意识，最大限度减少污染排放量。其二，排污收费为政府筹集污染治理资金。我国的排污收费实行收支两条线管理，按“环保开票、银行代收、财政统管”的原则，将征收的排污费纳入环境保护专项资金进行管理，全部用于重点污染源和区域性污染防治、污染治理技术及生产工艺的开发和应用等领域（袁向华，2012），即筹集的排污费能够以资金的形式再次流动至企业，用来资助企业实施污染治理，从而增强排污收费的政策效用，推动清洁生产项目的实行。结合以上两点可以将排污收费的优势总结为：既能够形成污染者实施污染治理的经济刺激，也能为污染治理与绿色技术创新行为提供经济支持。

尽管排污收费具有诸多优点，但其本质上是行政主导型的环境经济政策，在具体实践中与行政手段类似，均需要借助政府的强制性来实施，二者的局限性也由此存在相似之处。主要体现在以下三点：首先，成本高。与行政手段一样，排污收费的标准制定不仅需要获取大量的企业排放信息，还需要实施严格的收费管理和排放监督，大大增加了政府的政策制定和执行成本。并且对企业而言，其在缴纳排污费的同时，也要承担内部的减排成本，导致企业的环境成本负担过重。其次，排污收费的经济激励效率不高。在政策制定层面，收费标准的制定往往需要耗费大量的时间和程序，使收费标准不能随环境的变化而做出适时的调整，对企业的经济激励也不够及时、有效。在企业层面，企业易借助自身信息优势干扰收费政策，导致收费标准低于企业的治污水平，而丧失经济激励的效果。最后，排污收费存在政府的寻租行为，政企勾结将在很大程度上影响排污收费的效果。鉴于排污收费制度的局限性，我国实行“排污费改税”，由排污收费转向环境税。2018 年，环境保护税正式开征，实现了收费与征税两套制度平稳转换，对大气污染物、水污染物、固体废物和噪声四大类污染物共计 117 种主要污染因子进行征税，以排污收费标准为最低税率（适用于大气和水中所有污染物），各地在上限范围（最低税率的十倍）内调整税率，并设计阶梯税额制度，应税大气污染物或水污染物的浓度低于国家和地方标准 30%和 50%的分别按 75%和 50%减征收，同时将环境税收入纳入一般公共预算，不再专款专用。

2. 环境税

环境税是具有保护生态环境功能的税种的总称，其特点是强制性、无偿性。环境税根据污染物的排放量或经济活动造成的环境损害来确定污染者的纳税义务。税收能够弥补私人成本与社会成本的差距，通常根据污染的边际社会成本等于边际私人纯收益来确定单位税额。竞争市场条件下，环境税通过改变污染者行为，可有效消除环境污染外部性。狭义的环境税常指庇古税，通过征收环境税，使污染的外部成本内部化。理想状态下的环境税既包含静态效率——实现既定环境目标时的总成本最小，也包含动态效率——为创新污染治理技术提供持续激励。制定最优的环境税率需要掌握边际外部损害成本和边际私人净收益的信息，而由于信息不对称的存在，政府往往很难得到这些信息。但是，可以根据环境无退化的排放水平对应的边际治理成本来制定环境税税率，这一税率同样是有效率的。对环境税的政策效果的探讨，离不开“双重红利”。首次提出“双重红利”概念的是Pierce（1991），即环境税会产生双重收益：其一，形成的激励效应，减少污染排放，改善环境质量；其二，将税收负担由扭曲性较高的税种转嫁到扭曲性较低的税种，提高经济效率。此外，部分学者还在此基础上提出了“第三重红利”，即环境税能促进经济增长、社会公平、福利改善等，本质上仍是“非环境红利”（Maxim，2020）。

环境税的征收能够从约束和激励两个层面促进区域的节能和减排：其一，征收环境税增加了企业的污染成本，迫使企业对所造成的污染后果付出代价，从经济层面约束污染者的环境损害以及对自然资源滥用的行为，缓解经济发展与资源环境的关系，促进经济的可持续发展。其二，征收环境税提高了资源类原材料的价格，导致企业生产成本上升、利润下降，从而能够释放强烈的市场价格信号，对企业绿色创新行为形成外部倒逼，迫使污染者主动自发地寻求清洁能源来减少对资源类原材料的消耗，或通过改进生产工艺来实行产品绿色技术革新，从而提升自然资源的使用效率，降低污染物排放。除了影响生产者的环境行为，征收环境税还能够对消费者形成有效的激励作用。就消费者而言，征收环境税在一定程度上提升了商品的价格，尤其是资源环境类商品的价格。通过价格变动促使消费者转变消费观念，激励其增加对节能环保类商品的消费，并减少对资源环境类商品的消费，从而增强全社会的环境意识和环保力度，并进一步形成对企业环境行为的公众监督。

环境税作为促进区域绿色发展的重要手段，在推动跨区域污染协同治理上仍面临一定的挑战。首先，环保税没有固定的税率。各地区的环保税率存在差异，其可以根据区域的实际情况制定适用于本地区的环保税率。[①] 由于缺少协调，不同区域出台的应税大气污染物的具体适用税额差异很大，其中黑龙江、辽宁、吉林、浙江、安徽、福建、江西、陕西、甘肃、青海、宁夏、新疆12个省份按低限确定税额，每污染当量为1.2元；山西、内蒙古、山东、湖北、湖南、广东、广西、海南、重庆、四川、贵州、云南12省份的环保税额处于中间水平，每污染当量在1.8—3.9元；北京、天津、河北、上海、江苏、河南6个省份的环保税额处于较高水平，每污染当量在4.8—12元[②]。差异化的环保税率易形成跨区域大气污染治理的政策“阻碍”。由于环保税在某种程度上反映了企业的污染成本，在环保税率较低的地区，企业付出的污染成本相对较低，从而可能会吸引更多的企业从高环保税率地区转移至低环保税率地区。现有研究将此类现象统称为“污染天堂效应”，即污染企业倾向于建立在环境标准相对低的地区。从另一角度说，低环境税率地区的环境管制相对宽松，企业在低环境税率地区的聚集将不利于区域大气污染防治。其次，结合环保税自身特点，征收环保税需要生态环保部门与税务部门协同配合。生态环保部门负责监测企业污染排放情况，税务部门负责确定和征收企业应缴纳的环保税税额。尽管已经明确二者在环保税征管过程中的具体责任，但是跨部门合作将为环保税的征管实践带来不小的困难。若生态环保部门与税收部门之间存在不协调，可能导致环保税无法足额收缴。比如，若两部门间存在污染企业的信息不对称，将影响企业对环境税的按期缴纳，则无法对企业的污染排放行为起到约束和激励作用，进而影响区域性大气污染治理的效果。

3. 排污权交易

排污权交易本质上是通过产权设计来解决环境问题，指在满足

---

① 《中华人民共和国环境保护税法》规定，“应税大气污染物的税额幅度为每污染当量1.2元至12元，具体适用税额的确定和调整由省、自治区、直辖市人民政府统筹考虑本地区环境承载能力、污染物排放现状和经济社会生态发展目标要求，在《环境保护税税目税额表》规定的税额幅度内提出，报同级人民代表大会常务委员会决定，并报全国人民代表大会常务委员会和国务院备案”。

② 《图表：详解我国各地环境保护税税额》，http：//www.gov.cn/xinwen/2018-01/11/content_5255705.htm，2018年1月11日。

环境质量要求的条件下，基于污染物排放总量控制，确定污染者的环境容量资源使用权（排污权），允许污染者在市场上交易排污许可，实现环境容量资源的有效配置。排污权交易体现了环境管理的思想。其中，排污权是经相关部门核定和许可后，允许污染者排放污染物的种类和数量。总量控制下的排污权交易旨在降低污染治理成本，交易的主体是拥有排污权的企业，作用对象是排放配额的使用权。污染物总量水平和市场交易共同决定了排污权交易的效率：总量水平决定了环境资源的稀缺程度，即排放配额的价值；市场交易决定了减排成本，起到经济激励作用（王金南等，2011）。因此，排污权交易首先要明确污染物排放总量，即在排放权的供给上施加限制。在此基础上，排污权的经济价值由市场机制中的供求关系产生，其价格等于污染者的边际排放治理成本。最终，通过调节污染治理水平，所有企业的边际治理成本相等，并且等于排放权的市场价格。排污权交易能够最大限度发挥市场机制的经济手段，以最低治理成本实现环境质量目标。排污权交易的经济学意义体现在：通过总量控制限定环境容量资源的使用，明确环境容量资源的稀缺性；通过发放排放配额确定污染者的排放权，提供市场机制的产权基础；通过建立可交易的排放权市场，有效发挥市场机制，实现环境容量资源的有效配置。

排污权交易作为市场手段的环境工具，能够对污染者产生内在的经济激励。从成本效益的角度来看，排污权交易的效率高于传统行政型的环境手段。从理性行为选择的层面看，污染者会在污染直接治理成本和购买排污权费用之和最小的准则下进行治污策略选择。在有效监管的前提下，只要污染者的边际治理成本存在差异，就能通过排污权交易使双方受益：治理成本低（低于交易价格）的污染者超量治理污染、少排放，并在市场上出售剩余排污权获得经济回报；治理成本高（高于交易价格）的污染者适量减少污染治理、多排放，并在市场上购买额外的排污权；当污染者的边际污染治理成本相等时，交易停止。此时，出售排放权所获得的经济收益本质上是市场对污染者超量减排的环保补偿，购买排污权所支付的成本本质上则是污染者超量排放的代价。排污权交易能够激励污染者提高治理污染的积极性，使治理污染从政府的强制行为转为污染者自觉的市场行为，交易方式也从政府与污染者的行政收支变成市场上的经济交易。值得注意的是，排污权初始分配问题至关重要，在合理的排污权初始分配的基础上，排污权交易才能真正发挥作用。

在区域性大气污染治理的实际应用中，排放交易权与生态补偿机制的区别主要体现在交易主体的差距。生态补偿机制的交易主体主要为政府，可以是上级政府与下级政府的纵向交易，也可以是同级地方政府之间的横向交易。与生态补偿不同，排放权交易的主体是微观层面的企业，通过引导企业自发地选择环境行为来实现区域性大气污染治理。在排放权交易的价格信号下，企业从自身利益角度出发，选择技术路径或者决定是否提高减排绩效、增加绿色产出，甚至减产、迁移等。排放权交易为企业提供了节约污染成本和绿色技术创新的有效激励，是提高区域污染排放治理效率、引导产业结构转型升级、推动绿色技术创新的重要推手。

4. 生态补偿

生态补偿的原理是环境服务使用者向提供者就提供某种自然资源服务而达成的有条件付款的自愿交易行为（Wunder，2015），其理论基础是生态服务付费（Payment for Ecological Service，PES）。生态补偿机制往往作用于不同地区，涉及多个地方政府之间的资金流动。在区域性大气污染治理中，“搭便车”现象严重，各个地区缺乏大气污染治理的激励；又由于大气污染减排与治理的隐蔽性以及污染物排放与空气质量的不对等性，对污染源的监测、监管很难，界定责任方的成本很大，高额的交易成本导致区域内各个地区之间自发交易以使外部性内部化的过程存在较大阻碍。因此，利用生态补偿机制引导生态受益地区对生态保护地区进行补偿具有合理性。生态补偿能够有效发挥激励和约束机制的作用来协调不同地方政府，通过合理分配生态补偿资金，将外部性转变为改善空气质量的经济激励，促使其合力解决跨区域污染问题。

合理界定各利益相关方的权利，是确定区域大气生态补偿主客体的标准。在区域层面，研究对象是存在外部性影响关系的各个地区，而不用具体考虑地区内的微观个体，如排污企业、公民或生态系统服务提供者等。尽管从理论而言，生态补偿的责任最终落在了每一个具体的利益相关者身上，但究竟是人拥有禁止企业排污的呼吸权还是企业具有经济发展的排污权，抑或是二者各自拥有多大程度的权利，本身就难以界定，且这样的权利界定对于区域内各个地区之间进行大气生态补偿并无指导意义。在一个区域内，每一个地区既因自身污染排放对其他地区造成了负外部性，也因其他地区的污染排放承受了负外部性；既因植树造林等生态系统服务的供给对其他地区造成了正外部性，也因其他地区的生态系统服务的供给享受了正外部性。因此，在区域层面，应由以代表全体公民利益的政府界定补偿的主客体。具体来讲，如果一个地区的污染物排放量与生态系统服务提供量（污染物固定、吸收量）之差，或者说“净污染物排放量”，小于为该地区设定的污染物排放量标准，该地区就对其他地区的大气环境质量产生了正外部性，被界定为生态保护地区，则补偿主体为其他生态受益地区政府，补偿客体为该生态保护地区政府；反之，如果一个地区对其他地区的大气环境质量产生了负外部性，则被界定为生态受益地区，补偿主体为该生态受益地区政府，补偿客体为其他生态保护地区政府。

生态补偿机制分为纵向和横向两类，其中纵向生态补偿政策是由上级政府向地方政府提供补偿资金并激励地方政府环境治理的模式，横向生态补偿政策则是在各同级地方政府之间形成财政资金相互转移的模式（Cao et al.，2021）。纵向生态补偿依赖公共财政资金，而公共财政资金的主要来源又是生态受益区全体公民所缴纳的税费，因此上级政府（生态环境部）仅仅起到了中介的作用，纵向生态补偿实质上仍是资金在地区间的转移，可以视为横向生态补偿的一种特殊表现形式。横向生态补偿又可以分为直接补偿和间接补偿两种。其中，直接补偿方式是指生态受益区向生态保护区提供一定的资金或者实物，例如政府财政转移支付、专项补偿资金、生产设备补偿等，由于其具有交易成本低、专款专用和机构化管理等优点，短期内能有效改善区域大气环境质量。间接补偿方式是指生态受益区向生态保护区提供一定的财税政策优惠、环保技术、科技人才支持，强调受偿地区发展绿色产业对受益地区的拉动作用，能在一定程度上减轻受益地区政府的财政负担。

中国在区域性大气污染防治领域运用的生态补偿以纵向生态补偿机制为主。目前，纵向的区域大气生态补偿机制中涌现出一种新模式即双向资金流动的生态补偿机制，它与常规自上而下的单向资金补偿不同，增加了自下而上的补偿形式，即若地方政府的空气质量出现反弹，则向上级政府缴纳补偿资金。生态补偿将上级财政资金的无偿拨付转化为按环境绩效拨付，能有效提升地方政府的环境保护积极性。具体来说，双向资金生态补偿机制有以下特点：首先，生态补偿的主体是上级政府，并由上级政府对地方政府的生态补偿效果进行监督；其次，生态补偿的标准由上级政府统一划定，采用“一刀切”的单一化标准；再次，生态补偿资金由国家财政统一筹划，主要依靠财政资金、行政管制等手段进行；最后，双向的资金补偿路径形成一种奖罚手段，相比单纯的奖励机制更具威慑力，更能约束地方的环境行为。从双向流动的财政资金的激励层面探究政策的作用途径：其一，生态补偿资金作为财政资金的一种形式，自上而下的补偿机制相当于上级政府通过差别化补偿的手段向下级政府公平分配生态补偿资金，其能够利用经济杠杆，调动各级政府治理污染的主动性。而当一个城市面临的经济压力越高，地方政府为了经济增长而忽视环境保护的可能性就越大。因此，奖励财政资金能有效提升地方政府的环境保护意识。其二，自下而上的补偿机制相当于上级政府对地方政府施加的因大气环境质量恶化的财政处罚措施，这种在环境管理中设置的财政处罚会对地方政府形成压力，促使其更有效地执行环境法规。财政奖罚措施对地方政府改善环境的影响甚至高于中央政府的直接指挥和控制。

目前，中国开始广泛地在区域大气污染防治中应用生态补偿机制①，从 2014 年最早在山东实施试点开始，湖北、河南、安徽等省及河北部分城市也陆续开展了对大气生态补偿政策的探索。下文对中国各地区大气环境质量生态补偿的具体机制做出对比分析。

（1）纵向生态补偿

山东省是中国最早实施大气环境质量生态补偿机制的省份，于 2014 年 2 月正式实施。补偿在山东省内的各市之间，由山东省政府领导，对各市进行生态补偿。补偿对象是大气中的 PM2.5、PM10、SO_2、NO_2 浓度，按照 60%：15%：15%：10%的比例分配污染物的考核得分权重。补偿模式按照“补偿资金额度=考核得分×生态补偿资金系数”分配补偿资金。其中，考核得分是污染物浓度季度同比变化值的加权结果，生态补偿资金系数由省政府统一制定，政策初期为 20 万元/（微克/立方米），后又逐渐调整为 40 万元、80 万元。考核标准还对大气质量优良天数进行规定，按优良天数比例设置一次性补偿 600 万元。

湖北省于 2016 年 1 月开始实施大气环境质量生态补偿机制，同样由省政府主导，在各市之间进行纵向生态补偿。与山东省不同的是，湖北省的补偿对象仅由 PM2.5、PM10 组成，考核权重按 1：1 分配。补偿模式按照“补偿资金额度=考核指标（补偿对象）变化×生态补偿资金系数”分配补偿资金。在考核标准中，湖北省为不同污染物设置不同的补偿资金系数，PM2.5 为 60 万元/（微克/立方米），PM10 为 30 万元/（微克/立方米）。同时，按是否连续两年达标为区分，设置差异性的资金系数：若连续达标则分别为 80 万元、40 万元；

---

① 2019 年，国家发改委、环境部等九部门联合印发《建立市场化、多元化生态保护补偿机制行动计划》，提出“建立市场化、多元化生态保护补偿机制”。同时提出，“探索建立生态保护地区排污权交易制度，在满足环境质量改善目标任务的基础上，企业通过淘汰落后和过剩产能、清洁生产、清洁化改造、污染治理、技术改造升级等产生的污染物排放削减量，可按规定在市场交易。以工业企业、污水集中处理设施等为重点，在有条件的地方建立省内分行业排污强度区域排名制度，排名靠后地区对排名靠前地区进行合理补偿”。参见《建立市场化、多元化生态保护补偿机制行动计划》，http：//www.gov.cn/xinwen/2019-01/11/content_5357007.htm，2019 年 1 月 11 日。

若未连续达标则分别为 50 万元、30 万元。

河南省于 2016 年 7 月开始实施大气环境质量生态补偿机制，以省政府为主导，在各市（包含直管县）之间进行纵向生态补偿。补偿对象同样由 PM2.5、PM10 组成，补偿模式按照“补偿资金额度=考核指标（补偿对象）每季度的变化×生态补偿资金系数”分配补偿资金。补偿资金系数为每项考核因子 20 万元/（微克/立方米）。

安徽省于 2018 年 7 月开始实施大气环境质量生态补偿机制，以省政府为主导，在各市之间进行纵向生态补偿。补偿对象由 PM2.5、PM10 组成，区别于湖北省、河南省的是，安徽省为 PM2.5、PM10 设置了不同的考核权重：75%∶25%。在补偿标准上，不仅设置了以 30 万元为补偿资金系数的“考核指标（补偿对象）每季度的变化×生态补偿资金系数”的补偿模式，还根据季度特点设置差异化的季度系数权重，强化第一季度和第四季度（系数为 120%），弱化第二季度和第三季度（系数为 60%）。

河北省于 2015 年 5 月开始实施大气环境质量生态补偿机制，以省政府为主导，在各市之间进行纵向生态补偿。与上述省份的生态补偿标准不同的是，河北省的补偿标准按 PM2.5 和空气质量综合指数的加权结果纳入得分排名体系，从月度绝对值排名和改善率排名进行计算，二者的权重比为 30%和 20%：“城市及县（市、区）分值=（空气质量综合指数绝对值排名×20%+空气质量综合指数改善率排名×30%）+（PM2.5 平均浓度绝对值排名×20%+PM2.5 平均浓度改善率排名×30%）”，并在城市排名基础上为不同类别的城市设置差异化的奖惩标准。

山西省于 2017 年 10 月开始实施大气环境质量生态补偿机制，以省政府为主导，在各市之间进行纵向生态补偿。补偿对象包括 PM2.5、PM10、SO_2 和空气质量综合指数。补偿标准以各类考核指标（补偿对象）与考核基数的差值设置扣罚资金系数：小于等于 2 个数值为 20 万元/个、大于 2 个数值为 40 万元/个，小于等于 5 微克为 10 万元/微克、大于 55 微克为 20 万元/微克。

湖南省于 2019 年 1 月开始实施大气环境质量生态补偿机制，以省政府为主导，在各市、州之间进行纵向生态补偿。补偿对象包括PM2.5、PM10、O_3。补偿标准包括污染改善量的加权值和优良天数改善量两方面：为PM2.5、PM10、O_3浓度年度同比变化赋予80%、10%、10%的权重；城市环境空气质量优良天数同比上年每增加1天奖励1万元，每减少1天扣减10万元。

四川省于2015年10月开始实施大气环境质量生态补偿机制，以省政府为主导，在各市、州之间进行纵向生态补偿。补偿对象包括PM2.5、PM10、NO_2。补偿标准包括空气质量年度目标任务完成度和污染改善量的加权值两方面：每年的环境空气质量年度目标任务奖励资金500万元，根据目标完成比例设置不同扣罚标准；为PM2.5、PM10、NO_2年度均值赋予60%、20%、20%的权重。

结合以上分析可以看出，各省实施的大气环境质量生态补偿机制均由省级政府出台并对省内各市、州实行补偿资金的奖罚，是典型的纵向生态补偿机制。各省生态补偿机制的总体特征以“若考核结果改善，则省政府向市政府奖励补偿资金，反之，则由市政府向省政府缴纳补偿资金”为表现。不同的是，各省对补偿的对象和标准上存在差异。在补偿对象上，尽管各省对大气环境质量的认定不尽相同，但是各省均将颗粒物纳入考核的范围，并赋予颗粒物极高的考核权重，这体现我国对颗粒物治理的决心和重视程度。在补偿标准上，山东、湖北、河南、安徽均以污染物加权浓度的同比改善情况为依据，并为之设置相应的补偿资金系数；湖南、四川则在上述四省补偿标准的基础上，增加了空气质量优良天数或年度目标任务的考核；河北、山西按污染改善浓度排名、设置考核浓度基数的方式实行补偿。总体来说，山东、湖北、河南、安徽、河北的考核强调污染浓度改善的相对变化，山西省的考核更注重考核污染浓度的绝对值，湖南、四川则综合了以上考核方式，同时考核污染浓度改善的相对变化和绝对空气质量。

（2）横向生态补偿

京津冀及周边地区实施的大气生态补偿是我国大气协同治理在横向生态补偿领域的重要探索。自2015年以来，京津冀地区内6个城市开始结对合作治理大气污染[①]。具体而言，北京市与河北保定、廊坊结对，在2015年和2016年共投入9亿多元资金支持两市淘汰小型燃煤锅炉和治理大型燃煤锅炉。天津市与河北沧州、唐山结对，在2015年向两市提供4亿元大气污染治理资金和技术援助，主要用于治理工业污染和散煤燃烧。这种横向生态补偿机制突破了区域行政边界，构建了统一的区域空气重污染预警会商和应急联动长效机制，最大限度减缓污染物的累积速度，做到有效遏制污染。

尽管在大气环境治理上取得了一定成效，但是当前京津冀大气生态补偿机制仍存在一些问题。首先，生态市场建设不完善，补偿主体和受偿主体之间的关系复杂，缺乏清晰的责任划分，导致政府多头主导与市场机制缺位的现状并存。其次，补偿标准模糊不清，现有补偿标准主要依据定性描述，以补偿主体和受偿主体协商为主要形式，缺乏统一的定价程序和规范的补偿依据。最后，补偿形式单一，主要包括财政资金、技术转移、投资项目等补偿形式，缺少政策补偿、产业补偿等形式，且往往是北京、天津对河北四市的单向补偿，双向的生态补偿路径尚为空白。同时，财政专项支付作为生态补偿资金往往导致补偿规模受限、资金使用效率偏低等，对地方生态保护的积极性起不到足够的激励效果。

5. 绿色金融

绿色金融是实现绿色增长、推动绿色经济转型的重要工具。绿色金融将金融工具应用到环境资源的评估及定价，能够缓解经济增长与资源环境之间的矛盾，促进经济可持续发展。绿色金融为环保产业或绿色项目提供直接的资金支持，激励企业实施节能减排及绿色技术创新，还能约束污染行业的发展，形成环境治理的压力，倒逼污染行业改善排污行为，主要包括绿色信贷、绿色债券、绿色基金等。

绿色信贷是金融机构向开发绿色项目的企业提供资金支持的金融工具，旨在拓宽环保企业的融资渠道。作为我国绿色金融体系中规模

---

① 根据《京津冀及周边地区大气污染联防联控2015年重点工作报告》，北京、天津以及河北省唐山、廊坊、保定、沧州6个城市被划为京津冀大气污染防治核心区。

最大、发展最成熟的部分，绿色信贷是银行业服务实体经济、助力经济可持续转型的重要工具。从资金流向看，绿色信贷包含两层含义：其一，资金投入绿色环保项目，帮助经济体从粗放型向绿色清洁生产型过渡；其二，由银行业向企业开展绿色信贷业务，力求经济收益与环境收益的双赢，体现社会可持续发展的理念。绿色信贷保留了普通银行贷款的灵活性、高效率、融资成本低的特点，但在贷款发放上更为严格，获得贷款的企业需具有一定的信用评级和贷款抵押物，这使大型企业或国有企业往往更易获得融资。《关于构建绿色金融体系的指导意见》提出，支持地方财政资金对绿色信贷进行贴息，鼓励地方绿色信贷创新发展①。绿色信贷从两方面助力区域大气污染治理：其一，绿色信贷要求银行限制对高耗能、高污染行业的贷款发放，遏制污染行业的扩展（蔡海静等，2019）；其二，绿色信贷要求拓宽对绿色项目、节能减排技术改造项目的贷款支持，是企业融资的有力手段。支持的绿色项目包括可再生能源及清洁能源项目、垃圾处理及污染防治项目等，信贷余额分别占总投放领域的6%和25%②。通过推行绿色信贷，政府用经济杠杆手段限制高耗能高污染行业扩张，引导企业环境保护，更有效地解决区域大气污染防治问题。

绿色债券是依据《公司债券管理办法》以及相关规定向投资者发行，承诺按约定利率或其他条件支付利息、偿还本金，同时要求募集的资金需用于支持绿色产业的债权债务凭证。发行主体涉及政府、金融机构、工商企业等，其形式是普通债券的衍生。绿色债券与普通债券的区别主要体现在资金的用途、绿色项目的评估、募集资金的跟踪管理等方面。其中，绿色债券最主要的特点是要求募集的资金应投向规定的绿色项目中。由于大部分绿色项目受政府部门的支持，在政府参与下合理进行，绿色债券收益的安全性在一定程度上得以保障。同时，绿色债券的信息披露也更为严格，需要对资金的用途、绿色项目

① 《关于构建绿色金融体系的指导意见》，http://www.pbc.gov.cn/goutongjiaoliu/113456/113469/3131684/index.html，2016年8月31日。

② 《绿色信贷统计制度》，http://www.cbirc.gov.cn/cn/view/pages/ItemDetail.html?docId=48000&itemId=925&generaltype=0，2014年5月14日。

的证明、潜在的绿色收益做出清晰的说明和严格的第三方评估。为防止绿色债券丧失“绿色”属性，还会长期跟进所募集资金的绿色投入情况，并要求出具年度报告。绿色债券侧重于污染物削减、资源节约等方面的环境效益，通过资金投入作用于区域大气污染防治，如清洁能源项目、水电、风电、光伏发电项目、清洁交通等领域。绿色债券能够有效解决资本市场中绿色项目因融资周期长、收益率低而受到的融资障碍。由开发性金融机构统一发行绿色债券募集资金，通过政策性贷款将资金分散到各污染行业，为民营企业的绿色项目开辟新的融资渠道，弥补民营企业绿色信贷额度不足的缺陷，能够刺激企业实施污染治理、创新节能减排技术，为更多企业开发绿色项目提供资金支持，进一步拓展了绿色金融领域。

绿色基金是为节能减排和环境保护而设立的金融投资，通过向非特定公众给予投资凭证或以定向增资的方式筹集资金，旨在为能源、生态、交通等领域的绿色环保项目引入社会资本，促进绿色产业发展。绿色基金可以将不同的融资手段进行组合，在对社会资本的参与进行整合的同时，降低融资成本和融资风险，由此形成多元化的融资方案。绿色基金包括绿色政府信托基金、绿色产业基金、绿色产业并购基金、绿色区域政府与社会资本合作（Public-Private Partnership，PPP）项目基金等。当前，我国的绿色基金主要由地方政府与融资平台发起建立，政府参与在绿色基金中起重要作用。不少省、市建立了各自的绿色基金，也为区域大气污染治理提供有效的助推力。对于高耗能、高排放产业，绿色基金通过提供资金支持作用于行业节能减排，并根据特定行业的发展设计针对性的投资模式，帮助行业开发改进工艺技术、提升资源使用效率和污染治理能力。绿色基金的资本投入还能形成行业内的规模效应，改善行业在污染排放监测和管理上的效率。对企业而言，绿色基金有助于强化企业的自主减排意识，缓解企业在绿色技术研发上面临的经济压力，为企业提供减排和技术创新的经济激励。

（三）行政手段与市场手段相结合

在环境经济政策领域中，以“功能主义倾向”为代表，许多学者将市场手段作为一种技术性政策工具，将环境经济政策视为解决环境污染问题的实用性手段。尽管环境经济政策在经济和环境方面表现出有效性，但是环境经济政策推动区域污染治理和企业减排所隐含的假设往往极易被忽略。而这些假设条件使市场手段的使用受限，一旦背离了下述假设，环境经济政策的目标将无法达成。

第一，市场手段需要在充分信息的背景下设计，即政策的推行需要掌握企业的污染排放信息。而现实中，信息不对称普遍存在，这一特性可能会使市场手段的适用性和效果降低。通过市场手段向企业提供经济激励和惩罚，并促使其转变生产方式、减少污染排放的先决条件是对企业的生产和污染排放有足够的了解。但是，企业为了从外部环境获取额外利润并逃避环境治理责任，往往隐瞒其真实的排放信息，从而影响政策的效果。这一问题源于对企业污染排放监管的不足，因此需要政府参与来强化监管力度。事实上，政府与企业间的信息不对称会导致市场手段的实施面临巨大困难。因此，动用行政手段实施严明的监管措施是必要的。

第二，市场手段的实施需要有力的保障，也即要严厉打击任何违规排放行为。如果污染者意识到，即使被发现违规排放也不会支付罚款，那么环境经济政策就会失效。法律薄弱、无力处罚违规排放者都将导致政策的执行受到阻碍。因此，市场手段需要一定程度的行政手段的参与，通过完善立法、加强执法等措施惩罚违规污染行为。不能满足环境法规要求的企业将面临处罚、罚款，甚至吊销营业许可证的风险，这能够有力约束企业的环境行为，并保证市场手段的有效性。

第三，市场手段发挥效用的核心是企业决策者必须追求利润最大化，这是市场手段能够正常运作的前提，也是其具有高效率的表现。由于企业的“逐利”行为，政策设计者给予具有不同边际减排成本的企业差异化的经济激励。其中，边际减排成本低的企业在经济刺激下能够进一步扩大污染治理力度，实现政策追求的减排目标；边际减排成本高的企业通过承担环境损害成本，支付环境治理的费用，实现外部成本内部化。在我国，部分企业尤其是重污染的煤电企业或国有企业由国家来主导。企业决策者可能更加追求政府下达的产出目标，而非利润目标。这体现出的弱利润动机使环境经济政策的效率不再得到保证。由于煤电企业或国有企业能够从政府获得大量的补贴和政治支持，企业决策者可能认为环境损害成本实际上可以由政府来兜底。而这些企业得到的不同形式的补贴、减税将削弱企业减排或追求清洁技术的动机。因此，在弱利润动机的背景下，单纯依赖市场手段无法达到高效率的减排效果，需要政府额外的行政手段加以约束。

这些假设条件的存在使市场手段的效率受到限制。如何提高市场手段的效率、实现区域污染治理和技术创新成为主流研究关注的热点。事实上，仅通过完善市场机制的内部因素，市场手段的效率将无法得到实质性的提升。政府作为具有强制力的权威机构，能够通过规则制定、有效监管、严格执法等行为确保市场的高效运作，使其经济激励的作用得到最大限度的发挥，将市场手段与行政手段结合更具现实意义。从政策适用性来说，上述假设条件是站在政策作用对象是企业的角度上讨论市场手段的约束条件，适用于环境税、排污权交易；而在当政策作用对象是政府时，同样存在市场手段的约束条件，适用于地方政府间的横向生态补偿。与之不同的是，前者（政策作用对象是企业时）需要结合政府的行政手段，后者（政策作用对象是地方政府时）需要中央政府施加更具行政威慑的手段。

对地方政府而言，其往往要在经济发展和环境治理间做出权衡。尽管中央政府在环境治理上立场坚定，但部分地方政府仍选择将经济发展放在首位，致使市场手段的执行大打折扣。这源于中国区域经济发展的不平衡，地方政府依赖经济发展作为提升区域收入水平的主要途径，导致地方政府与中央政府环境目标错位。同时，地方官员的政治动机很大程度上决定了地区的发展重点，而以“GDP 增长”为主的政绩考核使部分地方政府将经济增长作为首要目标（周黎安，2007）。过分关注“GDP 增长”使部分地方官员盲目整合所能控制的经济政治资源以推动本地区的经济快速增长，从而忽视环境治理甚至牺牲环境质量。有证据表明，空气污染与地方政府行为密切相关。一方面，一些高污染企业为了扩大生产和减轻环境成本，会诱发“寻租”行为。而接受贿赂的地方官员即使在执行环境经济政策，也具有足够的经济动机为企业的污染行为提供袒护，导致区域污染排放的增加。另一方面，若受到环境经济政策约束的污染要素具有强流动性，那么该污染要素很有可能从环境治理严格的地区转移到相对宽松的地区，产生“污染避难所”效应（Walter and Ugelow，1979）。而地方政府为了增强自身经济实力、提升竞争优势，愿意放松环境治理力度或以相对更低的环境税率、额外的补贴等形式吸引污染要素的进入（李胜兰等，2014）。地方政府的“逐底竞争”会导致大量污染密集型企业入驻，为市场手段的实施带来不利因素。此时，纯粹的市场手段无法形成地方政府实行环境治理的动力，因为抛开市场手段为地方政府带来经济激励，地方政府还面临更大的经济发展的“诱惑”。为了引导地方政府形成对环境治理和经济发展关系的正确认识，需要借助外部力量：中央政府的行政约束。例如，在地方官员的政绩考核中增加区域环境质量的考核、为地方政府下达区域大气环境质量改善任务等，能够有效增强地方政府的环境意识，最大限度地发挥市场手段的有效性。

然而，如果过分强调行政手段，忽略市场手段，这样的区域污染治理也是低效的。尽管行政手段比市场手段更易实施，并具有确定性的政策效果，但是行政手段的政策效率更低，达到同样的减排目标时，行政手段比市场手段花费得更高。由于行政手段对所有的污染者实施“一刀切”的规定，当不同的污染者边际治理成本差异很大时，行政手段无法为污染者提供有效的激励。一般来说，大型企业和公有制企业的边际治理成本比小型企业和私有制企业低。对于边际减排成本高的企业来说，行政手段的统一标准往往使这些企业的减排负担过重，从而丧失创新清洁技术的能力，甚至不惜以牺牲产值的方式来完成减排的强制要求。而对于减排成本低的企业来说，可以轻松实现政策的减排标准，但是由于行政手段缺乏合理的经济激励，从而也丧失了进一步减排的动力。

（四）公众参与

区域污染治理是多方共同参与的结果，除了提升政府的行政约束和企业的减排治污能力，还需要鼓励社会公众参与。公众参与是区域污染治理的重要组成部分，也是推进区域污染治理的又一重要力量，它打破了垂直的区域污染治理模式，形成了横向多元的体系。公众监督能够有效调节不同利益相关者间的关系并提升环境经济政策的有效性（Reed，2008）。

首先，在区域污染治理中，政府参与和公众参与并不是完全独立进行的。政府参与环境治理是自上而下的强制参与，公众参与则是自下而上的主动参与。一方面，政府为公共参与提供平台，维护公共参与的合法权益。一些西方国家将公众参与纳入法律程序，利用立法手段保护公民获取环境信息、参与和监督环境治理的权利。我国在《环境保护法》中明确了公众参与的原则：所有组织和个人都有义务保护环境，有权举报和指控污染或破坏环境的组织和个人。政府对公众参与的支持可以对环境治理产生积极的影响，提升环境经济政策的效率。同时，政府治理和市场化程度越高，社会资本参与环境治理的效应越大（祁毓等，2015）。大量的社会资本可以为环境经济政策提供经济动机，更好地发挥市场机制的作用。另一方面，公众通过积极参与环境问题，形成对地方政府的压力，从而提高环境政策的执行力。研究表明，地方政府对污染控制的行为受上级政府干预和该地区居民环境关注度的影响，也即公众参与能够有效提升区域污染治理程度。公众的环境诉求越强，政府执行环境经济政策的力度越大，公众环境关注度越能有效推动地方政府加强区域污染治理，通过环境治理投资、改善产业结构来提升区域大气环境质量。

其次，公众获取环境信息、参与环境决策、进行环境监管，能够在区域污染治理上迫使企业采用清洁生产技术。收入水平的提升会增加公众对环境质量的偏好，并通过消费者行为提高市场中绿色产品的竞争力，刺激企业改善生产方式，这为企业使用清洁技术释放一种积极的信号，促使企业加大减排技术创新。新闻媒体是公众参与环境治理的重要途径，媒体报道不仅能够提高人们对大气环境问题的关注度，还能通过舆论对污染企业施加压力，迫使企业增加环境信息披露，加大对绿色创新技术的投资。来自公众参与的环境约束能够有效减少企业的污染排放，并且公众参与可以弥补市场机制不完善带来的环境经济政策效率的缺失，环境信访投诉等非正式监管往往对企业环境行为的约束更加有效。

最后，公众参与不仅能降低环境监管的成本，还能打破政府与企业间的信息不对称造成的环境治理问题。公共参与显著增加了社会资本的绿色投资，为企业减排提供经济动力（Liao and Shi，2018），如PPP 项目。在环境治理中引入社会资本是解决环境资金短缺和提高企业污染治理效率的有效途径，它不仅有助于改善政府官员的官僚主义造成的低效治理，还能促进清洁技术转让并刺激企业技术创新。公众作为承接政府和企业的第三方力量，有利于缓解政府治理和市场机制的不足，能够有效提高区域污染治理效果和技术激励效用。

三　根据区域范围划分

（一）合理划分区域范围的要点

在制定区域大气污染防治政策和设计具体区域的协同治理方案时，首要考虑的问题就是划分区域范围，即确定哪些地区适宜联合开展污染协同治理工作。一个合理的区域范围划分需要考虑以下三个因素。

1. 权衡治污集团规模

在区域性大气污染协同治理机制下，各个地区组成了一个统一的治污集团。然而，各地并不一定都会积极开展大气污染治理工作。在一个具备一定规模且不存在强制性约束措施的集团中，理性人往往不以实现集体目标和利益作为自己的行为依据（曼瑟尔・奥尔森，2014）。导致该问题的原因在于集团规模的扩大将带来严重的信息不对称问题。在区域性大气污染治理中，部分消极治污的地区能够采取“搭便车”行为，凭借其他地区的大气污染治理行为获得空气质量改善的效益，而积极治污的地区一旦意识到消极治污地区的“滥竽充数”行为，其在利益驱使下也倾向于降低污染治理力度，最终导致整个区域大气环境质量的恶化。因此，在划分区域大气污染防治政策的区域范围时，需要合理权衡治污集团规模，避免出现不必要的冗余，从而避免“集体行动困境”的产生。

2. 考虑污染空间溢出和转移

与局地污染不同，大气污染具有更强的空间关联性和外部性，加之不同地区在环境本底值、污染治理能力、经济社会发展水平和环境规制强度等方面均存在差异，大气污染表现出更为明显的空间溢出和转移效应。大气污染的空间溢出效应反映出污染物在温度、风力等气象因素作用下的污染迁移。大气污染的空间转移效应反映出排放大气污染物的污染源倾向于向环境规制强度相对较低的地区转移，呈现“污染避难所”效应（Walter and Ugelow，1979）。在大气污染空间溢出和转移的双重作用下，一旦某些地区存在“搭便车”的消极治理行为，即使其他地区付出了大量污染治理成本，治污效果也难以达到预期。此外，虽然污染源的转移能够在短期内使迁出地的污染降低，但从宏观角度来看，在迁入地更为宽松的环境规制和环境污染治理的规模效应丧失的双重作用下，区域性污染反而增加，进而导致区域大气污染防治政策失效和区域性大气污染治理低效（陆铭和冯皓，2014）。因此，在划分区域大气污染防治政策的区域范围时，需要充分考虑污染空间溢出和转移效应，不断优化区域范围，从而推动治污集团规模尽可能契合大气污染的空间溢出和转移范围。

3. 统筹稳定性和动态可调整性

为了使区域性大气污染协同治理的区域范围能够更好地权衡治污集团规模、考虑污染空间溢出和转移以及机动地适应区域内大气污染的变化情况，在划分区域范围时需要确保范围边界动静结合，在一定时期内要基本保持稳定，同时也要具备适时调整的灵活性，在相对稳定和动态变化之间达到一个能够促使社会效益实现最大化的稳态。

（二）跨国

针对跨国大气污染问题，欧盟较早开始了国家间的大气污染协同治理探索，目前已形成了较为完善的区域大气污染防治政策体系，有效促进了区域大气环境质量的改善。欧盟的区域大气污染防治政策体系主要包括以下两方面内容。

1. 国际条约

欧盟的区域性大气污染治理起源于国家间签订的国际条约。1979

年，为了控制、削减和防止以 SO_2 和酸雨问题为主的远距离跨国界大气污染问题，各国签订了《远程越界空气污染公约》。该公约自1983年生效，包括51个缔约国，是国际社会第一部以控制跨界大气污染为目的的区域性多边公约。《远程越界空气污染公约》规定各缔约国有责任确保其管辖和控制范围内的活动不会损害其他国家或地区的环境。公约要求各缔约国及时制定预防和控制空气污染物的政策和战略，并就污染物控制技术、监测技术、健康和环境影响进行合作研究。为了保障执行，公约还规定在欧洲经济委员会环境高级顾问团内设立执行机构（任凤珍和孟亚明，2016）。

作为框架性的约定，《远程越界空气污染公约》只规定了区域性大气污染防治国际合作的一般原则。对于特定污染物的控制，则由缔约国以议定书的形式解决。此后，针对 SO_2 减排问题，各国分别在1985年签订《赫尔辛基协议》，1994年签订《奥斯陆协议》，1999年签订《哥德堡协议》。针对 NO_x 减排问题，1988年签订《索菲亚协议》，1991年签订《日内瓦协议》。针对镉、铅和汞的减排问题，1998年签订《重金属协议》。为了减少持久性有机污染物，1998年签订《持久性有机污染物协议》，对一系列相关物质进行了禁止或限制使用。

为了确保减排政策及行动的科学性，1984年欧盟实施了远程大气污染输送监测和评估合作计划，成立了大气污染科学中心和空气质量委员会两个专门机构。前者负责大气污染数据的监测、收集，并据此制定相应的控制措施；后者具体负责执行和审核总量减排计划，制定区域大气污染总量控制目标、对污染物排放总量进行分配。

2. 欧盟指令

欧盟开展区域性大气污染协同治理的另一种方式是制定行动规划或欧盟指令。自1973年以来，欧共体共制定了6个行动规划，这些指令促使各国在环境事务方面统一行动，从而构成了区域性大气污染防治得以建立的主体政治框架。其中，2001年欧洲议会通过《欧共体第六个环境行动规划》（2002—2012年），将治理空气污染纳入战略计划，并考虑了辅助性原则和共同体各区域的差异性。虽然没有设定具体的目标及进度，也没有制定明确的环境政策手段，但规划成功凭借其所具有的法律约束力，迫使各国将规划规定的义务转化为本国的立法和制度。

2001 年 5 月，欧洲议会通过欧洲清洁空气计划，明确提出“欧盟国家要建立一体化的战略，防治空气污染”。为了响应该计划，2008 年，欧盟颁布了《欧盟委员会关于大气环境质量与欧洲清洁大气的指令》，对区域中 SO_2、NO_2 和 NO_x、颗粒物和 O_3 等空气污染物的空气质量评价作出规定，建立了以区和块为基础的大区污染协同治理和区域空气质量管理机制。具体而言，指令设立了包括环境控制质量目标机制、信息通告与报告制度、跨境污染防治合作机制、区域保护管理协调机制、欧盟及其成员国的协调保护机制（柴发合等，2013）五项机制在内的大气污染协同治理法律体系，用法律手段全面推进并保障了其协同治理环境监管模式的有效运行。

在防控机制方面，指令采取临时应急机制和长效机制相结合的方法。当出现紧急状况时，启动临时应急机制，采取一系列包括关停城市内的建筑工地、特定种类车辆限行等在内的紧急措施。在污染严重区域，则采取更为严格的措施，包括禁止所有车辆行驶以及限制或关停大型锅炉和工业排污设备等。长效机制包括一系列命令控制、经济激励和宣传教育措施，例如设定符合欧盟统一的机动车排放标准、严格设立锅炉等供暖设备和工业设施的排放标准等。

在合作机制方面，指令规定了合作开展的时机和具体方式。当重点空气污染物或其前体物质的区域间传输致使其浓度超过环境标准或影响长期目标的实现时，各成员国应通力合作，必要时可制订联合行动计划。同时，指令还包含了信息公开要求，成员国应确保公众和适当的组织（如环境组织、消费者组织、代表敏感人群的组织、其他相关卫生保健团体和工业联盟）充分及时地被通告特定事项。

在监督机制方面，指令规定成员国应及时向欧盟委员会报告相关信息。对于不履行义务或违反指令的情况，欧盟委员会都有权进行调查，并且有权就违法事项向欧洲法院起诉。此外，欧盟还成立了专门的“环境空气质量委员会”以协助欧盟委员会开展区域性大气污染防治工作。

总结而言，在政策主体方面，作为地区性、政府间、综合性的国际组织，由于其地位的特殊性，欧盟的区域性大气污染协同治理机制建立在各个国家所签订的国际条约和欧盟指令的基础上。各主权国家以国家为主体颁布和实施区域性大气污染治理政策，并在国家间进行治理合作。这些国际条约和欧盟指令确立了欧盟区域性大气污染协同治理的法律机制，用法律手段构建起了强制执行和制度约束机制，保障了区域性环境监管模式的有效运行。在保障措施方面，欧盟委员会有权调查违反大气污染防治指令的行为，同时也具有相应的法律救济途径，有权就违法事项向欧洲法院起诉。在政策目标及手段方面，欧盟国家的减排协议通过分阶段建立具体合理的目标及相应配套的保障措施，来分层次地引导共同目标的完成。除此之外，欧盟还非常注重区域划分及减排目标的科学性，政治决策均建立在科研机构的科学认知基础上。一方面，设立专门机构，进行合理的样本点选取，保证区域大气环境质量监测的科学性。另一方面，研究污染物的来源、前体物质以及区域传输方向，从而为合作的开展、政策的制定提供依据，也便于更好地对上风向地区进行针对性管控。

（三）跨省份

针对跨省份大气污染问题，由于京津冀地区在早期发展过程中存在化石能源消耗巨大、工业污染防治不力等问题，加之大气污染的区域传输使各地大气环境质量在很大程度上受到其他地区的影响，以PM2.5为首要污染物的区域性大气重污染事件频发，因而成为我国区域性大气污染协同治理的重点区域。京津冀地区区域性大气污染协同治理机制的发展历程、实施效果和制度评价如下。

1. 发展历程

京津冀地区大气污染协同治理机制经历了从单一到复杂的发展历程，逐渐形成了纵向上由中央部委牵头、分级管理，横向上由地方环保部门监管、多部门分工协作的组织架构。2006年，北京奥运会空气质量保障工作协调小组成立，通过制定行动方案、落实防控措施、加大执法力度、共享监测数据、开展联合监督等方式，进行了以实现

"绿色奥运"为目标的大气污染协同治理首次尝试。2010 年 5 月，京津冀地区被划为开展大气污染联防联控工作的重点区域之一[①]。2012 年 10 月，京津冀地区成为重点规划区域[②]，被要求建立"五个机制"。2013 年 9 月，京津冀地区大气污染防治协作机制的建立正式提上日程[③]。同年 9 月，环境保护部等六部门联合印发《京津冀及周边地区落实大气污染防治行动计划实施细则》，制定了京津冀及周边地区 5 年的主要目标和重点任务。此外，在环境保护部的协调下，京津冀及周边地区大气污染防治协作小组成立。2015 年 12 月，为了进一步推进区域大气环境质量改善，京津冀三地环保部门共同签署《京津冀区域环境保护率先突破合作框架协议》，明确以"十个方面"[④] 为突破口，开展大气污染联防联控。同年，京津冀三地环保部门成立京津冀环境执法联动工作领导小组，建立环境执法联动工作机制。自该年以来，京津冀地区内 6 个城市开始结对合作治理大气污染。2017 年，环境保护部发布《京津冀及周边地区 2017 年大气污染防治工作方案》，明确该区域大气污染协同治理范围为京津冀大气污染传输通道上的"2+26"城市[⑤]。2018 年，京津冀及周边地区大气污染防治协作小组升格为京津冀及周边地区大气污染防治领导小组，成员单位增加至七省市九部委，牵头单位由北京市升级为国务院，领导组长也由北京市委升格为国务院副总理，领导小组办公室由北京市环保局改为

---

① 《关于推进大气污染联防联控工作改善区域空气质量的指导意见》（国办发〔2010〕33 号）明确重点区域为"京津冀、长三角和珠三角地区"，http：//www. gov. cn/zwgk/2010-05/13/content_1605605. htm，2010 年 5 月 11 日。

② 《重点区域大气污染防治"十二五"规划》（环发〔2012〕130 号），https：//www. mee. gov. cn/gkml/hbb/bwj/201212/t20121205_243271. htm，2012 年 10 月 29 日。

③ 《大气污染防治行动计划》（国发〔2013〕37 号）提出"京津冀、长三角区域建立大气污染防治协作机制，由区域内省级人民政府和国务院有关部门参加，协调解决区域突出环境问题"，http：//www. gov. cn/zwgk/2013-09/12/content_2486773. htm，2013 年 9 月 10 日。

④ "十个方面"为：联合立法、统一规划、统一标准、统一监测、信息共享、协同治污、联动执法、应急联动、环评会商、联合宣传。

⑤ "2+26 城市"为：北京市，天津市，河北省石家庄、唐山、廊坊、保定、沧州、衡水、邢台、邯郸，山西省太原、阳泉、长治、晋城，山东省济南、淄博、济宁、德州、聊城、滨州、菏泽，河南省郑州、开封、安阳、鹤壁、新乡、焦作、濮阳。

生态环境部，地位与职权进一步提升，更加强化和稳固了京津冀地区的大气污染协同治理机制。京津冀地区大气污染协同治理的机制发展历程如图3-1所示。

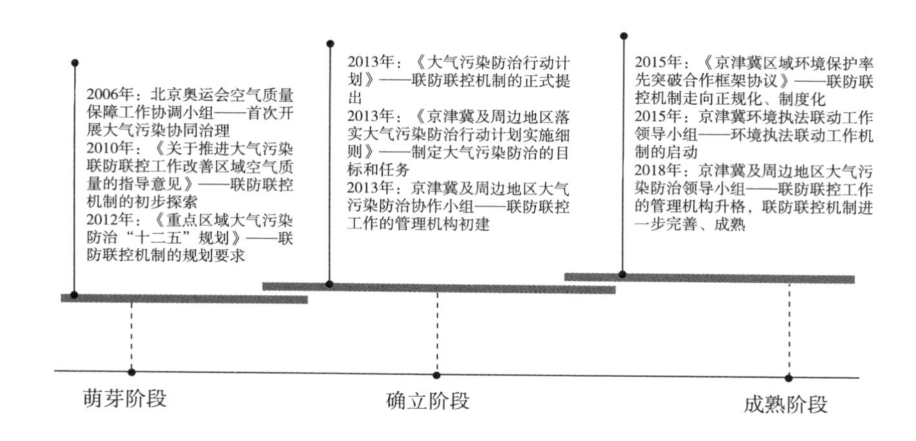

图3-1 京津冀地区大气污染协同治理的机制发展历程

2\. 实施效果

在京津冀地区开展区域性大气污染协同治理以来，在以下几个方面取得了积极成效。第一，制定区域性政策措施。该工作机制负责制定区域性政策措施与标准，这些措施和标准针对这一区域的污染特点，比国家颁布的措施和标准更为严格。目前，该工作机制已经出台了煤炭、机动车、工业等多个污染源的区域性措施和标准。最有代表性的是，京津冀三地于2017年共同发布实施了首个区域统一标准——《建筑类涂料与胶粘剂挥发性有机化合物含量限值标准》。第二，建立信息共享机制。一方面，京津冀及周边地区大气污染防治协作小组定期发布简报，共享各地政策、措施和经验。另一方面，京津冀及周边地区依托现有的环境空气质量监测网络体系，逐步建立起空气质量监测信息平台，同时着力开展大气污染源排放清单编制工作，实现了"2+26"城市空气质量、重点污染源排放等信息的实时共享。第三，建立环评会商机制，对区域内重大项目进行环评会商。第四，建立联合执法与专项协作机制。针对区域突出的一些大气污染问题，各地区会开展“专项检查”，如重型柴油车、“散乱污”企业、秸秆焚烧等。联合执法和专项检查有效克服了原先跨行政地区难以执法的问题。例如，在联合执法检查机动车污染时，不同城市的环保部门、交通部门和公安部门可以共享环保违规车辆的信息，本地执法人员可以查处异地违法车辆。第五，落实各项减排措施，推动区域大气环境质量明显改善。2013—2020 年，京津冀及周边地区 PM2.5 年均浓度大幅度降低，2020 年浓度相较于 2013 年降低了 51.89%，具体变化趋势如图 3-2 所示。

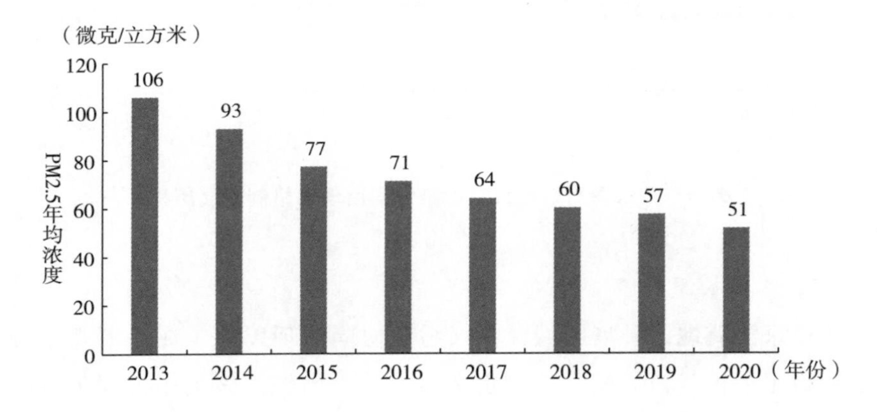

图 3-2　2013—2020 年京津冀地区 PM2.5 年均浓度变化趋势

资料来源：《中国环境状况公报》（2013—2020 年），https：//www.mee.gov.cn/hjzl/sthjzk/.

3. 制度评价

通过梳理京津冀地区大气污染协同治理机制的发展历程、实施效果和措施手段，可以将其优缺点总结如下。

（1）优点

第一，组织构架逐渐完善。在 2013 年之前，京津冀地区大气污染协同治理机制的组织架构一直是任务导向下的政府间协同，存在可持续性不足的问题。随着京津冀及周边地区大气污染防治协作小组的建立，组织架构转变为以中央层面压力导向的纵向协同为主，联席会议制导向的横向协同为辅，具备常态化优势。京津冀及周边地区大气污染防治协作小组的升格进一步保障了其职能的高效发挥。

第二，政策工具日益多元。随着京津冀地区大气污染协同治理机制的日益成熟，政策工具的种类逐渐丰富，在排污标准、禁令许可、监督问责等管制型政策工具的基础上逐渐引入了区域生态补偿、排污权交易、环境税、环境责任保险等市场型政策工具，自愿型政策工具也慢慢步入政策舞台，包括公众参与、信息公开、自愿协议、宣传教育等。

第三，运行机制落实到位。在统一规划和统一协调方面，京津冀地区依托于领导小组，统筹开展大气污染协同治理工作，并通过结对合作机制，保障各地区参与区域大气污染治理的积极性和可持续性；在统一监测方面，京津冀地区建立其常规的空气质量监测和应对重污染天气的预警机制；在统一监管方面，推进工业企业升级改造、加快调整产业结构、逐步优化能源结构、统筹“油路车”污染治理、组织开展面源污染治理，同时开展严格的污染专项整治行动；在统一评估方面，严格执行任务分解、考核评估、责任追究的流程，并建立严格的大气环境管理责任考核制度，强化各地区责任落实。

第四，保障机制多点并进。自 2013 年以来，京津冀地区不断完善大气污染协同治理的保障机制，包括明确落实各方责任、严格环境执法督察、建立监测预警应急体系、动员全社会广泛参与等。同时，为了平衡各地区的利益，建立长效的利益驱动机制，在大气污染治理结对合作的进程中，北京市与河北保定、廊坊结对，在 2016 年和 2017 年共投入 6 亿多元资金支持两市淘汰小型燃煤锅炉和治理大型燃煤锅炉；天津市与河北沧州、唐山结对，在 2016 年向两市提供 4 亿元大气污染治理资金和技术援助。

（2）缺点

第一，地区协调不足。尽管京津冀三地在制定区域统一的环境标准方面有一定成果，但由于社会经济发展水平与功能定位不一致，三地在环境保护目标、环境标准、产业准入条件、执法效力等方面仍然存在较大差异，区域层面的综合决策机制尚未形成。同时，归因于位势差异，京津冀三地在资源和权力上存在不对等关系，京津的主导地位弱化了河北省的协同积极性。迄今为止，京津冀大气污染治理横向生态补偿机制仍未从制度层面出台与落实，进而导致河北省参与大气污染治理的内生动机和实际能力较弱。

第二，法律保障欠缺。尽管京津冀地区已经建立执法联动工作机制，但由于在国家层面还没有针对跨区域执法的详细法律法规，跨区域执法系统的权威性受到质疑。目前，京津冀地区仍然缺乏大气污染协同治理司法保障机制，环境司法也没有纳入协同治理机制，司法资源的配置仍然以行政区划边界为依据，对大气污染协同治理机制的执行力造成了负面影响。

第三，信息共享机制不健全。鉴于不同地区的大气污染监测点位布设方式和样品采集方式存在差异，京津冀三地的环境监测结果难以统一，导致数据资源难以共享。另外，由于缺少相应制度对环境信息共享的内容标准和发布方式进行规定，官方机构与民间机构发布的大气环境信息不一致的情况频频发生，进而影响了区域性大气污染协同治理方案的制定和民众对大气环境质量情况的认知。

（四）跨市

针对跨市大气污染问题，自 2013 年起，四川盆地多次出现重污染天气，其中川南地区由于人口密度大、工业化程度高，成为大气污染的重灾区，污染防治形势严峻。为治理大面积的区域性大气污染，四川省综合考虑大气环境质量、经济发展水平、主体功能区划等因素，将川南地区划为四川省区域性大气污染协同治理的重点区域。川南地区区域性大气污染协同治理机制的发展历程和制度评价如下。

1. 发展历程

2015 年 1 月，由自贡市人民政府牵头，川南四市（自贡市、泸州市、内江市、宜宾市）地方政府共同签署《川南地区大气污染防治联防联控工作协议》，开启了川南地区大气污染联防联控进程，旨在通过开展区域性大气环境污染综合整治，实现大气环境质量明显改善的目标。川南地区大气污染协同治理机制主要包括以下几方面内容：第一，以区域空气质量达标规划为引领，依托于各地区多层次全方位的协同共治，使污染物排放控制在大气环境容量范围内，从而实现区域大气环境质量的逐步改善；第二，大力推进节能减排工作，对新建的高排放项目开展 1.5 倍削减量替代，并加快淘汰小型燃煤锅炉和治理大型燃煤锅炉，推进火电行业脱硫脱硝；第三，着力调整交通运输结构，推进车用油品低硫化进程，升级机动车排放标准，发展新能源汽车；第四，建立预警应急与污染减排联动机制，在面临可能出现的重污染天气时，兼顾及时预警与果断响应；第五，建立政府间高层领导联席会议机制，原则上每年召开一次，由各市政府轮值召集总结当年大气污染防治工作。

自川南地区建立大气污染协同治理机制以来，虽然川南地区可吸入颗粒物浓度有所下降、空气质量优良天数比例有所提高，但大气质量仍位居四川省末位。为了使区域大气污染协同治理机制更好地发挥效果，2019 年 2 月，四川省召开全省环境保护“一号工程”川南地区动员会，要求对川南地区大气质量实施集中攻坚，通过建立“五大机制”①，促进环境质量改善。

2. 制度评价

通过梳理川南地区大气污染协同治理机制的发展历程和措施手段，可以将其优缺点总结如下。

（1）优点

第一，科技支撑充分。四川省积极尝试通过环境信息化的途径精准治理大气污染，具体措施包括完善监测布点、建设微型自动监测站和大数据平台建设等，以期提升大气环境监测程序的科学性和结果的准确性，从而服务于大气环境保护和污染治理。其中，川南地区也聚焦于通过科技治理大气污染，在加快空气质量微站、超级站建设的同时，充分利用卫星遥感、无人机、蛙鸣系统，精准锁定违法企业和污染源，对大气环境违法行为严惩重罚。

第二，建立分析研判机制。在被纳入四川省环境保护“一号工

① “五大机制”为：加密监测通报机制、重点时段联防联控机制、定期分析研判机制、联合打击偷排漏排机制、“一对一”结对攻坚机制。

程”后，川南四市每季度召开一次大气污染防治形势分析会，针对问题研究防控措施，找准症结具体施策。同时，通过邀请院士专家亲临污染现场并参与研判会议集中研判，发挥大气污染防治专家团队作用。

（2）缺点

第一，协同治理长效机制尚未形成。首先，合作深度较低。川南地区的合作机制主要体现为联席会议和领导小组等形式，且聚焦于技术领域，缺乏在具体的污染治理和利益协调方面的深层次合作机制。其次，激励机制匮乏。目前的《四川省大气污染防治行动计划实施细则》等仅对区域大气污染联防联控机制的建立与深化提出要求，但并未对具体措施和相应的奖惩、激励机制进行规定。

第二，法律保障体系不健全。具体而言，现有政策体系在界定协同治理主体、设定协同治理目标、确定组织形式、建立信息通告等方面缺乏法律的保障与支持，进而导致大气污染协同治理工作难以有效落实。

第三，数据共享机制有待完善。首先，监测站点较少，大气环境质量监测能力有待提高。其次，各职能部门出于本位主义和自立性等考量，倾向于封闭自身拥有的相关数据，各部门间存在数据壁垒。最后，数据共享平台尚未建成。

（五）跨区县

针对跨区县大气污染问题，尽管在2000年的“清洁能源”工程和2005年的“蓝天行动”实施方案的落实下，重庆市大气环境质量逐年改善，但部分区域的大气污染仍然较为严重。因此，重庆市开展了跨区县的区域性大气污染协同治理探索。重庆市区域性大气污染协同治理机制的发展历程和制度评价如下。

1. 发展历程

2010年7月，重庆市发展改革委等九部门联合制定《重庆市推进大气污染联防联控工作改善区域空气质量实施方案》，标志着重庆市跨区县大气污染联防联控的开端。根据该方案，重庆市开展大气污染协同治理的重点区域是主城九区，旨在通过市和区县两级部门横向联手、纵向联动的方式，大幅降低主要大气污染物排放量、推进能源结构优化和产业结构升级、开展机动车污染防治、完善大气环境质量监管体系，最终实现城乡大气环境质量改善的目标。

2. 制度评价

（1）优点

第一，“四控两增”措施全面开展。自2019年以来，重庆市聚焦控制交通、扬尘、工业、生活污染，增强监管和科研能力。就控制交通污染而言，重庆市以柴油货车为治理重点，持续推进车用油品低硫化进程，并实施机动车排放新标准，同时大力发展新能源汽车，推进客货运汽车电动化。就控制扬尘污染而言，重庆市着重控制建筑施工工地的扬尘污染，实施施工工地“红黄绿”标志管理，推进道路清扫保洁机械化作业。就控制工业污染而言，重庆市大力推进燃煤电厂超低排放改造、工业企业废气深度治理和清洁能源改造工程。就控制生活污染而言，重庆市开展餐饮油烟治理，同时全面禁止烟花爆竹燃放。就监管和科研而言，重庆市启动空气污染预警应对，建立空气质量数据清单、年度目标任务清单、督查帮扶问题清单和资金补助项目清单。

第二，保障措施逐渐完善。一方面，建立区域协调机制，基于全市大气污染联防联控专题会议，协调解决实际工作过程中存在的主要问题。另一方面，完善工作制度，包括坚持空气质量分析会制度、推进联防联控工作落实、完善考核和奖惩机制以及建立宣传教育和公众参与机制。

（2）缺点

第一，主体责任分工不明。重庆市规定区级有关部门和镇街是大气污染防治的责任主体，并将各项工作任务分配到了有关单位和企业。然而，重庆市对不同主体的责任分工却没有进行明确的界定，同时也没有建立部门间的协商机制，各个部门为了保护自身利益，往往会逃避大气污染的治理责任，最终导致大气污染治理低效。

第二，利益协调制度缺失。在区域性大气污染协同治理工作中，区域内经济发展水平较低但排放水平较高的地区为改善区域整体大气环境质量而牺牲其部分经济利益的问题普遍存在，因此补偿生态保护者的利益以激励其持续供给生态保护行为是协同治理制度中重点需要解决的问题。然而，重庆市现有的协同治理制度没有对利益协调机制进行明确的规定，不利于调动市内各区域参与污染协同治理的积极性。

第三，约束机制匮乏。鉴于重庆市缺乏大气污染协同治理司法保障等约束机制，协同治理执行力的长效性难以保证。一旦重庆市空气质量得到改善，协同治理工作取得阶段性成果，各区域政府在意识和行动上难免会出现懈怠，一些地区可能会为了经济利益而违反区域行政协议，最终导致区域性大气污染治理失效。

第四，公众参与不足。归因于基层环保工作人力有限，重庆市志愿者队伍建设和活动形式单一，影响力和号召力相对有限。此外，就每年的“六·五环境日”而言，居民对环保宣传活动的接受程度较低，且宣传对象以老年群体居多，没有覆盖各年龄段的居民。

（六）国内实践对比分析

基于合理划分区域、明确责任主体、注重利益平衡、加强制度建设、实现信息共享、完善公众参与这六个方面，对京津冀地区、川南地区和重庆市的区域性大气污染协同治理实践进行对比，结果如表 3-1 所示。

表 3-1　京津冀地区、川南地区和重庆市的区域性大气污染联防联控实践对比

对比指标	京津冀地区	川南地区	重庆市
区域范围	跨省	跨市	跨区县
合理划分区域	较好	中	/
明确责任主体	较好	差	差
注重利益平衡	中	中	中
加强制度建设	较好	差	中
实现信息共享	中	较差	较好
完善公众参与	中	差	较差

对京津冀地区而言，在划分区域方面，京津冀地区较为充分地考虑了大气污染的空间关联度等科学指标。在责任主体方面，京津冀地

区已建立协同治理权威性领导组织，各省市的责任划分较为明确。在利益协调方面，京津冀地区已建立结对合作机制，但横向生态补偿机制尚未从制度层面出台与落实，进而导致河北省参与大气污染治理的内生动机和实际能力较弱。在制度建设方面，京津冀地区已建立执法联动工作机制，并在大气污染减排方面开展广泛合作，但也存在缺乏司法保障机制和污染减排政策体系中市场机制不完善的问题。在信息共享方面，京津冀地区进行了信息共享的实践，但受监测点位布设方式不同等因素的制约，最终的环境监测结果不统一，数据资源难以共享。在公众参与方面，京津冀地区公众参与治理环境主要集中在建设项目的环境影响评价上，而在参与环境立法、司法和执法上还远远不够，公众参与流于形式，缺乏有效机制，具体表现为参与主体数量有限、参与能力不足、缺乏较强的大气污染防治知识和专业背景以及组织实际活动的技能、现有社会环保组织缺乏参与资金等。

对于川南地区而言，在划分区域方面，四川省没有实际研究大气污染的空间关系与地区关联度等，仅依赖经济指标、环境质量指标及主体功能区划划定川南地区的范围，缺乏一定科学性。在协同治理的主体及组织形式方面，缺乏明确的法律规定，前期在《川南地区大气污染防治联防联控工作协议》之下几乎各自为政。在利益协调方面，川南四市经济发展情况与目标较为一致，按照协议执行。在制度建设方面，相关政策仅强调"深化区域大气污染联防联控"，但未对具体措施和相应的奖惩、激励机制进行规定。在信息共享方面，川南地区正在尝试大数据治理，但目前数据共享还比较薄弱。在公众参与方面，几乎只有政策文件中的呼吁，较少落实到实际工作中。

对于重庆市而言，在划分区域方面，首先，重庆市没有过多关注大气污染的空间规律，即区域范围优化的科学性，但通过设置市、区、镇（街）三级部门横向联手、纵向联动开展大气污染协同治理的模式，在一定程度上降低了大气污染区域协同治理的组织成本和协调成本，提高了地区联动治污的组织管理效率。在责任主体方面，重庆市对不同主体的责任分工没有进行明确的界定，各个部门为了保护自我的利益，往往会逃避大气污染的治理责任，同时也没有设置专门性、常设性的协调机构，进而导致大气污染问题不能得到有效治理。在利益平衡方面，重庆市现有的协同治理制度虽然设有协调机制，但是缺乏对利益补偿制度的规定，市内各区域参与联防联控治理的积极性不够高。在制度建设方面，重庆市的司法保障机制不够完善，但是建立有较为完善的考核和奖惩机制。在信息共享方面，重庆市虽然对污染物数据进行了共享，但仍存在缺乏规范的数据共享平台的问题，且无法对大气污染情况进行预测，不能及时针对可能到来的重污染天气进行应急处置。在公众参与方面，重庆市的宣传教育机制效果较差、知识普及效果欠佳。

第三节　大气污染物与温室气体区域性特征比较分析

大气污染物主要包括 PM2.5、O_3、SO_2、NO_x 等，温室气体包括 CO_2 和甲烷（CH_4）等非 CO_2 温室气体。大气污染的治理和以 CO_2 为代表的温室气体减排，因二者在形成机理、影响路径、影响范围等特征方面的差异，导致其在治理模式上呈现较大差异。较为明显的差异就是在我国，大气污染物的治理呈现明显的区域特征（如以京津冀“2+26”大气污染传输通道城市、长三角地区大气污染综合治理攻坚行动等行政区域来划定政策实施边界等）；而对于减碳等温室气体的治理则呈现出更广阔的空间特征，由于其扩散性更强，地理边界的间隔更弱，因此治理模式更强调跨省市、跨国界甚至全球性合作。这些差异导致了两类治理模式之下的管理机构设置、职能安排、制度建设也有较大差异。

一　排放、分布与治理特征分析

（一）排放特征比较

1. 排放源

大气污染物与温室气体的产生与排放具有同源性。化石燃料燃烧是导致空气污染的重要原因，也是温室气体的主要人为来源。煤炭、石油和天然气等化石燃料燃烧使用过程中会排放包括颗粒物、SO_2、NO_x 等大气污染物和 CO_2 等温室气体。无论是空气污染物还是温室气体，其人为来源结构都存在一定差异。如 2018 年发布的北京大气细颗粒物源解析结果，移动源占比高达 45%。根据中国温室气体清单①，2014 年 CO_2 占温室气体排放总量的 84%，87%的 CO_2 来自能源活动，88%的甲烷来自能源和农业活动，60%的氧化亚氮来自农业活动，而氢氟碳化物、全氟化碳、六氟化硫几乎来自工业生产过程。相对而言，SO_2 等传统大气污染物与 CO_2 排放结构相似度较高。

2. 排放介质

大气是 SO_2、NO_x、颗粒物等大气污染物和 CO_2 等温室气体共同的排放介质，同时也是这些污染物和温室气体迁移和转化的重要载体。由于各种气象条件的影响，大气污染物和温室气体会在大气中不断发生迁移和转化。随着污染物与温室气体的大量排入，大气介质的正常组分将会发生变化，进而造成大气污染和大气环境质量不断恶化。

3. 排放量

从排放量上来看，温室气体的排放量远高于大气污染物。从总量上看，2014 年，全国 SO_2、NO_x 排放总量分别为 1974 万吨和 2078 万吨；同年，全国温室气体排放总量达到 123 亿吨 CO_2 当量②，其中包含 CO_2 超 100 亿吨，排放量均远高于大气污染物。根据清华大学气候变化与可持续发展研究院、气候变化与清洁空气联盟发布的《环境与气候协同行动——中国与其他国家的良好实践》报告，中国 2005—2018 年每减排 1 吨 CO_2，相当于减排 $SO_2$2. 5 公斤、NO_x2. 4 公斤。

（二）时空分布比较

常规大气污染物一般局地聚集，区域性较强，具有短期性、波动性，受气象条件影响较大。大气污染物的时空分布特征与污染源的分

① 不包括土地利用（Land Use）、土地利用变化（Land Use Change）和林业（Forestry），即 LULUCF。

② 不包括 LULUCF。

布、排放量和地形、地貌、气象等条件密切相关。气象条件如风向、风速、大气湍流是在不停改变的，因此污染物的扩散、稀释状况也在不断变化。相较而言，温室气体与大气污染物时空分布特征差异较大，更强调代际延续性和区域扩散性，全球温室气体浓度分布相对均衡，来自部分国家和地区的高碳排放会对全球造成气候变化影响。

1. 时间分布

针对大气污染物，相同污染源对相同地点在不同时间所造成的地面空气污染浓度往往相差数十倍；相同时间不同地点也相差甚大。一次污染物、二次污染物在一天之内的浓度也是不断变化的。一次污染物（如 CO、SO_2 等）由于受到逆温层、气压、气温等限制，清晨和黄昏时段的浓度高，中午低；二次污染物如光化学烟雾，因在阳光照射下才能形成，故中午浓度较高，清晨和夜晚浓度低。由于风速较快造成大气不稳定，造成污染物稀释和扩散速度变快；反之稀释扩散变慢，浓度变化也慢。

而对于 CO_2 而言，作为长寿命温室气体，可在大气中滞留数百年，在海洋中滞留的时间甚至更长，即使立刻减少全球温室气体排放，其造成的增温效应也将持续几十年甚至几个世纪，影响和减排效果的呈现均具有明显的代际性。根据联合国政府间气候变化专门委员会（IPCC）发布的第五次评估报告[①]，自 1750 年以来，大气温室气体浓度处于不断上升的状态，因温室气体物理状态的恒定，大气中主要温室气体的浓度持续增加到过去 80 万年以来史无前例水平。

2. 空间分布

由于污染源类型、排放规律、污染性质不同，污染物空间分布特点也有所不同。一个点源污染（如烟囱）或线源污染（如交通道路）所排放的污染物可形成一个较小的污染线或污染气团。局部区域的污染浓度变化较大、范围较小的大气污染，被称为局地污染或小尺度空间污染。大量的地面分布小尺度污染源，如分散供热锅炉、工业区窑

---

① 《IPCC 第五次评估报告（AR5）：气候变化》，https：//www. ipcc. ch/languages-2/chinese/publications-chinese/，2013 年 9 月 27 日。

炉及各家庭的饮炉，则会给区域造成一个面源污染，使近地面空气中污染物浓度分布较为均匀，并随气象条件变化有较强的规律性。这种面源污染所造成的污染被称为中尺度空间污染或区域污染。

温室气体具有跨区域扩散的特性。由于温室气体的环境影响机理是大气中累积浓度升高，加剧大气层温室效应，造成全球性变暖，并不在城市、地区等较小空间尺度造成明显的温室效应。同时，CO_2 等温室气体具有全球输送特点，全球温室气体浓度相对均衡，因此通过全球共同减排才能有效控制温室气体浓度，这也是实现跨区域甚至全球碳交易的基础。

（三）治理路径比较

1. 大气污染治理

根据大气科学，空气污染物的空间扩散与传播受到的影响来自诸多因素，如气流、季节、地形条件的诸多差异。在复杂的作用机理下，空气污染在空间上必然呈现多尺度特征。在一定时间内，区域内的污染物排放总量一般变化幅度并不是很大。而大气环境容量却容易产生较大幅度的波动。造成波动的主要因素就是气象条件的剧烈变化。在气象条件和污染物排放情况的共同作用下，大气污染物扩散与地理行政边界的划分规律相去甚远。大气污染物扩散随着季节气候变化、空气流动呈现出混合动态性。例如，跨区域传输是北京市大气PM2.5 污染的最主要来源。

目前，我国的大气污染治理包括两种路径：源头控制和末端治理。前者指的是控制能源效率，后者指的是对因使用能源而产生的环境污染物排放进行规制。其中，末端治理是我国大气环境治理的主要手段。党的十八大以来，作为生态环境三大攻坚战之一，国家大力推进大气污染治理工作的力度。自 2013 年《大气污染防治行动计划》发布以来，我国开启了针对 PM2.5 污染治理的一系列工作。但是长期以来，我国属地化的区域治理模式强调独立的“政策空间和裁判权”和属地之内“各自为政”的碎片化治理，区域大气污染治理政策工具的不足成为我国大气污染形势难以彻底改善的重要原因，优化区域大气污染治理政策工具极为迫切。

同时，随着我国大气污染防治呈现从局部地区污染向区域污染演变的态势，区域性污染日益频繁，尤其是在京津冀、长三角、珠三角等区域。导致区域污染的原因与高碳资源消耗的经济发展模式、产业结构不均衡密不可分，各个城市各自为战，没有形成区域性治污合力。大气污染治理须由不同功能、类型的相关机构或主体，以整体性视野，通过制度安排的创新和政策工具的优化组合，以共同协商与相互合作的方式进行协同治理。同时，应当以强制程度较低的政策工具逐渐取代强制程度较高的政策工具，以区域协同型政策工具取代管制型为主的政策工具。

2. 温室气体减排与治理

控制温室气体排放本质上是能源利用调整问题。当前，全球温室气体排放格局中，能源活动产生的排放占据主导。而我国以煤为主的能源结构导致了能源活动的排放占比高于全球平均水平，2014 年能源活动排放占全国温室气体排放总量的 78%。因此，控制温室气体的关键是能源活动，单位地区生产总值 CO_2 排放（碳强度）也主要依据能源数据核算。根据 2014 年全国温室气体清单，1 吨标准煤的煤炭、石油、天然气的 CO_2 排放量分别为 2.66 吨、1.73 吨、1.56 吨。因此，目前技术可行、成本可承受的控制能源活动温室气体排放路径主要是减少化石能源、开发利用可再生能源、提高能源利用效率，应对气候变化的政策制定在很大程度上是对能源政策体系的重塑。

气候治理强调源头治理及市场机制。相比大气污染物，温室气体排放与产业发展的宏观紧密程度更高，解钩脱钩难度更大、时间更晚，治理更依赖于能源转型和经济手段。从能源结构上看，已实现温室气体总量减排的国家和地区的经验表明，发展可再生能源是成本低且有效控制温室气体的主要路径。从产业结构上看，传统的工业制造业往往也是能源密集型产业，高耗能和温室气体排放量大，而战略性新兴产业、第三产业对传统能源依赖度降低，更多依靠绿色电能。由于气候变化问题和温室气体性质的特殊性，目前减排成本低、激励有效率、衍生功能多的碳排放权交易等市场化机制和工具已经被越来越多国家和地区推广应用。

二 协同治理政策体系特征分析

（一）理论发展

温室气体和空气污染物治理的影响是相互的。一方面，温室气体治理的推进可以对大气污染物的减排产生协同效应；另一方面，减排空气污染物的政策也会产生减排温室气体的协同效应。20 世纪 90 年代已有相关学者对大气污染物和温室气体的协同治理进行了研究。Ayres 和 Walter（1991）论述了温室气体削减的成本效益，其结论表明温室气体减排的间接效益同时包括空气污染物减少和健康效应。Messner（1997）讨论了 CO_2 和 SO_2 减排的协同效应和政策冲突。根据 2001 年 IPCC 的第三次评估报告，协同效应被定义为：由于各种原因而同时实施的政策所带来的效益，包括气候变化的减缓。此外，很多温室气体减缓政策也有其他甚至同等重要的目标，如空气污染物的减少[①]。对于仅聚焦于温室气体或大气污染物治理的单一治理措施，大多关注于全球气候变化或者局地空气污染问题。但是，两种环境问题内在却紧密相关，多都是由相同的能源开采和消耗模式所导致的，因而亟须设计相关政策对温室气体和空气污染物进行协同控制（王灿等，2020）。

（二）部门实践

从部门实践的层面来看，温室气体和空气污染协同治理的主要部门包括能源、交通、工业和居民等部门，这一按部门划分治理领域的做法与单独的温室气体治理举措类似。

1. 能源部门

能源部门对于温室气体的排放和区域性空气污染问题都贡献较大，化石燃料的采掘、消耗、燃烧同时造成了这两类环境问题的加剧。在能源领域所制定的针对两类物质的治理的政策中，减排政策通常是分开实施的。例如，常规大气污染物（NO_x、SO_2、PM2.5）通常利用末端治理来实现减排，但这一举措对温室气体排放的削减作用

---

① IPCC，*Climate Change* 2001：*Mitigation*：*Contribution of Working Group III to the Third Assessment Report of the Intergovernmental Panel on Climate Change*，Cambridge：Cambridge University Press，2001.

有限（Bollen et al.，2009）。能源部门产生大气污染物和温室气体排放的影响取决于排放源（如发电厂）的区域分布和能源调度决策，因此该部门协同治理的实现措施主要集中在能源效率的提升和能源结构的优化，对协同治理政策的制定必须考虑到相关排放的区域异质性变化（Zhang et al.，2019）。能源效率的提升主要是通过淘汰小型低效的火电机组、新建大机组以持续降低发电煤耗；能源结构的优化主要通过提高可再生能源的比例，并降低化石燃料燃烧发电（火力发电）的占比。

2. 交通部门

交通部门主要包括公路、铁路、水运和航空等交通运输形式，它也是许多区域性空气污染的主要来源之一，且交通部门贡献了全球约25%的CO_2排放总量（Thambiran and Diab，2011）。加强交通部门的协同治理，主要路径包括提升能效、改变居民出行方式、城市建设形态转型、公共交通基础设施完善、供应清洁能源替代燃煤燃油等。目前在全球范围内，针对交通部门所制定的协同治理政策往往更强调其中某一类环境问题的解决，而不是致力于探索双向治理方案。

3. 工业部门

工业部门主要包括化工、钢铁、水泥、金属、纸张生产、矿物开采等行业。目前，工业部门的大气污染物治理举措主要是指通过发展新技术提高能效、降低碳强度、提高材料利用率和回用率等。而在减少温室气体排放方面，规模较大的工业生产大多依赖于来自发展中国家的能源密集型产业，而对应地，这些发展中国家的污染减排技术相对落后，存在较大的改进空间。例如，中国各省份的水泥行业，通过采用不同减碳技术所带来的空气质量协同效应差异较大。在社会经济水平更高的区域，空气质量受协同治理的成效更显著（Yang et al.，2013）。如果将空气质量协同效应一并考虑，会有效降低温室气体减排的社会成本。因此，识别区域协同的正面影响是优化现有工业部门协同治理政策效果的关键。

4. 居民部门

目前，世界各国正在通过一系列能源创新、能源替代项目推进居民部门的协同治理。居民部门包括供暖、照明、烹饪、空调、制冷和其他电器的使用等。其排放源头主要来自各类能源消耗，特别是使用燃烧效率低下的传统化石燃料和生物质燃料。改进炉灶、更换清洁化燃料、采用高效的照明技术，不仅可以削减温室气体排放，还可以缓解室内空气污染造成的居民健康风险（Smith et al.，2013）。这也是我国在居民部门实现大气污染与气候变化协同治理的一个主要途径，即通过“煤改电”“煤改气”等措施来淘汰居民端的散煤使用，改善家庭能源系统，同时减少因含碳量高的传统能源消耗而同时导致的高碳排放和高大气污染物排放。

（三）管理主体与职能

1. 管理职能与范围

目前，我国实行大气污染物与温室气体分部门管控的管理体制。国家发展和改革委员会（以下简称发改委）归口管理节能和温室气体减排工作，各有关部门分工负责；生态环境部主要负责污染物减排工作。虽然相关部门间具有相应的协调机制，但两个部门在制定政策、标准和采取监管措施等方面多从本部门职责出发，不容易统筹兼顾，在一定程度上影响了污染物减排与温室气体控制的综合效果。

2. 管理主体当前存在的问题

根据现行的应对气候变化和污染物减排工作相分离的管理体制，理论上应当充分发挥各部门优势、整合不同部门资源。但实际上，各部门优势发挥十分有限。如环保部门在污染物监测、统计、核算、排污权交易、监督执法等方面已有多年的工作基础，如果继续纳入CO_2，排放监管的边际成本相对较小。而若在发改委系统中另行开展温室气体核算、监管等方面工作，意味着要新建一套体系，必然带来人员、机构、运维等层面的成本增量。

管理部门优势资源缺乏有效利用，导致人力、财力等方面投入的消耗。例如，在制定治理目标和措施方面，相关部门间难以统筹协调导致减污和减碳工作相冲突的现象时有发生，一些污染物末端治理设施的使用也会增加温室气体排放。政府部门职能的分割，使协同管理和协同控制措施缺位，进一步影响了综合减排成效。

同时，由于国家层面的减污降碳约束性指标任务是被分解到各地方政府，并由地方不同部门负责落实，各地方产生温室气体和污染物的企业，每年需要同时应对来自不同部门的多项环境类考核评估，而不同的考核评估工作中包含大量相同或类似的检查、核算指标数据。污染物治理和温室气体控排中包含多项类似的核算、检查工作，这些工作的进行不仅给企业，也给管理部门施加了更多不必要的监管成本。

3. 建立统一管理体制

协同控制大气污染物与温室气体的排放是环境管理工作未来的趋势。统一的管理体制和不同管理主体之间的联动是保障协同治理工作顺利开展的基础。统一的管理体制，包括制定污染物与温室气体协同减排的统一规划、对策、政策工具和方法学，开展污染物与温室气体排放的统一监测、统一核算、统一考核、统一执法监管等。满足协同治理要求的管理体制，首先，需要统一制定的温室气体与污染物减排规划，在最初确定大气污染物削减目标时，应当充分考虑温室气体增减效果，反之亦然，既从源头上杜绝污染物与温室气体之间“此消彼长”的现象；其次，具体的监管对策包括了相关法规、标准、政策体系与技术方法，这一过程需要充分考虑污染物与温室气体减排的正向协同效应，加强减污和减碳效果俱佳的协同控制技术的研发推广；最后，要统一大气污染物与温室气体的监测、统计和考核体系，充分利用环境管理部门在环境监测、环境统计方面的基础设施和队伍建设等的工作基础，减少重复性工作，避免资源浪费，集中化管理团队在基层开展的评估、检查和督察工作，来提高行政效能。

三　治理路径区域属性比较分析

（一）大气污染防治的区域性

政策区域化指的是政策制定者根据需要治理的环境问题，确定以区域为主体边界的政策过程。例如，确立重点区域、试点区域等。政策区域化主要通过所划定的行政边界和范围，将属地管理与中央政策相结合，实现环境质量优化效果。

根据对大气污染物排放、时空分布等特征的分析可知，大气污染的治理，不仅关系环境问题本身，更是一个典型的跨区域、跨领域的公共治理问题，需要将区域战略深度发展结合政策演化。在我国，大气污染治理政策是在区域发展战略制定与政策体系区域化建设的背景下产生的。京津冀协同发展、粤港澳大湾区建设以及长江三角洲区域一体化发展等重大战略的相继实施，标志着我国区域经济发展模式进入新的时期，区域治理也在国家环境治理战略中扮演着越发重要的角色。

近年来，我国政府已经逐渐构建起大气污染治理的区域化政策体系。在政策背景上，得益于中央对环境污染问题的关注，区域性大气污染协同治理的思想在一系列政策中得以深入体现。在国家层面已经正式提出了建立区域大气污染联防联控机制①，《重点区域大气污染防治"十二五"规划》的提出则标志着以纵向协调和横向协商为主的区域性跨行政边界的协作机制成为大气污染治理的重要制度安排②，《大气污染防治行动计划》进一步加强了中央政府对于区域协同治理的支持力度，2014 年修订的环境保护法则将区域性协同治理机制上升到法律层面③，针对"蓝天保卫战"的行动计划进一步提出应当建立完善区域性大气污染防治协作机制④。除了将京津冀及周边区域的大气污染防治协作小组重新调整为防治领导小组，该政策还首次提出了要建立汾渭平原大气污染防治协作机制，将其纳入京津冀及周边区域

① 《关于推进大气污染联防联控工作改善区域空气质量的指导意见》（国办发〔2010〕33 号），http：//scitech. people. com. cn/n/2013/0218/c1007-20514753. html，2010 年 5 月 11 日。

② 《重点区域大气污染防治"十二五"规划》（环发〔2012〕130 号），http：//www. gov. cn/gongbao/content/2013/content_2344559. htm，2012 年 10 月 29 日。

③ 《中华人民共和国环境保护法》（2014 年修订版），http：//www. npc. gov. cn/npc/c10134/201404/6c982d10b95a47bbb9ccc7a321bdec0f. shtml，2014 年 4 月 24 日。

④ 《国务院关于印发打赢蓝天保卫战三年行动计划的通知》（国发〔2018〕22 号），https：//www. mee. gov. cn/ywgz/fgbz/gz/201807/t20180705_446146. shtml，2018 年 7 月 4 日。

大气污染防治领导小组统筹领导。

政策制定者通过区域设定、目标设置和工具设计等方式，对大气环境政策体系进行区域化设计。这不仅使大气污染治理工作目标更清晰、责任划分更明确，也有利于加强地方政府开展协同治理的政策依据，从而有效避免了组织内协调的风险，在一定程度上也能给予地方政府相应的国家政策和支持。例如，“蓝天保卫战”中所提到的“建立中央大气污染防治专项资金安排”“地方环境空气质量改善绩效联动机制”，与《大气污染防治行动计划》相比，更有效地加强了区域管理者开展大气污染防治工作的力度。

（二）温室气体减排的全球性

气候变化是全球性、系统性、长期性问题，温室效应的不断加剧严重影响着全球经济社会发展，对人类生存与发展形成严重危害。如何应对气候变化、实现管控气候风险，不仅是各国家和地区面临的共同难题，也是全球可持续发展的关键要求。在全球化浪潮下，温室气体减排、全球环境质量改进作为来自国际环境合作的产物，是一种典型的全球性公共物品，兼具非排他性和非竞争性（平新乔，2002），具体是指那些可以普遍帮助所有国家、人民和不同代际获益的最终产品。由于全球性公共物品的非排他性和非竞争性，加之温室气体在全球大气环境中均匀分布的理化属性，各利益主体都可以从其他国家环保举措中获利，而不愿意自己付出代价。

大气质量不仅是一种全球性公共物品，也是一种全球性公有资源。工业革命以来，随着全球经济的增长和城市的扩张，温室气体大量排放，传染病和全球性环境问题日益严重，人类生存空间受到威胁，大气环境容量被严重影响。受污染的大气环境资源更多地具有了非排他性和消费上的竞争性。因此，大气环境问题的治理还存在“市场失灵”。在缺乏国际合作的温室气体减排举措之下，广泛的“搭便车”行为损害了国际环境合作，阻碍了国际力量为改善环境所做出的努力。由于主权国家疆域范围划分，各国政府在全球应对气候变化问题中也蜕变成单个个体。温室气体排放导致的气候变化问题不能单纯依靠单个国家政府来完成，需要通过国际合作来得以解决（Karlsson et al.，2012）。

目前，国际层面减少温室气体排放的举措，重点在于通过机制设计来吸引更多国家参与合作，并确保稳定有效的合作。由于涉及多国和跨国界的合作，考虑到碳排放公共物品“搭便车”行为的普遍存在，国际气候变化谈判涉及各利益主体间复杂的博弈（余光英和祁春节，2010）。为此，制定全球层面的减排协议和应对气候变化的谈判应当包括一些共通的原则。一是应当在充分理解当前气候变化严重性、减排紧迫性的基础上，充分把握向低碳发展转型过程潜藏的机遇，以及伴随转型而来的创新、清洁的发展路径，从而加快推进全球向低碳经济转型；二是要通过深入了解各国家、地区与利益集团的诉求，平衡国际博弈过程，在气候谈判中推动建立战略合作机制，避免过高的谈判成本；三是通过制定实施机制，将全球减排与国内发展联系起来，准确定位国家行动与国际协议在解决全球气候变化问题上的作用，推动国际行动和协议之间的相互支持。

第四章 中国区域性减碳政策体系

人类活动导致的大规模气候变化是不可逆的。随着全球人口剧增、工业发展和经济水平的提升，在经历了上百年的工业化、砍伐森林、大规模的农业生产和化石燃料消耗之后，大气中以 CO_2 为主的温室气体的含量增长到前所未有的水平。温室气体排放总量骤增，进一步影响了粮食生产，海平面上升带来了洪灾的威胁。根据 IPCC 发布的第五次评估报告，1901—2010 年，全球气候变暖导致的冰川消融使海平面平均提升了 19 厘米。1979 年以后，北极海冰面积以每十年 1.07×10^6 平方千米的速度在持续缩小①。

自《京都议定书》签订以来，气候变化成为世界范围内的重要议题，减少温室气体的排放以应对气候变暖成为世界范围内的共识，各大经济体均提出碳减排、碳达峰乃至碳中和的目标，如美国、日本和欧盟提出 2050 年要达到碳中和。面对气候变化这一当今的重大全球性议题，需要通过减少 CO_2 排放遏制气候变暖，每个国家、民族和个人都应采取行动。

碳达峰是指 CO_2 排放量达到历史最高值，随后逐步回落。碳中和是指通过植树造林、节能减排等形式，抵消自身产生的 CO_2 或其他温室气体排放量，实现正负抵消，达到相对“零排放”。提出碳中和、碳达峰的本质都是为了完成减少碳排放量、减缓气候变化所设定的目标。

目前，我国是全球最大的碳排放国家，从新中国成立初期的 7858

---

① 《IPCC 第五次评估报告（AR5）：气候变化》，https：//www. ipcc. ch/languages-2/chinese/publications-chinese/，2013 年 9 月 27 日。

万吨，到 2020 年已达到 102.5 亿吨。作为一个负责任的大国，我国积极应对全球性气候变化问题。为了控制碳排放，“十一五”时期，我国政府就开始制定并完善减碳政策体系，“十二五”时期更是将单位国内生产总值 CO_2 排放量的降低作为约束性指标，纳入国民经济和社会发展纲要。2020 年 9 月，习近平在第七十五届联合国大会一般性辩论上宣布了我国的碳达峰、碳中和目标，积极应对全球性气候变化挑战，共促全球可持续发展。碳达峰、碳中和愿景的重要宣示不仅是加强生态文明建设的重要途径，也是我国履行大国责任、构建人类命运共同体的重大历史担当。本章将针对我国各级政府在“十一五”开始到 2021 年之间制定的区域性减碳政策体系以及我国在全球应对气候变化中所起到的引领作用，进行整理和分析。

第一节　区域性减碳机制分析

与大气污染物治理政策按区域进行设计的思路不同，以 CO_2 为代表的温室气体的减排，更侧重全球性、跨国界的协同治理。这是因为温室气体在排放、扩散、时空分布、治理机制方面的各类差异所致。但根本原因在于温室气体的全球性公共物品属性。

一　理论基础

CO_2 等温室气体的治理呈现广阔的空间特征，其扩散性更强、地理边界的间隔更弱，因此治理模式更强调跨省市、跨国界甚至全球性合作。从排放源上来看，温室气体与大气污染物具有同源性。化石燃料燃烧不仅带来了空气污染，同时也释放了大量温室气体。煤、石油、天然气等传统化石燃料在燃烧使用过程中会同时排放包括颗粒物、SO_2 等气体污染物和 CO_2 等温室气体。而在时空分布上，温室气体兼具代际延续性和区域扩散性，这导致全球温室气体浓度分布相对均衡，来自部分国家和地区的高碳排放会对全球大气环境都造成影响。作为一种长寿气体，CO_2 可以在大气中存留几百年。即使短时间内实现全球温室气体排放的大量削减，其带来的温升效应也将持续数十年甚至几个世纪，影响和减排效果的呈现均具有明显的代际性。同时，温室气体通过在大气中提高累积浓度加强了温室效应，造成全球性变暖，并不局限于在城市等小尺度空间造成明显的温室效应。同时，由于 CO_2 的全球输送性，全球温室气体浓度相对均衡，因此全球性、跨国界的减排协同才能有效控制温室气体浓度，这也突出了跨区域甚至全球碳交易的必要性。

二 区域属性

以 CO_2 为代表的温室气体治理不同于大气污染物治理的区域性特征，体现出更多的全球性、跨国别的区域属性。气候变化是全球性、长期性问题，温室效应严重影响全球经济社会发展，危及人类生存与发展。在全球化浪潮下，温室气体减排、全球环境质量改进作为来自国际环境合作的产物，是一种典型的全球性公共物品。由于公共物品兼具非排他性、非竞争性，同时也由于温室气体在大气环境中的均匀分布的理化属性，各利益主体都可以从其他国家环保举措中获利，而不愿意自己付出代价，这就造成了“搭便车”的普遍存在。

此外，大气环境质量不仅是一种全球性公共物品，也是一种全球性公有资源。在不断加剧的污染和温室气体排放之下，大气环境资源不再是无限度的污染接收方，更多地具有了非排他性和消费上的竞争性。因此，大气环境问题的治理还存在“市场失灵”，“搭便车”行为损害了国际环境合作，也阻碍了国际力量为改善环境所做出的努力。理论上，气候变化问题不能单纯依靠单个国家政府来完成，需要通过国际合作来得以解决。

三 基本路径

应对气候变化的政策制定很大程度上是对能源政策体系的重塑，控制温室气体的排放本质上是能源系统的转型。当前，在全球整体温室气体排放来源中，能源消耗活动产生的排放占主要部分。我国以煤为主的能源结构直接导致我国温室气体排放来自能源消耗排放的比例高于全球平均值。因此，目前技术和成本均具有可行性的温室气体削减路径要以减少化石能源消耗、发展可再生能源、提高能源利用效率为主。温室气体减排成果显著的国家和地区的先进经验表明，发展可再生能源是未来控制温室气体的主要路径。

与大气污染物相比，温室气体与产业、能源系统的联系更紧密，脱钩难度更大，其治理、削减对经济手段的依赖度更高，强调发挥源头管制、市场机制的力量。从产业结构上看，工业制造业多为能源消耗密集型产业，能耗高而温室气体排放量大；而新兴产业、高科技行业、第三产业对化石能源依赖度较低，对较清洁的电能依赖度高。由于全球气候变化议题的特殊性，目前减排成本低、经济效率高的碳排放配额交易等市场手段已经得到了世界各国和地区的广泛应用。我国在经历了多年碳排放权交易市场的区域试点之后，也于 2021 年正式迎来了全国统一的碳交易市场。

第二节 中国国家尺度减碳政策

我国减少碳排放相关的政策长期以来着力于节约能源和减少碳排放，其主题从“节能减排”逐渐演变为“低碳”发展并过渡到如今的“双碳”时代。从 1980 年《关于加强节约能源工作的报告》颁布开始，40 多年来我国“节能减排”政策体系不断进行改革和完善，从采取单一的行政命令控制手段到重视市场化调节机制的重要作用，在降低能耗、治理环境污染等方面取得了一定的成效。2010 年以后，随着我国碳排放权交易试点的展开，市场手段在我国减碳政策体系中的作用逐渐彰显。如今的“双碳”目标更是将减碳工作提升到了新高度，并将指导我国低碳经济发展战略转型的开展。

近年来，我国围绕碳达峰、碳中和所构建的应对气候变化政策体系不断完善，逐步涵盖了国家战略、区域规划、政策制度和社会参与等重要指导文件，并从产业、能源、交通、建筑、土地开发等领域布局，兼顾命令控制型、经济激励型政策手段两个层面。在本节综述部分，主要是从国家战略、政策制度和公民参与三个政策面向级别，以及产业、能源、交通、建筑、农林和土地利用这五大类政策涉及领域来分别梳理我国涉及应对气候变化、减碳、“双碳”目标的政策体系。

一 “双碳”目标下的“1+N”政策框架

我国政府早在“十一五”规划纲要中就提出了节能减排的工作方向。我国首次明确“双碳”目标是在2020年9月的第七十五届联合国大会一般性辩论上。习近平在会上提出，我国将力争于2030年前达到峰值，单位GDP的CO_2排放将比2005年下降60%—65%；2060年前实现碳中和的宏远目标。随着“双碳”目标的确立，我国政府在国家战略规划层面不断完善减碳政策体系，制定了2030年前应对碳达峰的行动方案，并在2025年、2030年等重大事件节点提出了清洁低碳战略转型的硬性指标，涉及碳排放总量、单位GDP碳排放强度、森林覆盖率、非化石能源消费占比等。“十四五”规划则提出单位GDP的CO_2排放量降低18%的目标，并要落实2030年应对气候变化国家自主贡献目标。2020年12月，中央经济工作会议将“做好碳达峰、碳中和工作”列入了2021年八项重点任务。碳达峰、碳中和正在从国家战略的层面成为中国现代化建设的核心议题。

《中共中央 国务院关于完整准确全面贯彻新发展理念做好碳达峰碳中和工作的意见》（以下简称《意见》）和《2030年前碳达峰行动方案》（以下简称《方案》），是2021年10月先后发布的关于我国“双碳”战略的顶层设计文件。我国当前的“双碳”工作将“1+N”政策体系确定为基本政策体系，而《意见》则是“1+N”中的“1”，是党中央对“双碳”工作进行的总体部署和战略谋划，在双碳“1+N”政策体系中发挥统领作用。此外，《方案》作为碳达峰阶段的总体部署，是“N”中首要的政策文件，其关注2030年之前碳达峰目标的实现，旨在将相关指标、任务更加细化、实化、具体化。

“1+N”政策体系的确立和完善是一个循序渐进的过程，在《意见》正式发布之前，我国政府在政策制定上经历了一段铺垫期，体现在各类国家级战略规划中对于减碳工作的安排。除“十四五”规划对碳排放削减所下达的指标要求以外，我国对于加强减污降碳工作协同在应对气候变化工作中的影响并为“双碳”目标提供支撑保障等方面也作出了相应规定[①]。本书附表 B-1 列出了部分我国政府在国家战略层面所制定的涉及减碳、“双碳”目标实现的政策条文。

作为“1+N”政策体系中最为提纲挈领的两项政策，《意见》和《方案》为之后国家战略层面的“双碳”政策文本提供了指导性方向。

（1）《中共中央　国务院关于完整准确全面贯彻新发展理念做好碳达峰碳中和工作的意见》[②]。

《意见》按照 2025 年、2030 年和 2060 年三个时间点，明确了三个阶段的目标。其中，2025 年是“双碳”目标奠定基础阶段，重在推动绿色低碳循环发展的经济体系初步形成，实现重点行业能源利用效率大幅提升；2030 年是碳达峰实现之年，工作方向在于经济社会发展全面绿色转型取得显著成效，重点耗能行业能源利用效率达到国际先进水平；2060 年是碳中和目标实现之年，重在全面建立绿色低碳循环发展的经济体系、清洁低碳安全高效的能源体系。同时，为实现三阶段任务，《意见》共部署了 31 项任务[③]。

（2）《2030 年前碳达峰行动方案》[④]。

《方案》是对于《意见》更为具体、更具实操性的任务部署。《方案》聚焦“十四五”“十五五”两个达峰关键期，提出了提高非化石能源消费比重、提升能源利用效率、降低 CO_2 排放水平等一系列目标。《方案》认为要将碳达峰贯穿于经济社会发展全过程和各方面，

---

① 《关于统筹和加强应对气候变化与生态环境保护相关工作的指导意见》（环综合〔2021〕4 号），https：//www. mee. gov. cn/xxgk2018/xxgk/xxgk03/202101/t20210113_817221. html，2021 年 1 月 11 日。

② 《中共中央　国务院关于完整准确全面贯彻新发展理念做好碳达峰碳中和工作的意见》，http：//www. gov. cn/xinwen/2021-10/24/content_5644613. htm，2021 年 9 月 22 日。

③ 这些任务涵盖了十个方面，分别是：推进经济社会发展全面绿色转型、深度调整产业结构、加快构建清洁低碳安全高效能源体系、加快推进低碳交通运输体系建设、提升城乡建设绿色低碳发展质量、加强绿色低碳重大科技攻关和推广应用、持续巩固提升碳汇能力、提高对外开放绿色低碳发展水平、健全法律法规标准和统计监测体系、完善政策机制。

④ 《国务院关于印发 2030 年前碳达峰行动方案的通知》（国发〔2021〕23 号），http：//www. gov. cn/zhengce/content/2021-10/26/content_5644984. htm，2021 年 10 月 26 日。

重点实施“碳达峰十大行动”①。十大行动涵盖“双碳”目标实现的不同行业、领域和途径，将总战略定性分解到不同领域，并对每个行业提出了阶段性的定量指标。例如，针对碳汇能力巩固提升行动，提出要“到2030年，全国森林覆盖率达到25%左右，森林蓄积量达到190亿立方米”。

作为全球面临的共同挑战，气候变化已经成为目前经济发展最大的外生因素，而中国“双碳”目标的提出，也将引领各经济实体进入崭新的发展阶段。当前，作为“1+N”政策体系的纲领性文件，《意见》和《方案》的发布为后续配套性政策实施细则的落地奠定了完备的基础。

二　国家层面减碳政策体系

（一）综合型政策

在国际层面为实现“双碳”目标所制定的战略规划的指导之下，近年来我国积极探索实现“双碳”目标的新途径，一系列实施细则陆续出炉。2021年2月，国务院发布《关于加快建立健全绿色低碳循环发展经济体系的指导意见》，绿色低碳循环发展经济体系的顶层设计道路的构建正式开启②。随后一批政策通过制定“双碳”目标下的新制度，促进“1+N”政策体系的完善，涉及低碳经济转型的多个纬度。例如，中国人民银行、国家发改委、证监会三部门联合印发《绿色债券支持项目目录（2021年版）》，为绿色债券的发行和金融机构相关业务的展开提供了更明确的依据。2021年5月，生态环境部发布的《关于加强高耗能、高排放建设项目生态环境源头防控的指导意见》提出要坚决遏制“两高”项目的盲目发展。同年6月，浙江正式启动了我国首个国家绿色技术交易中心，开启了我国绿色技术创新体系示范

① 十大行动具体包括：能源绿色低碳转型行动、节能降碳增效行动、工业领域碳达峰行动、城乡建设碳达峰行动、交通运输绿色低碳行动、循环经济助力降碳行动、绿色低碳科技创新行动、碳汇能力巩固提升行动、绿色低碳全民行动、各地区梯次有序碳达峰行动。

② 《国务院关于加快建立健全绿色低碳循环发展经济体系的指导意见》（国发〔2021〕4号），http://www.gov.cn/zhengce/content/2021-02/22/content_5588274.htm?pc，2021年2月22日。

性探索。7 月，全国性碳排放权交易市场正式上线，首批覆盖约 45 亿吨 CO_2 排放量，市场机制在碳排放削减、碳达峰推进中的作用不断强化。我国政策制度中的综合减碳政策体系见附表 B-2。

（二）市场机制型政策

《方案》提出“碳达峰十大行动”的重点任务，聚焦在能源消耗、工业制造、城乡建设、交通运输等几大重点领域，并提到了将为“双碳”工作提供完善的投融资支持。一是发挥政府投资引导作用，支持社会资本的广泛参与；二是要积极发展绿色金融，在信贷资源上进一步倾斜，特别是碳减排货币政策工具已经呼之欲出，支持商业银行和开发性政策性金融机构为绿色低碳项目提供长期低成本资金；三是财税价格政策的完善，绿色低碳产业和产品会得到进一步的税收优惠。同时，要充分发挥市场机制的效果。我国早在 2011 年便开启了区域性的碳排放配额交易试点，第一批试点区域包含北京、上海、天津、重庆、湖北、广东、深圳、福建八个省市。经过近十年探索，截至 2020 年 11 月，试点省市碳市场共覆盖钢铁、电力、水泥等 20 多个行业，接近 3000 家企业，累计配额成交量约为 4.3 亿吨 CO_2 当量，累计成交额近 100 亿元人民币，有效推动了试点省市应对气候变化和控制温室气体排放工作。2021 年 7 月，全国统一的碳排放配额交易市场正式上线，我国利用市场机制推进“双碳”目标实现往前迈进了一大步。我国政策制度中的市场层面减碳政策体系见附表 B-3。

（三）监督执法型政策

包括信息披露在内的监督执法层面的减碳政策是非常重要的机制安排。一方面，国家借监督执法手段帮助企业明确企业减排行动和对未来的预期。另一方面，企业借助监督执法相关的减碳政策体制了解自身在“双碳”背景下的竞争优势，实现更高质量的发展。同时，通过公众和各利益相关方的监督推动国家、区域层面的减碳运动往更为绿色、低碳、可持续的方向发展。2021 年 12 月，生态环境部印发的《企业环境信息依法披露管理办法》沿袭了我国过往针对环境督察、信息披露所设计的机制的特点，对于企业在碳排放信息披露的责任和义务做出了更有针对性的要求。例如，第 12 条中明确了企业年度环境信息依法披露报告应当包括以下内容：企业基本信息；企业环境管理信息；污染物产生、治理与排放信息；碳排放信息；生态环境应急信息；生态环境违法信息；本年度临时环境信息依法披露情况及法律法规规定的其他环境信息。我国政策制度中的监督执法层面减碳政策体系见附表 B-4。

（四）公众参与型政策

从社会层面讲，居民生活方式实现低碳化从而推进“双碳”目标的实现，是一场系统性的社会变革，需要从改变消费观念、鼓励全民行动、完善保障制度等多方面推进。目前我国构建的政策体系主要做法集中在鼓励公众参与，增强信息公开，增强社会的行动力。预计未来，政策体系的构建会更加关注劝说鼓励型政策手段，例如鼓励公众通过节约用电、垃圾分类、低碳出行等方式来改善行为方式，以低碳节约的方式来形成新的生活方式，或通过绿色低碳行动积分奖励等各种政策，探索全民参与下的碳中和城市建设模式。我国涉及公众参与的减碳政策体系见附表 B-5。

三　行业层面减碳政策体系

根据世界资源研究所的统计，中国碳排放主要来源于能源电力、建筑、工业、交通、农业、林业等领域，其中能源电力占比最大，为40%左右；其次是建筑领域，占比超 20%；工业生产、交通运输、农业领域各自占比在 5%—10%，这五大行业贡献了我国绝大部分的碳排放。在政策制定层面，我国重点关注产业结构调整和三大重点行业的低碳发展①。其中，产业结构调整重点从两个方向发力：一是严格压制高能耗高排放的产业项目，二是大力推进绿色低碳产业的发展。针对具体行业，《意见》重点选取了能源、交通、建筑三大行业阐述指导了低碳发展的方向与举措。而在减碳之外，《意见》也将碳汇作为重要的补充。本节对于减碳政策的梳理，将从产业、能源、交通、建筑、农林及土地利用这五个最主要的行业层面展开。

---

① 《关于完整准确全面贯彻新发展理念做好碳达峰碳中和工作的意见》，http：//www. gov. cn/xinwen/2021-10/24/content_5644613. htm，2021 年 9 月 22 日。

（一）产业领域

碳中和目标的实现离不开政策引导、支持，当前我国在绿色产业政策体系的构建方面仍处于初级阶段，目前碳达峰行动计划仍未出台，细分产业政策部署也较为零散，但是未来随着具体行动计划的落地，我国也会加快绿色产业政策体系的构建，各个细分领域政策的精细化程度也将进一步提升。未来，产业政策将有力地驱动低碳转型。

产业政策体系由纲领性政策和细分领域政策组成。纲领性政策从全局的角度出发对我国产业绿色、低碳发展的方向和目标进行规划和部署，细分领域政策则针对特定行业制订碳排放削减计划。党的十八大以后，我国开启了绿色产业政策的构建，但相应的政策体系构建仍处于初级阶段，尚缺乏统筹性行动计划，各细分产业的政策部署也较零散。目前，我国涉及减碳的产业领域的纲领性政策主要由“十四五”规划、《关于加快建立健全绿色低碳循环发展经济体系的指导意见》、《绿色产业指导目录（2019 年版）》等组成。我国在产业层面设计的减碳政策体系目前主要包括三个方面。第一，“十四五”规划中提出了低碳转型、改善环境、提升能效等绿色发展方式①；第二，《绿色产业指导目录（2019 年版）》是我国绿色产业发展的主要依据②；第三，2021 年 2 月，国务院指出要建立健全绿色低碳循环发展经济体系，从生产、流通、消费、技术、基础设施等多方面提出多个

---

① 具体来说，在绿色转型方面，提出要支持绿色技术创新，推进清洁生产，发展环保产业，推进重点行业和重要领域绿色化改造，推动能源清洁低碳安全高效利用，发展绿色建筑；在改善环境质量方面，提出开展污染防治行动，加强细颗粒物和臭氧协同控制，基本消除重污染天气，基本消除城市黑臭水体，推进化肥农药减量化和土壤污染治理，重视新污染物治理等；在提升生态系统质量和稳定性方面，强调山水林田湖草系统治理，开展生物多样性工程，开展湿地生态保护治理，开展大规模国土绿化行动等；在提升能效方面，提出实施国家节水行动，推行垃圾分类和减量化、资源化，构建废旧物资循环利用体系等。

② 2019 年 3 月，国家发改委等七部门联合印发的《绿色产业指导目录（2019 年版）》将绿色产业分为六大类别，该文件成为各地区、各部门明确绿色产业发展重点、制定绿色产业政策、引导社会资本投入的主要官方依据。

细分产业的纲领性要求[①]。本书附表 B-6 列出了近年来我国在产业领域实现碳达峰、碳中和所制定的部分政策。

（二）能源领域

能源结构调整是我国低碳转型的基础，利用可再生能源替代传统化石能源是实现“3060”目标的重要方式。据研究，中国的能源结构在“加速转型情景”下将发生颠覆性的变化：预计到 2050 年，中国的电能将占到终端能源消费比重的 53%，其中，92%的电能将来自以光伏、风电、氢能、核能等为主的低碳清洁能源[②]。能源领域的减碳政策主要关心限制化石能源和发展清洁能源。一方面，政策支持一批清洁能源产业发展，包括水电、风电、太阳能、核电、氢能、生物质能、地热、海洋能等；另一方面，对高排放、高耗能的行业制定控制型政策，以推动高污染行业落后产能淘汰退出或绿色转型，包括煤炭、冶炼、石化等。

当前，我国光伏、风电布局领先全球，未来将成为我国最主要的清洁能源。与其他清洁能源政策相比，在风电和光伏方面已经出台了具体的开发建设政策和工作方案：2019 年 5 月国家能源局对风电和光伏发电开发建设工作提出具体要求，推动风电和光伏发电产业进入高质量发展的新阶段[③]；2021 年 4 月“碳达峰、碳中和”目标首次被写进了推动风电、光伏发电项目的总体要求中[④]。本书附表 B-7 列出了近年来我国在能源领域实现碳达峰、碳中和所制定的部

---

① 2021 年 2 月，国务院印发《关于加快建立健全绿色低碳循环发展经济体系的指导意见》，指出要建立健全绿色低碳循环发展经济体系。该文件从生产、流通、消费、基础设施、技术几大方面入手，对工业、农业、服务业、绿色物流、资源回收、绿色产品、低碳生活、城镇环境基础设施等细分产业做出统筹安排。

② 《碳中和专题报告：梳理产业低碳转型的政策脉络》，https：//baijiahao. baidu. com/s? id=1711206937255134777&wfr=spider&for=pc，2021 年 9 月 18 日。

③ 《国家能源局关于 2019 年风电、光伏发电项目建设有关事项的通知》（国能发新能〔2019〕49 号），http：//zfxxgk. nea. gov. cn/auto87/201905/t20190530_3667. htm，2019 年 5 月 28 日。

④ 《国家能源局综合司关于对〈关于 2021 年风电、光伏发电开发建设有关事项的通知（征求意见稿）〉公开征求意见的公告》，http：//www. nea. gov. cn/2021-04/19/c_139890241. htm，2021 年 4 月 19 日。

分政策。

（三）交通领域

交通运输领域的碳排放占全国碳排放总量约15%，且该领域的碳排放量年均增速超过5%。作为碳排放的一个重要来源，推动交通运输领域做好“双碳”相关工作，是加速该行业绿色低碳转型的重要途径。交通运输领域的减碳政策体系设计主要包含三方面：一是结构型节能减碳；二是管理型节能减碳；三是技术型节能减碳。结构型节能减碳旨在优化交通运输结构，发挥不同运输方式的比较优势和组合效率；管理型节能减碳是指推动节能减排尤其是污染物防治的监管执法工作；技术型节能减碳主要是支持使用新能源、清洁燃料的交通工具，减少化石燃料驱动汽车，以及在交通运输领域推广其他低碳节能技术。相应地，我国绿色交通领域的减碳政策可分为结构优化型、约束管理型和技术支持型三种类型政策。考虑到“双碳”目标之下的经济转型，技术支持型政策是未来的主要方向，其中以新能源汽车为重点。财政补贴贡献了最主要的驱动力，税收也起到了重要辅助作用。在新能源汽车补贴退坡后，基础设施建设会是未来发展方向。本书附表B-8列出了近年来我国在交通领域实现碳达峰、碳中和所制定的部分政策。

（四）建筑领域

在国际层面，建筑领域的碳排放超过总量的1/3。根据《2020全球建筑现状报告》，2019年源自建筑运营的CO_2排放约达100亿吨，占全球能源部门CO_2排放量的28%。再加上建筑建造行业的排放，这一比例占到全球能源部门CO_2排放总量的38%。根据国际能源署（IEA）统计，居民和商用建筑的化石能源使用即直接碳排放占全球碳排放的9%，电力和热力使用即间接碳排放占19%，另外建材加工及建筑建造过程的碳排放占10%。欧盟及美国、英国、德国等均出台了相应的低碳发展政策和方案，在建筑领域实现超低排放甚至零排放是实现碳达峰的重要抓手。

在国内层面，近年来我国建筑行业的绿色化、低碳化发展正在稳步推进。随着《民用建筑节能条例》《绿色建筑行动方案》《建筑碳排放计算标准》等一批文件的出台，有力地推进了建筑领域绿色低碳的发展。但是，中国建筑领域碳排放的总量庞大，碳排放、来自建材运输、建筑施工、建筑运行和建筑拆除处置四个阶段，涉及建筑行业全生命周期。《中国建筑能耗研究报告（2020）》指出，2018 年建筑行业全生命周期碳排放占全国碳排放总量的 51%[①]。因此，在“双碳”背景下，建筑领域的碳达峰是实现整体碳达峰的关键一环。此外，建材生产和建筑运行阶段所占比例较大，分别为 28%和 22%，而施工阶段仅占 1%。因此，对于建筑行业，建材生产阶段和建筑运行阶段是建筑行业实现碳达峰的关键阶段[②]。

近年来，国家和多地政府纷纷出台发展引导政策，鼓励绿色、低能耗、低排放建筑的发展。2020 年 7 月，住建部等 13 个部门就绿色建设项目和智能建设做出相关规定[③]。同一时间，住建部等 7 部门明确了未来建设中的绿色建筑面积占比，要求提高建筑能效水平并广泛应用绿色建材[④]。2021 年 1 月，住建部决定在湖南省、广东省深圳市、江苏省常州市开展绿色建造试点，促进建筑业转型升级和城乡建设绿色发展。多省出台了绿色建筑相关政策要求，引领建筑领域向绿色低碳的方向发展。未来，需要进一步完善政策体系和管理措施，通过政策引导逐步推进建筑领域实现碳减排。本书附表 B-9 列出了近年来我国在建筑领域实现碳达峰、碳中和所制定的部分政策。

---

① 《中国建筑能耗研究报告（2020）》，https：//www. cabee. org/site/content/24020. html，2021 年 1 月 4 日。

② 《建筑领域碳达峰碳中和的实现路径》，http：//www. ceh. com. cn/syzx/1429958. shtml，2021 年 11 月 8 日。

③ 《关于推动智能建造与建筑工业化协同发展的指导意见》（建市〔2020〕60 号）提出，“实行工程建设项目全生命周期内的绿色建造，推动建立建筑业绿色供应链，提高建筑垃圾的综合利用水平，促进建筑业绿色改造升级”，http：//www. gov. cn/zhengce/zhengceku/2020-07/28/content_5530762. htm，2020 年 7 月 3 日。

④ 《绿色建筑创建行动方案》（建标〔2020〕65 号）提出，“到 2022 年城镇新建建筑中绿色建筑面积占比达到 70%，既有建筑能效水平不断提高，装配化建造方式占比稳步提升，绿色建材应用进一步扩大”，http：//www. gov. cn/zhengce/zhengceku/2020-07/24/content_5529745. htm，2020 年 7 月 15 日。

（五）农林及土地利用领域

根据世界资源研究所（WRI）的调查，2017 年能源活动排放量占全球温室气体总排放量的 73%，其中农业活动排放占 11.8%，土地利用变化和林业排放占 6.4%，工业生产过程排放占比为 5.7%，废弃物处理排放占 3.2%。虽然农业、林业、土地利用等部门的碳排放占比目前较小，但其碳减排涉及的因素却更为复杂。这些部门不仅包含最易遭受气候变化影响的产业，同时也是温室气体排放的重要来源。

实现“双碳”的路径通常包括以下几方面。一是能源结构、产业结构转型，确定针对重点行业的减污降碳目标，提升产业能效。二是制订碳定价机制，实施碳税、碳交易市场政策体系，发展绿色低碳经济。三是从生物质能碳捕集与封存（BECCS）、生物炭、直接空气捕捉等方面开展负排放技术的创新突破，加快推进规模化储能、氢能源、碳捕集与封存（CCS）等技术的发展和商业化应用等。除了上述三点，更为重要的方面是要调整土地利用政策。土地利用方式不同、植被不同，陆地表面的碳汇也将随之发生巨大变化。作为陆地生态系统重要的碳汇，相比其他的陆地生态系统，森林系统能够更高效地吸收、固定和贮存 CO_2。林业碳汇在应对全球气候变化方面的作用十分突出。

我国在利用农、林等生态资源实现减碳方面持续推进，党的十九大后政策力度不断加大。2021 年国务院办公厅印发的《关于科学绿化的指导意见》对我国未来退耕还林还草、合理安排绿化用地等工作做出了详细安排①。未来，随着我国固碳技术的进一步提高，减碳政策的不断深化是大势所趋。本书附表 B-10 列出了近年来我国在农林及土地利用领域实现碳达峰、碳中和所制定的部分政策。

---

① 具体包括 14 项工作，涵盖了科学编制绿化相关规划、合理安排绿化用地、合理利用水资源、科学选择绿化树种草种、规范开展绿化设计施工、科学推进重点区域植被恢复、稳步有序开展退耕还林还草、节俭务实推进城乡绿化、巩固提升绿化质量和成效、创新开展监测评价。

第三节 中国省级尺度减碳政策

2021 年下半年以来，省级“双碳”行动方案经历了一个密集出台的时期，其中能源结构、工业转型、科技创新、生态碳汇等均为地方关注重点。2022 年 1 月，中共河北省委、省政府出台了《关于完整准确全面贯彻新发展理念认真做好碳达峰碳中和工作的实施意见》，这是全国首个在省级层面发布的“双碳”实施意见。原则上，省级层面的政策体系设计应当与中央战略保持一致，例如吉林、江苏等省份均已明确将采用“1+N”型减碳政策体系。但考虑到现实因素，不同省份减排压力差异较大，后续各地政策发布的节奏可能也会有较大差异，更侧重突出地方特色。对于我国省级尺度的减碳政策体系的构建，各地政府将从社会经济现状、工业化程度和资源禀赋、能源结构、生态碳汇分布等本省现状出发，因地制宜地制定合乎本省（市）可持续发展需求的减碳政策。

一 省级行政区域减碳政策体系

（一）华北、华东地区：清洁能源替代石化能源

1. 华北地区

华北地区各省份历来是我国主要煤炭生产地区。2020 年我国煤炭年产量共计 38.44 亿吨，其中山西、内蒙古、陕西三省份贡献了最多的煤炭产量，分别占全国总量的 27.66%、26.04% 和 17.68%，合计占比超过 60%，如图 4-1 所示。

煤炭作为一种化石燃料是碳排放的主要能源来源，在“双碳”目标的大背景之下，作为煤炭输出重点区域的华北地区，便成为我国传统能源产能结构调整的首要阵地。在“双碳”背景下，华北地区在“十四五”时期发展的重点任务是实现“双碳”目标，加快传统能源结构的改革，并推进煤炭安全高效开采和清洁高效利用。我国华北地区“十四五”时期减碳政策见附表 B-11。

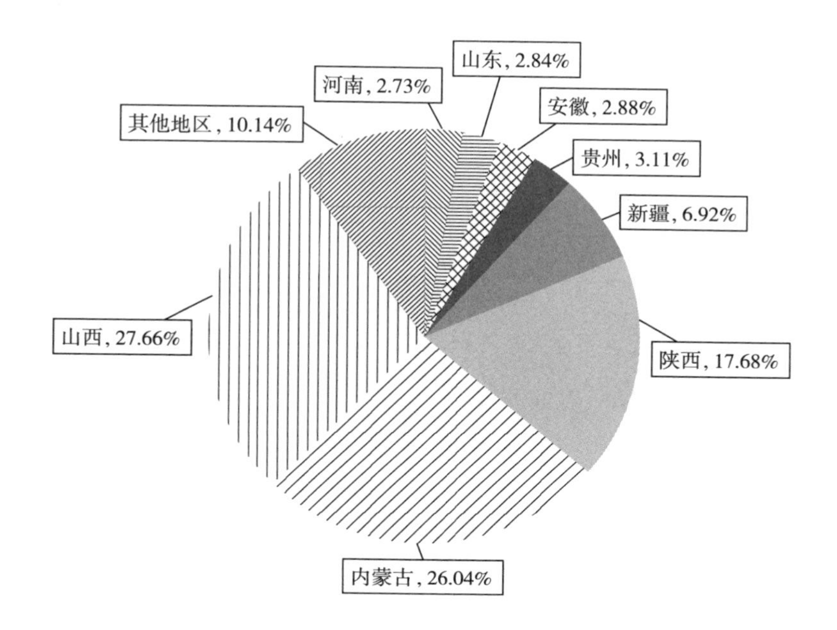

图 4-1　2020 年我国煤炭产量各省份占比

资料来源：《2021 年 31 省市碳达峰、碳中和政策汇总及解读》，https：//mp. weixin. qq. com/s/PXe8rZ_F791SsDrMnno2gw，2021 年 7 月 15 日。

2. 华东地区

华东地区包括上海、江苏、浙江、安徽、江西、福建、山东七个省份。作为我国综合技术水平最高的经济区，华东地区的环境条件优越，自然资源丰富，产业门类齐全。轻工、机械、电子等产业在全国占主导地位。铁路、水运、公路和航运四通八达，也是中国经济、文化最发达地区。但经济发达的背后意味着高占比的能源消耗，根据 2020 年《中国能源统计年鉴》所披露的相关信息，2019 年华东地区总能源消费占比达 29. 69%，是我国七大地区中能源消费量最多的地区，如图 4-2 所示。

为了迎合“3060”的“双碳”目标，华东地区各省份出台的“十四五”规划目标主要提到了要加快新能源对传统石化能源的结构替代，提高非化石能源比重。例如，山东省的“十四五”规划目标是打造山东半岛“氢动走廊”，加快氢能源的发展。安徽、浙江等省份更是在“十四五”规划和2021年重点工作任务中对非石化能源替代以及装机量提出了明确的量化目标。我国华东地区“十四五”时期减碳政策见附表B-12。

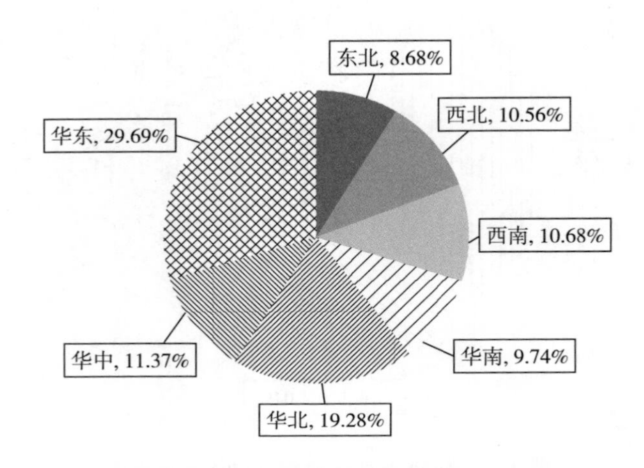

图4-2 2019年我国能源消费各省份占比

资料来源：《中国能源统计年鉴》(2020)。

（二）华中、华南地区：产业与能源结构双优化

1. 华中地区

华中地区包括河南、湖北、湖南三个省份。国土总面积约56万平方千米，占全国国土总面积的5.9%。华中地区位于中国中部、黄河中下游和长江中游地区，海河、黄河、淮河、长江四大水系从该区域流过，其自然资源丰富，水陆交通便利。华中地区地理位置优越，资源丰富，工厂分布也较为广泛，是我国重要的建材生产区域，这造成其碳排放压力也比较大。根据中国碳排放交易网公布的2013年各地试点数据来看，湖北省的碳排放权交易总额为七个试点地区之中最高的，约为16.88亿元，如图4-3所示。

为了落实“双碳”目标，华中地区各省在政策行动上通过积极调整优化产业结构和能源结构，推动国家碳达峰行动方案的落实。我国华中地区“十四五”时期减碳政策见附表B-13。

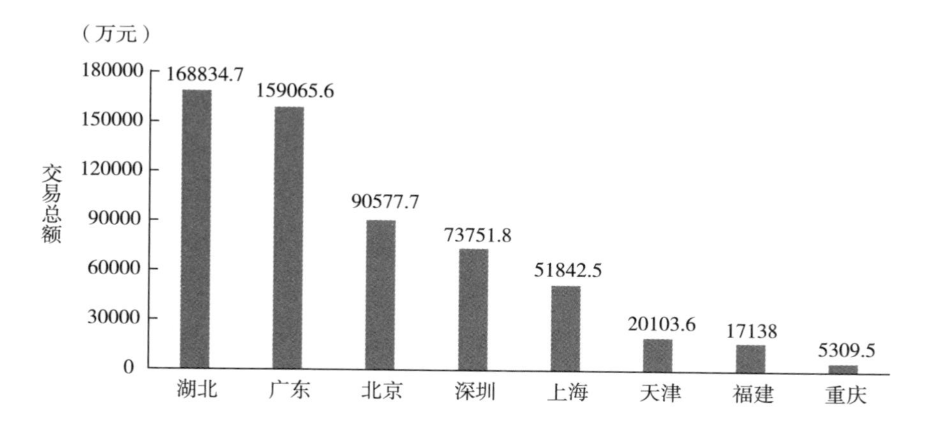

图 4-3　我国碳排放交易市场试点以来交易总额

资料来源：中国碳排放交易网。

2. 华南地区

华南地区包括广东省、广西壮族自治区、海南省、香港特别行政区以及澳门特别行政区。华南地区是我国制造业发达区域，拥有众多制造加工厂商以及电子设备厂商，并且广东省是我国首批七个碳排放交易试点区域中碳排放权交易总额仅次于湖北的省份，因此，有较大的节能减排需求。另外，由于华南地区紧邻我国南海，海上资源丰富，发展风能、海洋能和太阳能的自然条件优越。因此，在华南地区"十四五"发展目标和2021年重点工作任务中提及的关于节能减排的方向主要是开发利用沿海资源来大力推进发展清洁能源、推动传统产业生态化绿色化改造等。我国华南地区"十四五"时期减碳政策见附表B-14。

（三）西北、西南地区：发展新能源电力项目建设

1. 西北地区

西北地区包括新疆维吾尔自治区、宁夏回族自治区和甘肃省的西北部。西北地区居于我国西北部内陆，土地广袤、干旱缺水、风沙较多，这就造成了该区域生态脆弱、人口稀少、矿产资源丰富而开发难度较大等特点。此外，西北地区国际边境线漫长、平均海拔较高。由于我国西北地区的这些地理特点，其白天日照充足，常年降雨较少，

风沙较多且地势较广，不利于电网的铺设，反而非常有利于开发光伏、风电项目，因此历来是我国清洁能源建设的示范地区。相比于其他区域，我国西北地区“十四五”规划目标旨在大力推进开发新能源的同时，还积极布局电网的深入覆盖。我国西北地区“十四五”时期减碳政策见附表 B-15。

2. 西南地区

西南地区包括重庆市、四川省、贵州省、云南省、西藏自治区共五个省级行政区。西南地区位于长江中上游，覆盖云贵高原和青藏高原南部，在发展水力发电和光伏发电以及风力发电有较好的自然条件。西南地区各省“十四五”规划目标也主要围绕着水电、风电等新能源发电项目。其中，云南和西藏等省份更是在 2021 年工作任务中直接提出了相关项目的建设要求和目标。我国西南地区“十四五”时期减碳政策见附表 B-16。

（四）东北地区：能源替代与建设绿色工业园区

东北地区是我国传统工业发展地区，东北地区的工业带主要包括沈大工业带、长吉工业带、哈大齐工业带三个。围绕工业带形成了辽中南城市群、哈长城市群两大城市群，其主要工业城市有沈阳市、大连市等。尽管在 20 世纪 90 年代末，受到产能过剩等因素的影响，东北重工业产业有所衰落，但目前东北地区省份仍然是我国工业大省，其坐拥鞍钢、沈阳第一机床厂和大庆油田等工业能源大厂，因此东北的能源消耗和碳排放问题也较为严重。结合区域发展特性，东北地区各省“十四五”规划目标和 2021 年重点工作任务以发展能源替代和建设绿色工业园区为主。我国东北地区“十四五”时期减碳政策见附表 B-17。

二 跨区域碳排放权交易政策

随着“双碳”目标的提出，作为低碳发展战略中市场机制重要一环的碳排放权交易也逐渐受到我国市场的关注。2021 年 7 月 16 日，全国统一碳排放权交易市场正式启动，此后，在部分区域试点多年的碳排放权交易从局部试点地区正式推向全国范围，这无疑给众多市场主体带来了更多期待。此后，国家层面政策文件多次强调大力推广碳排放权交易，还提出了自愿减排量抵消、碳排放权期货交易等未来的发展方向。在此之前，区域碳市场的试点源于国家发展改革委于2011年10月发布的《关于开展碳排放权交易试点工作的通知》。北京、天津、上海、重庆、湖北、广东和深圳七家区域碳市场于2013年陆续启动。2016年，福建和四川也启动了本省内碳市场试点的建设。

目前，我国碳排放权交易政策包含强制排放配额交易和自愿减排量交易。国家或地方政府通过立法的方式明确温室气体排放总量，并据此确定纳入减排规划的各排放单位年度排放量，之后发放排放配额。为了避免针对超额排放的行政处罚或罚款，排放配额不足的企业可自主决定是否向拥有多余配额的企业购买。这种为了达到法律强制减排要求而产生的交易为强制减排交易（以下简称“排放配额交易”）。而基于企业的社会责任、品牌形象、资产筹划管理等方面的考量，市场主体自愿进行的排放配额或自愿减排量交易，是自愿减排交易（以下简称“自愿减排交易”）。这两种交易类型在我国均已制定了相应的政策。

（一）碳排放配额（CEA）

1. 理论基础

碳交易通过市场机制助力碳中和目标实现。在碳排放权交易系统下，控排企业每排放一吨 CO_2，就需要一个单位的碳排放配额（Chinese Emission Allowances，CEAs），而这些碳排放配额可以通过政府分配或者在碳交易市场上购买获得。作为连接实体经济和虚拟资本的桥梁，碳交易通过市场交易机制实现碳资产优化配置，从而低成本、有效地减少温室气体的排放，助力碳中和目标的实现。

此外，三大补充性碳交易市场机制成为国际碳交易机制的基础。2005年《京都协议书》提出了强制减排目标和三种补充性碳交易市场机制。

（1）国际排放贸易机制（IET）：发达国家之间通过交易、转让排放额度，超额排放国家可以通过从节余排放配额的国家购买多余排放额度来履行减排义务。

（2）联合履约机制（JI）：发达国家之间通过项目产生的排减单位（ERU）交易和转让，帮助超额排放的国家实现履约义务。

（3）清洁发展机制（CDM）：发达国家通过资金支持或者技术援助等形式，与发展中国家建立减排项目的开发与合作联系，用来替代本国内较昂贵的减排支出。这些来自其他国家的减排项目对应减排量被核证后，就称为核证减排量（CER），可抵减一定比例的本土碳排放义务。

2. 区域试点交易时期（2011—2021 年）

（1）政策设计。

2011 年 3 月，中央政府首次提到了要建立国内碳排放权交易市场①。2011 年 10 月 29 日，北京市、天津市、上海市、重庆市、湖北省、广东省及深圳市七省市的碳排放权交易试点工作被正式提出②。2013 年年底，北京市、天津市、上海市、广东省及深圳市相继开展了碳排放权试点交易，2014 年 4 月湖北省试点交易启动，6 月重庆市试点交易启动。除首批试点地区以外，国内陆续还有其他省市建立了区域碳排放权交易市场，如 2016 年 12 月 22 日福建省启动碳排放权区域交易。

各碳排放权交易试点省市除了出台地方性规定，还分别建立了区域碳排放交易所，并通过交易所规则对各试点地区的碳排放权交易模式进行明确。在 2021 年之前尚未建立全国统一碳交易市场的背景下，各地交易所规则也纷纷创新，在减排义务主体、交易主体、交易标的、配额发放、履约处罚等方面，均有不同实践。

我国各试点省市碳排放配额交易基本情况如表 4-1 所示。

---

① 《中华人民共和国国民经济和社会发展第十二个五年规划纲要》提出，“为控制温室气体排放，需建立完善温室气体排放统计核算制度，逐步建立碳排放交易市场”，http：//www.gov.cn/zhuanti/2011-03/16/content_2623428.htm，2011 年 3 月 16 日。

② 《关于开展碳排放权交易试点工作的通知》（发改办气候〔2011〕2601 号），https：//www.ndrc.gov.cn/xxgk/zcfb/tz/201201/t20120113_964370_ext.html，2011 年 10 月 29 日。

表 4-1　　各试点省市碳排放配额交易基本情况

试点省市	交易启动时间	交易机构名称	排放配额简称
深圳市	2013. 06. 18	深圳排放权交易所	SZA
上海市	2013. 11. 26	上海环境能源交易所	SHEA
北京市	2013. 11. 28	北京绿色交易所	BEA
广东省	2013. 12. 16	广州碳排放权交易所	GDEA
天津市	2013. 12. 26	天津排放权交易所	TJEA
湖北省	2014. 04. 02	湖北碳排放权交易中心	HBEA
重庆市	2014. 06. 19	重庆碳排放权交易中心	CQEA
福建省	2016. 12. 22	海峡股权交易中心	FJEA

资料来源：笔者整理。

（2）交易流程。

各试点省市碳排放配额交易的基本流程如图 4-4 所示。

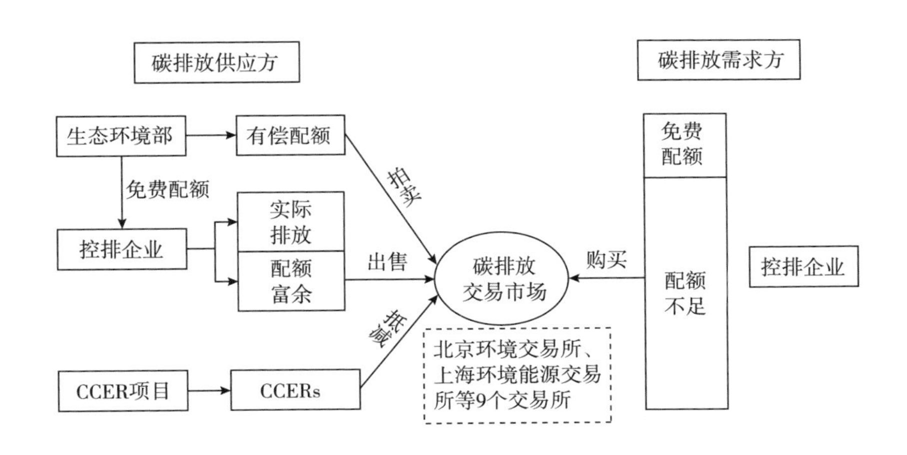

图 4-4　各试点省市碳排放配额交易的基本流程

试点地区政府主管部门确定碳排放强度控制目标并设立年度碳排放总量控制目标，计算年排放量配额总量；将年度碳排放量达到一定规模的重点排放单位纳入排放配额管理范围；政府主管部门综合考虑重点排放单位的碳排放历史水平、行业特点及其他因素，确定并向重点排放单位发放一定数量的排放配额；一个履约年度届满，重点排放单位应向政府主管部门报告其当年度碳排放数据；政府主管部门可指定第三方机构对该数据进行核查确认；在确认该重点排放单位当年的碳排放量后，其应提交与其碳排放量相等的排放配额完成其履约义务，排放配额不足的，可通过排放配额交易机制购买，排放配额有结余的可卖给配额需求方。

3. 全国统一排放配额交易市场时期（2021 年以后）

（1）政策设计。

2011 年 10 月以来，在北京、上海等地开展的碳排放权交易区域试点工作，在多年试点的基础上取得了很多经验。2020 年 12 月《碳排放权交易管理办法（试行）》的提出正式对全国碳排放配额交易及相关活动进行了规范，从此全国性碳市场的建设有了总体指导意见①。目前，只有发电行业被纳入了全国统一碳排放配额交易市场的重点排放单位，预计未来行业覆盖范围还将继续增加。在第一个履约周期内，全国碳市场纳入发电行业重点排放单位 2000 余家，年覆盖约 45 亿吨 CO_2 排放量（董战峰等，2021）。中国的全国碳市场一经启动就成为全球覆盖温室气体排放量规模最大的碳市场。

当前，我国碳交易标的主要由碳排放配额（CEA）和国家核证自愿减排量（CCER）组成。其中，碳排放配额的交易主要针对排放量较高的大中型企业，国家根据其碳排放情况向其分配碳排放配额，盈余的碳排放配额可以作为商品在高排放企业间流通，实现碳排放的合理分配，激励高排放企业减排。自愿减排交易市场主要针对低排放企业，低碳企业通过向有关部门提交自愿减排交易申请 CCER 项目，获得核证减排量 CCER，在强制性配额市场和自愿减排量市场的联动下，CCER 可换算成 CEA 在碳排放交易所中进行交易。

（2）管理体系。

在碳排放交易的地域限制被打破的同时，碳交易的统一性、流动

---

① 《碳排放权交易管理办法（试行）》，http://www.gov.cn/gongbao/content/2021/content_5591410.htm，2020 年 12 月 31 日。

性和灵活性也增强了。目前，全国性碳交易市场由上海环交所负责交易系统建设，湖北武汉是全国碳排放权交易市场的登记和结算中心。在全国碳排放交易市场推进并最终落地的过程中，多地地方政府也相应出台了促进碳排放交易的政策。如 2020 年 6 月天津出台《天津市碳排放权交易管理暂行办法》，从碳排放配额管理、碳排放的检测、报告与核查、碳排放权交易、监管与激励等方面对碳排放市场制定了较为详细的政策规定，上海、天津、湖北、重庆等地也均在 2021 年政府工作报告中提及要加快碳排放交易。

考虑到部分省市已经开展了多年的碳排放交易试点，《碳排放权交易管理暂行条例（草案修改稿）》明确，在正式条例颁布及施行之后将不再新设地方性碳排放权交易市场，此前已存在的试点交易市场将被逐步纳入全国碳市场。同时，已纳入全国碳市场交易主体范畴的重点排放单位不再参与地方相同温室气体种类和相同行业的碳排放权交易市场。目前我国针对统一的碳排放配额交易市场所制定的政策体系，见附表 B-18。

4. 政策效果评价

2013 年以来，试点地区的碳排放权交易积累了大量市场经验，并促进了相关方法学、交易系统、交易规则的完善，同时催生了一批第三方专业服务机构。而通过履约和交易等手段，推动重点排放单位强化对履行减排义务的意识，让越来越多的参与方认识到碳的市场价值，为全国统一交易市场的形成奠定基础。2020 年我国碳排放权交易成交量排名前三的省份为广东、湖北、天津，分别为 1948.86 万吨、1421.62 万吨、520.27 万吨。截至 2021 年 6 月 3 日，碳排放权交易累计成交量最高的三个区域为湖北、广东、深圳，成交量分别为 7827.65 万吨、7755.13 万吨、2708.48 万吨；其中，湖北占 32.46%，广东占 32.16%，深圳占 11.23%。

全国碳交易启动后，中国有望超过欧盟成为全球最大碳市场。根据 ICAP 统计，2021 年全球 24 个在运行的碳市场配额总量约 88.03 亿吨，其中预估的我国碳市场配额量全球最大，超过 40 亿吨，占比 45.44%；欧盟 16.10 亿吨（18.29%）、韩国 6.09 亿吨

(6.92%)、加州 3.208 亿吨 (3.64%)[①]。而在全国碳市场交易首日，市场成交碳排放配额 410.40 万吨，成交金额 2.10 亿元。开市首日成交活跃，随后的成交热度有所下降，9 月中上旬的日均成交量降至 1 万吨以下。截至 2021 年 9 月 30 日，全国碳市场累计成交碳排放权配额 1764.90 万吨，累计成交金额 8.00 亿元[②]。

总体来看，在全国碳交易市场政策框架初步建立的基础上，当前市场的价格发现机制作用开始显现。随着碳市场第一个履约周期顺利收官，履约完成率达 99.5%，进一步促进了企业减排温室气体和加快绿色低碳转型。未来，随着除电力以外的其他高排放行业被陆续纳入交易范围，全国碳市场可交易的配额总量将会进一步增长。

(二) 自愿减排量 (CCER)

自愿减排量交易指的是在强制配额交易以外的非强制碳排放权交易。一方面，自愿减排量可以抵消一部分所需配额，帮助排放单位履约；另一方面，自愿减排量交易可以帮助市场主体提升品牌形象，优化碳排放水平。自愿减排量的交易品种包括国家核证自愿减排量 (Chinese Certified Emission Reductions, CCER) 和适用于其他标准的自愿减排量 (VER)。CCER 为对碳排放配额交易的补充：企业根据自身意愿和生产规划实施清洁项目建设，削减温室气体，获得核准减排凭证。自愿减排的企业可以通过交易 CCER 实现项目增收，减排成本高的企业可以通过购买其他企业盈余的碳排放交易权配额或 CCER，以最低成本完成减排目标。CCER 参与碳排放配额交易的原理如图 4-5 所示。

---

① 国际碳行动伙伴组织 (ICAP)：《全球碳市场进展 2021 年度报告》，https://wenku.baidu.com/view/573c27dd9dc3d5bbfd0a79563c1ec5da50e2d604.html，2021 年 3 月。

② 资料来源于各碳排放权交易中心。

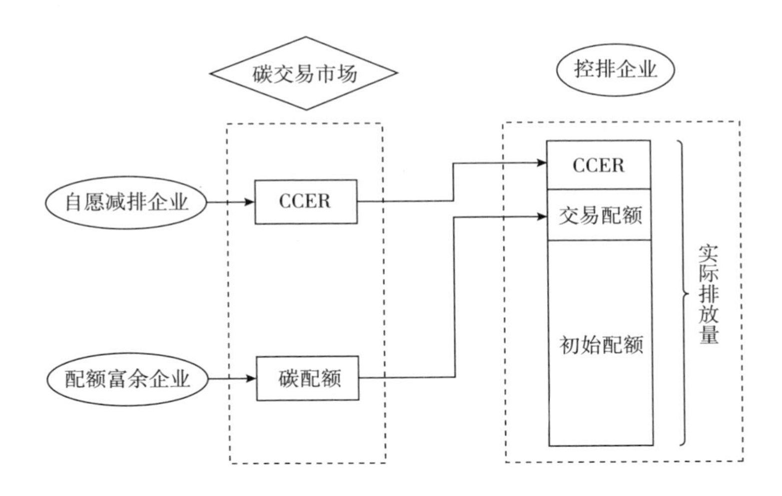

图 4-5　CCER 参与碳排放配额交易原理

1. 政策设计

2012 年 6 月，国家发改委发布了《温室气体自愿减排交易管理暂行办法》（以下简称《暂行办法》），并初步建立了 CCER 的管理和交易规则。这是我国首次出台有关自愿减排交易的政策。根据《暂行办法》，CCER 产生于备案的自愿减排项目，即项目取得备案后，通过定期对实际产生的碳减排量进行技术核查，报主管部门申请签发 CCER，获批后，签发的 CCER 及其交易将在登记簿中进行登记。《暂行办法》发布后，国家发改委批准了一批自愿减排量项目备案，并签发相应的 CCER，国内碳交易试点地区的交易所均开展了 CCER 交易。表 4-2 从政策设计上比较了我国主要的两类碳排放权交易类型。

表 4-2　我国两类碳排放权交易机制对比

交易类型	性质	政策依据	内容
碳排放权配额交易	强制	《碳排放权交易管理暂行办法》	国家发改委在确定国家及各省、自治区和直辖市的排放配额总量的基础上，由省级发改委免费或有偿分配给排放单位一定时期内的碳排放额度，并由各个试点地区的交易所自行制定交易规则

续表

交易类型	性质	政策依据	内容
核证自愿减排量（CCER）交易	自愿	《温室气体自愿减排交易管理暂行办法》	（1）参与自愿减排交易的项目应经有资质的审定机构审定，并向国家发改委申请自愿减排项目备案 （2）经备案的自愿减排项目产生减排量后，应经有资质的审核机构核证，而后再向国家发改委申请减排量备案 （3）经国家发改委备案的自愿减排量即为 CCER

资料来源：笔者整理。

2. 交易流程

CCER 完成交易的全部流程为：申请 CCER、项目开发前期评估、项目开发及获得减排量签发。

项目开发前期评估是指：①评估该项目是否符合国家主管部门备案的 CCER 方法学的适用条件；②评估该项目是否满足额外性论证的要求。CCER 的方法学用于规定如何确定项目基准线、论证额外性、计算减排量和制定监测计划。其中，确定基准线和额外性为两大核心要点。基准线是指在该项目不存在的情况下产生的、由人类造成的、温室气体排放的基准场景。额外性是指 CCER 项目克服了之前存在的技术、融资等方面的障碍，实现了低于基准线水平的排放量。温室气体排放量的减少就是该项目的减排效益。

CCER 的开发流程主要包含 6 个步骤。分别为：项目文件设计、项目审定、项目备案、项目实施与监测、减排量核查与核证、减排量签发。项目设计文件的编写需依据国家发改委网站公布的填写指南。经过审核后，项目将在国家主管部门进行备案。国家主管部门会委托专家进行评估，评估时间不超过 30 个工作日；然后主管部门对备案申请进行核查，核查时间不超过 30 个工作日（不含专家评估时间）。经备案的 CCER 项目产出减排量后，项目业主需将减排量备案申请函、监测报告及减排量核证报告交由国家主管部门进行减排量申请，主管部门会委托专家进行技术评估，评估时间不超过 30 个工作日；然后主管部门对碳减排备案申请进行审查，审查时间不超过 30 个工作日（不含专家评估时间）。

3. 政策效果评价

在试点时期，不同试点省市纷纷出台 CCER 交易政策，并设置抵消机制，即允许重点排放单位每年使用 CCER 抵消一定比例的排放配额的清缴。在该过程中，全国各试点市场的抵消比例最高为 10%。附表 B-19 列示了 CCER 交易试点时期各试点区域的抵消规则限制。可以看出，在 7 个主要试点省市中，除了对抵消比例的限制在 5%—10%，对于区域的限制多集中于“不得使用其排放边界范围内的 CCER 抵消”，但需尽量使用试点地区所在省市或周边省市的 CCER 进行抵消。对于 CCER 来源的项目类型，大多试点地区考虑到项目开发可能对生态环境造成的负面影响因此都排除了水电行业的 CCER，并鼓励使用来自可再生能源、新能源、清洁交通、生态碳汇等项目创造的 CCER 进行抵消。

国内自愿减排量交易市场设立之初，就为《京都议定书》阶段大批在联合国清洁发展机制中注册的 CDM 项目设置了另一种交易路径。在国际 CER 价格一路下跌已经无法成为企业收益来源的前提下，申请国内的 CCER 成为值得考虑的选择之一。而随着国内排放配额试点交易的展开，CCER 抵消机制、愿意履行低碳承诺企业的购买意愿，均进一步激发了 CCER 交易的活跃。

4. 政策现状

或许是出于稳定市场价格、严格项目管理的目的，国家发改委于 2017 年 3 月暂停了自愿减排量项目的备案及 CCER 签发，截至 2021 年年底尚未正式恢复。CCER 交易的引入，为我国在区域试点时期的碳市场建设贡献了积极力量。2013—2017 年中国碳排放权交易量呈上行趋势，但因 2017 年我国政府暂停了对 CCER 项目的备案申请，成交量减半，直至 2020 年才回升至原有水平。

CCER 的签发和交易，可以加强碳交易市场的流动性，并提高非重点排放单位参与市场交易的积极性。理论上，由于 CCER 仅可用于抵消机制或非强制性减排，所以价格通常较配额交易低一些。目前，上海环交所已经出台了《关于全国碳排放权交易相关事项的公告》，规定了碳排放配额的相关交易规定，而对于国家级核证自愿减排量，截至2021年年底，有关部门还没有出台关于其在全国性碳交易市场的全部交易细则。

（三）政策发展评价

1. 技术体系有待完善

目前在我国，碳排放权交易体系下的交易品种主要包括排放配额、自愿减排量。和土地、水等自然资源不同，碳排放权的产生有赖于技术机构和权益签发机构对“减少温室气体排放量”指标的确认。因此，与减碳相关的方法学、审定、核证方法、项目监测办法、签发规则等，均需要依托于成熟的技术规则。这也是未来我国政府继续完善碳市场建设政策体系的方向。

2. 参与主体范围需要逐渐放宽

根据《碳排放权交易管理规则（试行）》，全国碳排放权交易市场的交易主体为重点排放单位和符合国家有关交易规则的机构与个人。这就为个人和非重点排放单位的参与留出空间。全国统一市场启动后，除发电企业被首批纳入重点排放单位以外，交易所并未开放个人及其他机构的开户及交易。理论上后期应逐步放宽市场参与主体的准入，扩大市场参与主体的数量。

3. 需要稳定的政策体系和法律依据

我国对于清洁发展机制的建立的政策依据是国际公约。由于公约的生效和适用依赖于缔约国的数量和履约意愿，因此当缔约国由于国内经济形势下滑、政党更迭等原因不再有强烈的履约意愿时，将导致公约履约机制的不稳定。

而建立国内碳排放权交易机制，也应保持政策的长期稳定。目前，我国碳排放权交易机制的建立采取了由点及面的方式，先通过若干试点地区的交易积累经验，再发展全国统一市场，搭建整体交易体系；在交易品种、减排量核查和签发、抵销、履约等方面，也通过试点地区的实践积累了经验。但目前碳排放权交易的立法层级仍仅停留在部门规章层面，后续可考虑提升立法层级，以夯实碳排放权交易机制对低碳经济发展的重要作用。

第五章 《大气污染防治行动计划》的效果及影响因素研究

第一节 理论框架

一 区域大气污染防治的机制

区域大气污染防治的机制往往要以三个维度上加以分析，即层级关系、激励模式和作用范围。从层级关系来看，分为纵向的央地关系和横向的区域主体间关系。激励模式则分为以市场为主的经济手段和以行政为主的命令控制手段。在作用范围的划分上，则形成宏观政策指导和微观主体行为改变两个不同导向。

（一）层级关系：垂直管理与横向合作

垂直管理的特点，是在中央政府设立区域机构以实现区域合作，中央作为主导者而地方政府作为追随者（Zhao et al.，2013），其本质是通过央地关系发挥作用，由中央政府主导环境治理。在横向机制下，区域大气污染防治主体间自发实现合作（Zhou et al.，2019b）。相对而言，纵向的区域大气污染防治机制借助于明确的行政指令，往往能够迅速建立；而横向区域大气污染防治机制需要经过更长时期的相互磨合方可稳定下来。

（二）激励模式：行政手段和市场手段

命令控制手段和市场手段的激励方式和成效虽有差异，但二者经常配合使用。行政命令手段往往是区域大气污染防治政策建立的基石，为排污权等市场手段的建立提供前提。区域大气污染防治框架稳定后，经济激励手段会发挥越来越重要的作用，谋求减排成本的最小化和地区间利益的最大化，以提供大气污染物减排的持续动力。

（三）参与主体：政府与企业

发生于宏观层面的区域大气污染防治机制，通过诸如法律法规和产业结构调整等政策因素发挥作用。这些政策最终通过作用于微观企业来实现企业排污行为的改变，表现为企业的末端治理技术改造和全过程污染控制。同时，企业采用的技术和能源也是微观层面的因素，在由宏观机制向企业减排的微观机制传导过程中，由于受到行业类别、企业个体特征、地区环境管制等诸多因素带来的不确定性影响，可能产生宏观机制和微观机制之间的差异性。

二　区域大气污染防治机制的融合

图 5-1 显示了区域大气污染防治机制的交叉融合。

中央与地方政府的关系是我国产业政策发挥作用的关键（Chen，2016）。基于环境库兹涅茨曲线，随着 GDP 增长污染物排放量将呈现出减少的趋势。表现在产业结构上，降低第二产业增加值占 GDP 的比重，可以显著降低氮氧化物（NO_x）和二氧化硫（SO_2）的污染（Li et al.，2020c）。此外，产业政策也使产业结构在各区域、各行政区的分布发生改变，实现工业的绿色发展。

在横向关系之下会衍生出市场手段和控制命令手段。市场手段包括环境税和排污权交易等。污染物排放是典型的地方性控制命令手段，其修订可以显著减少污染物排放（Yuan et al.，2017）。无论是哪种手段，都受到政策执行效率的影响，因而同区域内各行政区的环境执法能力有关。

产业政策、以环境税为代表的市场手段和以环境标准为代表的控制命令手段都是宏观层面的政策作用机制。从工业污染源的角度来看，微观层面的大气污染减排机制包括技术创新和能源改进两个方面。

包括污染物削减技术和生产工艺在内的技术创新是减少空气污染的重要途径（Zheng et al.，2020）。能源改进体现在两个方面：一是能源消费量，减少能源消费量造成大气污染物排放的下降；二是能源结构，清洁能源比重增加的能源结构会降低大气污染物排放。

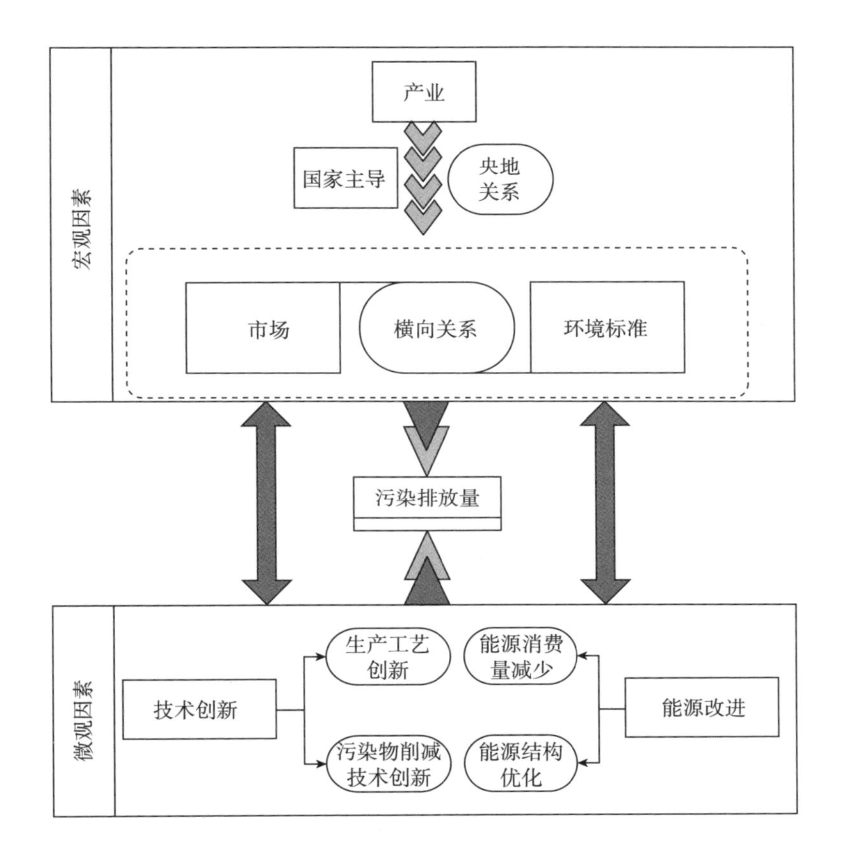

图 5-1 区域大气污染防治机制的融合

第二节 数据和方法

一 研究区域

2013 年 9 月，中国开始实施《大气污染防治行动计划》，并划定大气污染防治的重点区域，包括 3 大区域、10 个省级行政区：

（1）京津冀及周边区域：北京市、天津市、河北省、山西省、内蒙古自治区、山东省；

（2）长三角区域：上海市、江苏省、浙江省；

（3）珠三角区域：广东省，重点为广州市、深圳市、珠海市、佛山市、江门市、肇庆市、惠州市、东莞市、中山市 9 个城市。

本书也将这 10 个省级行政区作为研究对象，对比与其他非区域性大气污染防治行政区污染物减排的差异。

二　变量选取

本书采用 PSM-DID 方法，对 2006—2018 年数据情况较好的全国 30 个省级行政区开展分析。根据前述区域大气污染防治的机制，总结出影响因素，包括产业政策、市场手段、命令控制手段、技术创新和能源改进，如表 5-1 所示。

表 5-1　　大气污染区域联防联控影响因素

大气污染防治影响因素	指标	预期影响	《大气污染防治行动计划》政策相关规定
区域大气污染防治	DID	重点区域内行政区比其他行政区大气污染物排放量下降更显著	第 8 条：建立区域协作机制，统筹区域环境治理
产业政策	实际 GDP；工业增加值占比	随工业绿色化推进，GDP 和工业增加值占比越高，大气污染物排放量越低	第 2 条：调整优化产业结构，推动产业转型升级 第 5 条：严格节能环保准入，优化产业空间布局
市场手段	环境税征收率	环境税征收率越高，大气污染物排放量越低	第 6 条：发挥市场机制作用，完善环境经济政策
命令控制手段	污染物排放标准	污染物排放标准越严格，污染物排放量越低	第 7 条：健全法律法规体系，严格依法监督管理
技术创新	污染物削减率	污染物削减率越高，技术越创新，大气污染物排放量越低	第 3 条：加快企业技术改造，提高科技创新能力
能源改进	能源消费量	能源消费量越小，能源越改进，大气污染物排放量越低	第 4 条：加快调整能源结构，增加清洁能源供应

针对识别出来的区域大气污染防治影响因素，构建研究变量的指

标体系。

（1）产业政策：利用国内生产总值（GDP）和工业增加值占比分别衡量经济增长与工业发展对大气污染物排放量的影响。工业增加值占比（IP）由下式求得：

$$IP=\frac{IAV}{GDP} \tag{5-1}$$

式中，IAV 表示工业增加值。

此外，第三产业占比（TIP）可以表征产业结构的转变情况，由下式求得：

$$TIP=\frac{TAV}{GDP} \tag{5-2}$$

式中，TAV 表示第三产业增加值。

（2）市场手段：由于排污权交易在中国尚处于试点阶段，本书选择环境税政策反映市场手段。环境税的政策设计侧重于税率制定，政策执行则侧重于税额征收。为兼顾这两类因素的共同影响，本书采用环境税征收率表征市场手段。公式如下：

$$LR_{GAS}=\frac{TAX_{GAS}}{E_iR_i} \tag{5-3}$$

式中，LR_{GAS} 表示大气污染物环境税征收率；TAX_{GAS} 表示大气污染物环境税实际征收额（元）；E_i 表示主要污染物 i 的排放量（吨/年）；R_i 表示污染物 i 的环境税税率（元/吨）。从排放量来看，中国的主要大气污染物 i 为 SO_2、NO_x 和颗粒物。

（3）命令控制手段：本书选取各省实际执行的污染物排放标准（二级标准）的排放上限来反映命令控制手段的强度，排放上限越高，则命令控制手段越宽松。由于中国规定各地可以在国家污染物排放标准基础上制定更为严格的排放标准，本书对于制定污染物排放标准的省级行政区则适用本地污染物排放标准。

（4）技术创新。本书选取污染物削减率来反映污染物减排技术是否得到创新。污染物削减率的计算公式如下：

$$AR_i=\frac{A_i}{P_i} \tag{5-4}$$

式中，AR_i 表示污染物 i 的削减率，A_i 表示污染物 i 的削减量（吨/年），P_i 表示污染物 i 在未进入污染治理设施前的产生量（吨/年）。

（5）能源改进。在过去的几十年里，中国以煤炭为主的能源结构没有发生明显的变化（Luan et al.，2021）。因此，本书选取能源消耗量反映能源改进。

（6）财政收入和财政支出。公共财政平衡和环境公共物品的提供之间存在一定的权衡取舍，反映出公共财政同环境污染之间的相关性。但也正因如此，公共财政收入和财政支出对污染物排放的影响存在复杂性（Carratu et al.，2019），本书将其作为控制变量加入模型。

以上变量均为省级数据，这是因为中国区域性大气污染防治机制集中于省级，尚未建立市级层面的区域性大气污染防治激励机制和规范性框架（Wang and Zhao，2021）。变量如表 5-2 所示。

表 5-2　　变量说明

变量名称	含义	单位	数据来源
E_{NOx}	NO_x 排放量	吨	中国统计年鉴
E_{SO2}	SO_2 排放量	吨	中国统计年鉴
GDP	国内生产总值	亿元，1996 年不变价	中国统计年鉴
IAV	工业增加值	亿元，1996 年不变价	中国统计年鉴
IP	工业增加值占比	/	中国统计年鉴
TIP	第三产业增加值占比	/	中国统计年鉴
EC^a	地区能源消费量	吨标准煤	中国能源统计年鉴
AR_{SO2}	SO_2 削减率	/	中国环境年鉴
AR_{NOx}	NO_x 削减率	/	中国环境年鉴
LR_{GAS}	大气污染物环境税征收率	/	中国环境年鉴、中国统计年鉴
S_{SO2}	SO_2 排放标准	毫克/立方米	中国大气污染物综合排放标准和各省份排放标准

续表

变量名称	含义	单位	数据来源
S_{NOx}	NO_x 排放标准	毫克/立方米	中国大气污染物综合排放标准和各省份排放标准
REV	一般公共预算收入	亿元	中国统计年鉴
EXP	一般公共预算支出	亿元	中国统计年鉴

注：a：由于工业能源消费量数据不可得，且地区工业能源消耗与地区能耗密切相关，故在此使用地区能源消耗量。

三 模型设定

根据中国2006—2018年的国家环境规划，主要控制的大气污染物仅为SO_2和NO_x，将这两种污染物的排放量分别作为因变量，通过其年度变化情况衡量《大气污染防治行动计划》对区域大气污染防治的效果。

双重差分法（DID）通过寻找适当的控制组，可以用于分析环境政策目标实现情况。DID的反事实逻辑成立的基本前提是处理组如果未受到政策干预，在政策实施前后应遵循平行趋势，这样才能用控制组来控制时间效应。《大气污染防治行动计划》及其考核办法对重点区域设置了更为严格的考核目标，因而可以将重点区域作为处理组，而非重点区域作为控制组。在回归模型中，存在随时间变化的不可观测因素，因此许多面板数据在政策实施前因变量都不遵循平行趋势，目前文献中主要用倾向得分匹配（Propensity Score Matching，PSM）来应对这一问题。这一做法减少了处理组和控制组之间未观测到的差异，使处理组与控制组彼此之间更加相似，因此限制了未能观测到的时变混杂因子对因变量的影响（Heyman et al.，2007）。虽然匹配法操作简单，但该方法并不能完全保证平行趋势假定的成立，相应估计的有效性也值得怀疑（Xu，2017），在倾向得分匹配后仍然必须对DID模型进行平行趋势检验。

设定E_i表示污染物SO_2或NO_x的排放量，组别虚拟变量$TREAT_i=1$表示区域大气污染防治的重点区域，$TREAT_i=0$则表示非重点区域。处理时间虚拟变量$YEAR_t=1$和0，分别表示《大气污染防治行动计划》实施后（2014—2018 年）和实施前。假设随机变量之间存在线性关系，双重差分的基本模型一般设定为：

$$E_{it}=\alpha_0+\beta_t \cdot TREAT_i \cdot YEAR_t+\gamma \cdot Z_{it}+\delta_t+f_t+\varepsilon_{it} \tag{5-5}$$

式中，$TREAT_i \cdot YEAR_t$ 是反映在年份 t 样本组个体 i 是否为《大气污染防治行动计划》涉及的重点区域；Z_{it} 包括其他解释变量与控制变量；δ_t 表示时间固定效应；f_i 表示个体固定效应；ε_{it} 表示随机扰动因素；系数 β_t 的估计量即政策效应。式（5-5）设为模型（1）。

污染物排放量与财政收入的关系比较复杂：财政收入的增加可以带来环保投入增加和环境监管能力提升，从而降低污染物排放量；同时，在特定历史阶段，污染物排放量的增加也可能意味着经济增长，进而带来财政收入增加。如表 5-3 所示，格兰杰因果检验结果也反映了这种双向因果关系的存在，对于任意的排放量和财政收入，两者都呈现出互为格兰杰因果关系的情况。为避免由此导致的回归模型的内生性，本书对一般公共预算收入采用了一阶滞后处理（*L1_revenue*）。

表 5-3　　　　格兰杰因果检验结果

原假设	Z 值	p 值（针对 Z 值）	$\hat{z}$ 值	p 值（针对 $\hat{z}$ 值）
REV 不是 E_{SO2} 的格兰杰原因	26.7784	0.0000	9.2529	0.0000
E_{SO2} 不是 *REV* 的格兰杰原因	7.6218	0.0000	1.8795	0.0602
REV 不是 E_{NOx} 的格兰杰原因	23.9427	0.0000	14.0417	0.0000
E_{NOx} 不是 *REV* 的格兰杰原因	16.2859	0.0000	9.3336	0.0000

注：为了确保结果的可靠性，使用标准化统计量 Z（适用于样本量和时间期数足够大的数据）和最大标准统计量 $\hat{z}$（适用于样本量较大但时间期数较小的数据）分别进行检验。

（一）基本模型和稳健性检验

在模型（1）中，$TREAT_i \cdot YEAR_t$ 为 DID 变量，Z_{it} 包括核心变量 *GDP*、*IP*、*LR*、AR_i、*EC* 和 *Si*，以及控制变量 *REV* 和 *EXP*。在模型（1）的基础上，将 *IP* 替换为 *TIP*，得到模型（2），以检验产业转型的效果。将模型（1）中的 *GDP* 换成 *IAV*、*IP* 换成 *TIP*，得到模型

(3)，以探讨工业和第三产业的共同效果。进一步，在模型（1）的基础上剔除10%的样本量，得到模型（4）。模型（2）至模型（4）由于只涉及特定变量的替换和样本量改变，模型基本形式与模型（1）保持一致，因此不再列出。

（二）归一化模型

为了进一步比较区域大气污染防治的影响因素对 SO_2 和 NO_x 的减排效果，在模型（1）—模型（4）的基础上，对非百分比的数据进行了离差标准化的归一化处理，方法如下：

$$X^* = \frac{X - X_{min}}{X_{max} - X_{min}} \tag{5-6}$$

式中，X 表示回归模型中所有非百分比的变量；X_{max} 表示变量的极大值；X_{min} 表示变量的极小值；X^* 表示变量归一化处理结果。

应用这种方法对原始数据进行了线性变换，使结果映射在了［0，1］区间，不会改变回归的显著性结果，仅使非百分比类型的数据在两种污染物之间具有了可比性。

（三）安慰剂检验

为保证DID分析的可靠性，从所有30个省份中随机抽取与区域大气污染防治重点区域数目相等的样本进行500次空间安慰剂试验。用模型（1）的DID变量替换，绘制出500个随机样本的回归结果系数。这样一来，就有可能确定回归的结果是否由于缺失变量的影响而成为“偶然结果”（Yu and Zhang，2021）。

（四）异质性分析

为了分别对重点地区和非重点地区主要工业大气污染物排放量的影响因素进行探究，考虑面板数据模型中的混合回归模型、固定效应模型和随机效应模型，构建模型（5），回归方程如式（5-7）所示：

$$E_{it} = \alpha_0 + \beta_t \cdot Z_{it} + \delta_t + f_t + \varepsilon_{it} \tag{5-7}$$

式中，Z_{it} 包括核心变量 GDP、IP、LR、AR_i、EC 和 Si，以及控制变量 REV 和 EXP。不可观测变量 δ_t、f_i 若与回归自变量相关，则为固定效应模型，否则为随机效应模型。

第三节　实证结果

一　描述性统计

变量的描述性统计如表 5-4 所示。可以看出，2006—2018 年，工业 SO_2 的平均削减率达到 64.5%，是工业 NO_x 平均减排率的 2.7 倍。

表 5-4　各变量描述信息统计

变量	观测数	平均值	标准差	最小值	最大值
GDP	390	13429.88	11699.26	515.8375	60953.17
IAV	390	5393.109	4946.852	204.3382	23772.02
SO_2	390	537413.8	385803.8	1553.746	1687000
NO_x	390	406776.8	302259.6	12000	1273603
IP	390	0.3878721	0.0857242	0.0727543	0.5303612
TIP	390	0.4394544	0.1015035	0.2810533	0.88209
EC	390	13514.27	8338.897	920	40581
REV	390	1366.557	1260.106	34.05546	7377.036
EXP	390	2460.203	1723.262	137.2977	9585.529
AR_{NOx}	390	0.2405418	0.2452345	0	0.9193624
AR_{SO2}	390	0.645452	0.2152086	0	0.9942298
LR	390	0.580236	0.3245687	0.1037607	2.797442
S_{SO2}	390	911.5385	180.0405	20	960
S_{NOx}	390	1322.308	286.0776	100	1400

从图 5-2 可以看出，在《大气污染防治行动计划》实施前，重点区域 SO_2 和 NO_x 排放量均值始终高于非重点区域。而自 2014 年起，重点区域污染物排放量表现出更大的降幅，与非重点区域污染物排放量的差距急剧缩小，反映出《大气污染防治行动计划》在区域大气污

染防治上取得了预期效果。

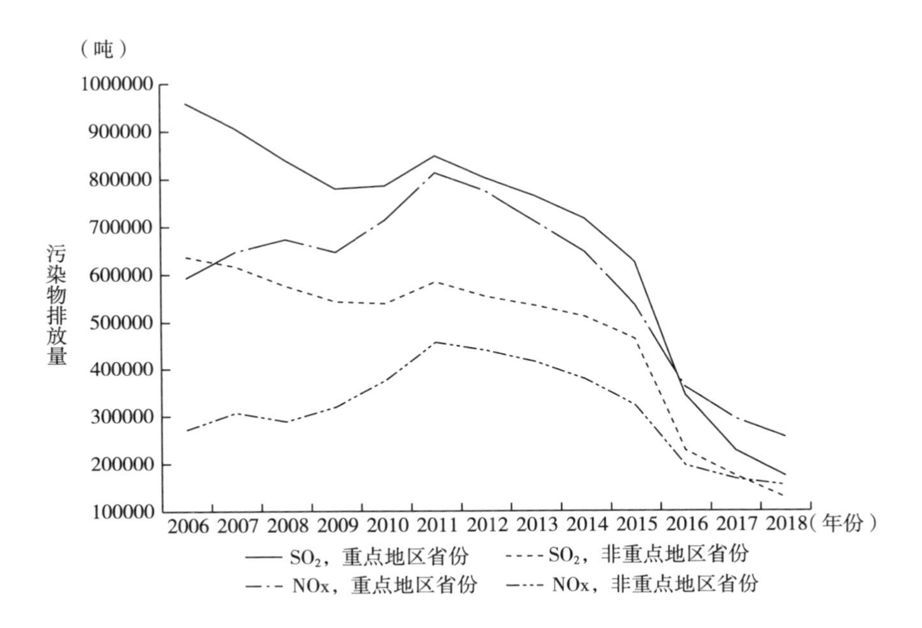

图 5-2 2006—2018 年重点地区与非重点地区污染物平均排放量

二 倾向得分匹配

政策选择的重点地区与污染物排放量间并不是独立的，会导致模型函数形式设定偏误（FFM）类型的内生性。通过将重点区域与非重点区域匹配，PSM 理想地创建了一个处理过的和未处理过的在控制变量集上相似的观察样本，从而最小化实施政策和控制变量之间的相关性，并减少 FFM 的影响。面板 PSM 匹配一般有两种方法，截面 PSM 匹配和逐周期 PSM 匹配，也有一些学者在此基础上开发了更复杂和特殊情况下使用的 PSM 匹配方案。

截面 PSM 匹配在面板数据上存在很多问题，比如样本缺失匹配的问题，这使最终的回归结果混合了大量的时间趋势信息。而采用逐周期匹配可以有效消除该方法引起的“自匹配问题”。

但逐期匹配会导致缺失变量与内生变量的失配，从而削弱系数估计的准确性。此外，对照组的不稳定性也会导致部分匹配偏移。本书在尝试了逐期匹配后，结果显示造成了严重的不稳定性，对照组的匹配样本急剧减少。这将导致个体固定效应的估计出现偏差，最终影响DID模型的有效性。因此，在本书中，我们不得不放弃逐期匹配，而采用横截面匹配。但是我们鼓励未来的研究者在样本允许的情况下尽可能地使用逐周期PSM匹配，以规避面板数据的自匹配现象。

在本书中，采用“一对一”匹配的PSM方法，匹配过程使用加权不重复最近邻（Nearest-Neighbor without Replacement）算法，并采用Logit模型作为估计ATE的模型，匹配半径为0.05，不允许重复匹配。最终选取的协变量为GDP、IP、LR、AR_i、EC、S_i，对$i=SO_2$和$i=NO_x$分别进行匹配，得到的PSM结果如表5-5所示。

表5-5　　　　工业污染物排放量PSM结果

变量	是否匹配	均值		t检验		标准化偏差（%）	标准化偏差降幅（%）
		处理组	对照组	t值	p>t		
SO_2							
GDP	匹配前	20671	9809.2	9.6	0	91.8	
	匹配后	15101	15258	-0.12	0.902	-1.3	98.5
EC	匹配前	19579	10482	1.83	0.068	115.8	
	匹配后	16504	16252	0.24	0.807	3.2	97.2
LR	匹配前	0.63	0.55	2.56	0.011	25.1	
	匹配后	0.62	0.55	-0.30	0.762	-3.5	85.9
AR_{SO2}	匹配前	0.67	0.62	2.2	0.029	24.7	
	匹配后	0.65	0.63	0.93	0.356	11.5	53.2
IP	匹配前	0.40	0.37	3.07	0.002	31.7	
	匹配后	0.40	0.41	-0.99	0.326	-13.4	57.7
S_{SO2}	匹配前	845.08	944.77	-5.33	0	-49.6	
	匹配后	848.16	842.45	0.15	0.878	2.8	94.3
NO_x							
GDP	匹配前	20671	9809.2	9.6	0	91.8	
	匹配后	13445	15370	-1.7	0.091	-16.3	82.3

续表

变量	是否匹配	均值		t 检验			
		处理组	对照组	t 值	p>t	标准化偏差（%）	标准化偏差降幅（%）
EC	匹配前	19579	10482	11.83	0	115.8	
	匹配后	14786	15859	-1.19	0.235	-13.7	88.2
LR	匹配前	0.63	0.55	2.56	0.011	25.1	
	匹配后	0.67	0.63	0.8	0.426	11.6	53.8
AR_{NOx}	匹配前	0.26	0.22	1.67	0.096	17.9	
	匹配后	0.23	0.23	0.13	0.899	1.9	89.6
IP	匹配前	0.40	0.37	3.07	0.002	31.7	
	匹配后	0.3928	0.4046	-0.16	0.869	-2.5	92.2
S_{NOx}	匹配前	1217.7	1374.6	-5.28	0	-49.3	
	匹配后	1256	1315.4	-1.16	0.249	-18.6	62.2

匹配后全部变量的标准化偏差小于10%，且t检验的结果不拒绝处理组与对照组无系统差异的原假设。这说明匹配后协变量是平衡的，PSM改善了原数据的共同趋势，进而提升了DID结果的可信度。

三 平行趋势检验

构建每个年份的虚拟变量与处理组的交互项，并将在互相项加入方程进行回归，得到SO_2和NO_x排放量的平行趋势检验结果，将政策实施前后三年数据分别纳入并行趋势检验。将交互作用项$TREAT_{ij} \cdot YEAR_t$引入E_{SO2}和E_{NOx}的并行趋势检验，得到的结果如图5-3所示。在10%的显著性下，在区域大气污染防治机制实施之前，重点地区和非重点地区省份之间没有观察到E_{SO2}或E_{NOx}的差异。随着该政策的实施，重点地区省份的污染物排放已经显著减少。这表明本书的DID模型是可行的。此外，重点区域在污染物的排放量上呈现出不显著正相关，说明在政策实施前的重点地区可能相较于非重点地区有更大的污染物排放量，进而间接说明了NO_x排放量在处理组中减少的情况是区域大气污染防治机制导致的。

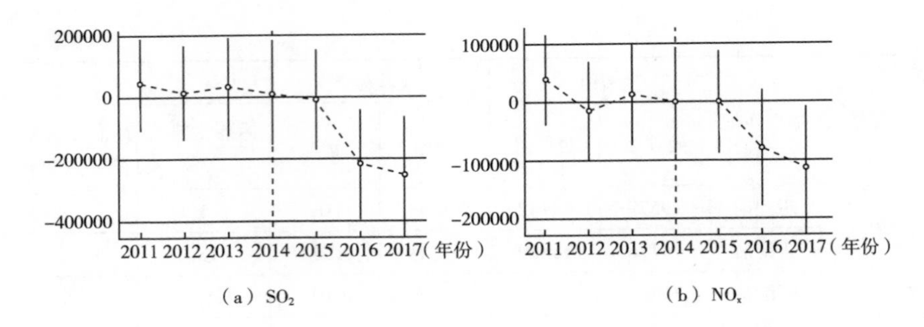

图 5-3 污染物排放量的平行趋势检验

四 DID 结果及稳健性检验

重点区域 SO_2 和 NO_x 排放量 DID 结果及稳健性检验分别如表 5-6、表 5-7 所示。

表 5-6 重点区域 SO_2 排放量 DID 结果及稳健性检验

	(1)	(2)	(3)	(4)
	E_{SO2}	E_{SO2}	E_{SO2}	E_{SO2}
DID	-158528. 353**	-154052. 590**	-149273. 667**	-166893. 641**
	(-2. 29)	(-2. 28)	(-2. 10)	(-2. 24)
GDP	-37. 504***	-38. 575***		-34. 280**
	(-3. 05)	(-3. 18)		(-2. 47)
IP	172872. 584			60040. 108
	(0. 35)			(0. 12)
LR	-126328. 670**	-127762. 566**	-104221. 332*	-141519. 605**
	(-2. 08)	(-2. 25)	(-1. 79)	(-2. 24)
AR_{SO2}	-236189. 845	-225776. 351	-264742. 261	-234642. 072
	(-1. 50)	(-1. 49)	(-1. 62)	(-1. 49)
EC	-6. 933	-8. 021	-1. 677	-8. 246
	(-0. 46)	(-0. 50)	(-0. 09)	(-0. 50)
L1_revenue	279. 182***	273. 526***	186. 381***	265. 816***
	(3. 95)	(4. 25)	(3. 28)	(2. 96)
EXP	-53. 978	-42. 036	-105. 195*	-58. 671
	(-0. 84)	(-0. 63)	(-1. 90)	(-0. 86)

续表

	(1)	(2)	(3)	(4)
	E_{SO2}	E_{SO2}	E_{SO2}	E_{SO2}
S_{SO2}	179.664 (1.67)	180.754* (1.77)	190.776* (2.02)	189.840* (1.77)
TIP		-475421.781 (-0.86)	-680342.726 (-1.32)	
IAV			-50.436** (-2.58)	
Constant	866572.053*** (3.95)	1134501.309*** (3.50)	1134162.899*** (3.71)	862757.456*** (3.82)
Observations	334	334	334	313
R^2	0.829	0.830	0.825	0.822
Province	Control	Control	Control	Control
Year	Control	Control	Control	Control

注：括号内为稳健标准误，*、**、***分别表示在10%、5%、1%的水平上显著。

表 5-7　　重点区域 NO_x 排放量 DID 结果及稳健性检验

	(1)	(2)	(3)	(4)
	E_{NOx}	E_{NOx}	E_{NOx}	E_{NOx}
DID	-109648.153** (-2.21)	-114212.924** (-2.14)	-110962.686* (-1.93)	-128089.362** (-2.58)
GDP	-21.012*** (-2.82)	-21.058*** (-2.96)		-19.800** (-2.72)
IP	708759.870*** (2.92)			618690.666** (2.75)
LR	-45378.206 (-0.80)	-37723.719 (-0.79)	-26843.252 (-0.57)	-43048.401 (-0.76)
AR_{NOx}	-576050.315*** (-3.89)	-564441.208*** (-3.90)	-560375.947*** (-3.86)	-596340.613*** (-3.91)
EC	12.827* (1.77)	10.372 (1.32)	12.235 (1.47)	13.549* (1.83)

续表

	(1)	(2)	(3)	(4)
	E_{NOx}	E_{NOx}	E_{NOx}	E_{NOx}
L1_revenue	82.929*	74.802*	28.725	101.422*
	(1.92)	(1.82)	(0.68)	(2.04)
EXP	-1.425	8.559	-30.652	-16.409
	(-0.04)	(0.23)	(-1.11)	(-0.41)
S_{NOx}	-80.550	-40.324	-30.374	-67.298
	(-1.64)	(-1.27)	(-0.95)	(-1.45)
TIP		-998598.089***	-1089289.618***	
		(-3.28)	(-3.41)	
IAV			-24.284**	
			(-2.55)	
Constant	209888.825*	861744.334***	849636.223***	207000.307*
	(1.99)	(5.77)	(5.76)	(1.88)
Observations	324	324	324	306
R^2	0.707	0.712	0.706	0.709
Province	Control	Control	Control	Control
Year	Control	Control	Control	Control

注：括号内为稳健标准误，*、**、***分别表示在10%、5%、1%的水平上显著。

（一）区域大气污染防治成效

虚拟交互项重点区域DID的估计系数显著为负，反映出区域大气污染防治相比依靠单一行政区的治理效果显著提高，说明区域性的大气污染防治机制在解决大气环境问题上具有更好的适应性。

（二）产业政策

对于SO_2和NO_x的排放量而言，二者都随着GDP的增加而下降，说明中国的经济发展阶段可能已经越过环境库兹涅茨曲线的拐点。该变化机制的原因在于中国经济由第二产业向第三产业转型。然而，*IP*与NO_x排放量显著正相关，且*TIP*与NO_x排放量显著负相关，说明NO_x排放量的下降取决于工业增加值占比的下降，也就意味着污染物的减少依赖于第三产业的发展，而非工业的绿色转型升级。图5-4显示，重点区域的平均 GDP 在升高，且与非重点区域的差距逐渐拉大，而其工业增加值占比则逐渐下降且降幅自 2014 年以来明显快于非重点区域，进一步证明了该结论对于重点区域的适用性。这种现象也说明中国工业绿色发展创新能力有待提高。

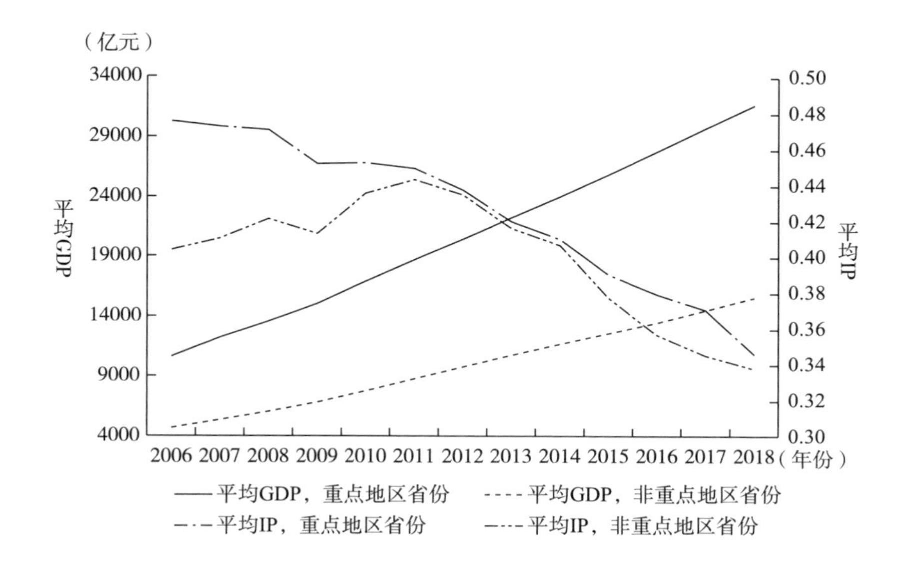

图 5-4 2006—2018 年重点地区与非重点地区 GDP 与 IP

值得注意的是，*IP* 与 SO_2 排放量的相关性并不显著，主要原因在于 SO_2 的削减率已远远高于 NO_x，从而对 *IP* 的变化更不敏感。从这个角度来看，中国工业绿色转型升级的重点在于加大 NO_x 削减力度。

（三）市场手段

LR 与 SO_2 排放量显著，但和 NO_x 排放量的相关性不显著，说明市场机制在传统意义上的重点污染物控制上发挥了效果，但对于新型的重点污染物并未发挥有效作用。从另一个角度也说明区域大气污染防治手段仍以命令控制型为主导。事实上，就以环境税为主市场手段的污染物减排效果而言，有研究认为环境税征收的减排激励效应有限。此外，大气污染防治投资责任主体不明晰、多元化市场机制不完善，也限制了经济政策发挥作用的空间。

（四）命令控制政策

排放标准限值与 SO_2 存在一定程度的正相关关系，说明污染物排放标准趋严对 SO_2 排放量下降产生了一定效果。然而，污染物排放标准与 NO_x 排放量的相关性不显著。

（五）技术创新

NO_x 的削减率与排放量之间显著正相关，但 SO_2 削减率与排放量之间的相关性不显著。从图 5-5 可以看出，自 2013 年起，NO_x 削减率从 10%上升到 60%以上，而 SO_2 削减率则从 60%上升到 90%，前者的上升幅度更大，是造成 NO_x 削减率与排放量之间显著正相关的重要原因。相比之下，SO_2 的减排技术接近了经济可行性极限（Wei et al.，2021），通过进一步提高削减率的方式降低排放量的作用有限。

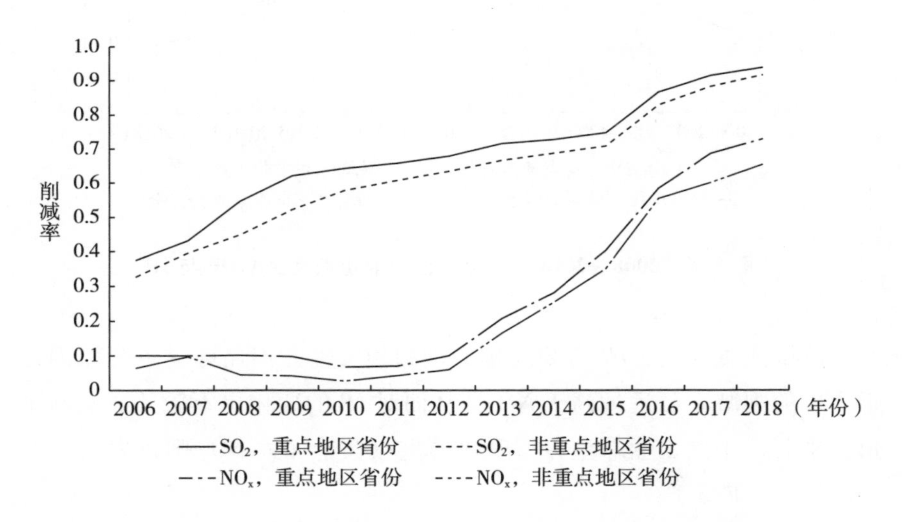

图 5-5　2006—2018 年重点地区与非重点地区主要大气污染物削减率

（六）能源改进

EC 与 SO_2 和 NO_x 排放量之间均无稳定的显著相关性，可以认为能源改进因素未发挥预期减排效果。虽然中国的能源生产结构发生了较大变化，但是工业能源消费结构并未发生很大变化，仍以化石能源为主，从而无法对污染物排放产生实质性影响。

五 归一化 DID 结果

分别对自变量 E_{SO2}、E_{NOx}、*GDP*、*EC*、*REV*、*EXP*、*IAV* 归一化，并替换模型（1）—模型（4）中对应的变量进行回归。由于归一化回归并不改变结果的显著性，本书将同 E_{SO2} 和 E_{NOx} 都具有显著相关的自变量列出，如表 5-8 所示。

表 5-8 二氧化硫重点地区 DID 模型归一化回归结果及稳健性检验

	(1) E_{SO2}	(2) E_{NOx}	(3) E_{SO2}	(4) E_{NOx}	(5) E_{SO2}	(6) E_{NOx}	(7) E_{SO2}	(8) E_{NOx}
DID	-0.093**	-0.087**	-0.090**	-0.091**	-0.087**	-0.088*	-0.097**	-0.102**
	(-2.29)	(-2.21)	(-2.28)	(-2.14)	(-2.10)	(-1.93)	(-2.24)	(-2.58)
GDP	-1.325***	-1.008***	-1.363***	-1.011***			-1.211**	-0.950**
	(-3.05)	(-2.82)	(-3.18)	(-2.96)			(-2.47)	(-2.72)
IAV					-0.696**	-0.455**		
					(-2.58)	(-2.55)		
Constant	-1.093***	-0.972***	-0.959***	-0.508**	-0.864**	-0.465**	-1.096***	-0.898***
	(-3.40)	(-3.80)	(-2.90)	(-2.29)	(-2.54)	(-2.16)	(-3.08)	(-3.65)
Observations	334	324	334	324	334	324	313	306
R^2	0.829	0.707	0.830	0.712	0.825	0.706	0.822	0.709
Province	Control	Control	Control	Control	Control	Control	Control	Control
Year	Control	Control	Control	Control	Control	Control	Control	Control

注：括号内为稳健标准误，*、**、***分别表示在10%、5%、1%的水平上显著。

区域大气污染防治对 SO_2 和 NO_x 排放量的影响程度十分接近。相比政策实施前，《大气污染防治行动计划》实施后能够带来中国工业主要大气污染物的排放量下降 8%—9%。

从产业政策来看，1 单位的 GDP 增加能带动 1.211—1.363 单位的 SO_2 减排，而 NO_x 减排则为 0.950—1.011 单位，*IAV* 也有类似的效果，表明产业转型带来的 SO_2 减排效应更显著。进一步证明了中国工

业 SO_2 排放得到了有效控制，而工业 NO_x 的控制应成为区域大气污染防治的新重点。

六　安慰剂检验结果

安慰剂检验的结果如图 5-6 所示，DID 的结果均不显著。E_{SO2} 和 E_{NOx} 的系数均集中在 0 附近，表明区域大气污染联防联控政策的效果是真实的，验证了《大气污染防治行动计划》的实施引起了重点区域相比非重点区域主要工业污染物的更大减排。

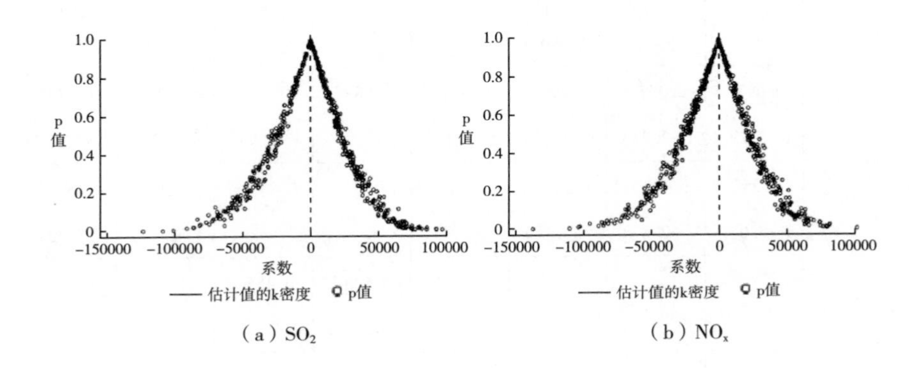

（a）SO_2　　（b）NO_x

图 5-6　安慰剂检验结果

七　异质性分析结果

根据经济计量准则，为避免伪回归，需对面板数据的平稳性进行检验，检验方法为单位根检验。检验结果如表 5-9 所示。结果显示，在 10%的显著性水平下，大部分变量原始序列的 p 值小于 0.1，为平稳序列，变量之间是同阶单整的，可以用原始数据进一步分析，保留其经济学意义。

表 5-9　　单位根检验结果

变量	调整后的 t 值	p 值
GDP	−7.9632	0.0000
EC	−3.3723	0.0004
LR	−4.6245	0.0000

续表

变量	调整后的 t 值	p 值
AR_{SO2}	-7.3660	0.0000
AR_{NOx}	-7.8377	0.0000
IP	-7.8271	0.0000
S_{SO2}	-4.6085	0.0000
S_{NOx}	-8.2313	0.0000
AR_{NOx}	-7.8377	0.0000

面板数据的回归模型有混合回归模型、随机效应模型及固定效应模型，为了确定最终模型，对三个回归方程进行 Hausman 检验和 F 检验，检验结果如表 5-10 所示。Hausman 检验结果显示拒绝原假设，F 检验也显示拒绝原假设，也即应选择固定效应模型。因此，根据以上检验结果，选择固定效应模型进行回归分析。

由于时间跨度较长，个体间固定效应较为明显，故采用双向固定模型。

表 5-10 Hausman 检验和 F 检验结果

因变量	Hausman 检验	F 检验
SO_2 排放量（重点地区省份）	0.0000***	0.0000***
SO_2 排放量（非重点地区省份）	0.0000***	0.0000***
NO_x 排放量（重点地区省份）	0.0000***	0.0000***
NO_x 排放量（非重点地区省份）	0.0000***	0.0000***

注：*** 表示 Hausman 检验值和 F 检验值在 1%的水平上显著。

对重点地区和非重点地区分别进行双向固定效应回归，结果如表 5-11 所示。

表 5-11 双向固定效应模型回归结果

	(1) E_{SO2} 重点地区	(2) E_{SO2} 非重点地区	(3) E_{NOx} 重点地区	(4) E_{NOx} 非重点地区
GDP	-35.776* (-1.93)	-30.524* (-1.74)	-24.652** (-2.58)	-9.198 (-0.81)
IP	1719742.322*** (3.78)	-341391.897 (-0.62)	1267008.067** (2.59)	628572.372* (1.84)
LR	-111787.517 (-0.94)	-107609.304 (-1.42)	28566.735 (0.38)	-143575.351*** (-3.32)
AR_i	-239468.724 (-1.42)	-255286.068 (-1.44)	-329699.155 (-1.81)	-526101.178*** (-2.94)
EC	21.087 (1.13)	2.540 (0.15)	30.906* (1.97)	22.295** (2.71)
L1_revenue	620.659*** (10.74)	197.320* (1.79)	427.351** (3.35)	-56.750 (-0.77)
EXP	-295.880** (-2.96)	-54.540 (-0.76)	-247.991** (-2.40)	7.689 (0.17)
S_i	-193.704 (-1.14)	372.393*** (3.14)	-39.687 (-0.31)	-114.208** (-2.68)
Constant	388098.612 (1.27)	717538.318*** (3.10)	-198091.457 (-0.71)	182207.593* (1.89)
Observations	98	236	91	233
R^2	0.900	0.851	0.782	0.735
Province	Control	Control	Control	Control
Year	Control	Control	Control	Control

注：括号内为稳健标准误，*、**、***分别表示在10%、5%、1%的水平上显著。

（一）产业因素

两种污染物在重点地区表现出了与DID回归相似的结果，GDP同污染物排放量显著负相关，而与工业增加值占比显著正相关。这说明重点区域主要工业污染物排放量的下降是GDP增加过程中的产业转型带来的，而非工业绿色化的结果。非重点地区的GDP同E_{NOx}之间、IP 同 E_{SO2} 之间不呈现显著相关性，说明这些省份还需要通过进一步的产业转型来实现污染物减排。

（二）市场因素

与全国层面的回归结果有所差别，LR 对于 SO_2 的减排影响在重点地区和非重点地区都未表现出显著性，仅在非重点地区促进了 NO_x 的减排。这种情况说明环境治理的市场化水平较低，仅对削减率较低的非重点地区发挥作用，而未能在重点地区产生污染物减排效果。

（三）技术因素

SO_2 削减率对污染物排放量的影响在重点区域和非重点区域均不显著，NO_x 削减率仅在非重点地区显著。从这个意义来看，技术因素在重点地区并未产生污染物减排效果。

（四）能耗因素

能耗因素对重点地区与非重点地区主要工业大气污染物排放也产生相同效果。能耗因素与 SO_2 排放不存在显著相关性，然而 NO_x 排放量随能耗的增加而呈现显著上升趋势。这说明当前的能源消费结构和能源利用效率在重点区域和非重点区域均未发生根本转变，从而使 NO_x 减排主要依赖技术创新。

（五）污染物排放标准

非重点地区的 SO_2 排放量随排放标准加严而下降，这是命令控制手段在这一区域内发挥减排作用的体现。为了探讨 SO_2 污染物排放标准在非重点地区显著有效而在非重点地区效果不显著的原因，引入各省的 SO_2 排放强度（I_{SO2}）：

$$I_{SO2}=E_{SO2}/IAV \tag{5-8}$$

重点地区与非重点地区平均 SO_2 排放强度的 Wilcoxon Rank-Sum Test 结果为 Prob>｜z｜ =0.0000，说明非重点地区 SO_2 排放强度显著高于重点区域，因此当环境标准加严时，受到影响的主要是非重点地区。

在非重点地区，NO_x 排放量反而随排放标准加严而增加。有研究表明，生产效率较高的地区往往制定较严格的排放标准，而生产效率较低的地区则选择较宽松的排放标准。而一旦污染物排放标准不够严格，就会失去激励减排的功能（Deng et al.，2017）。从图 5-7 可以看出，2008 年以来，重点地区 NO_x 排放标准就一直严于非重点地区，相比重点区域排放标准的不断大幅度加严，非重点地区排放标准加严的幅度微乎其微。

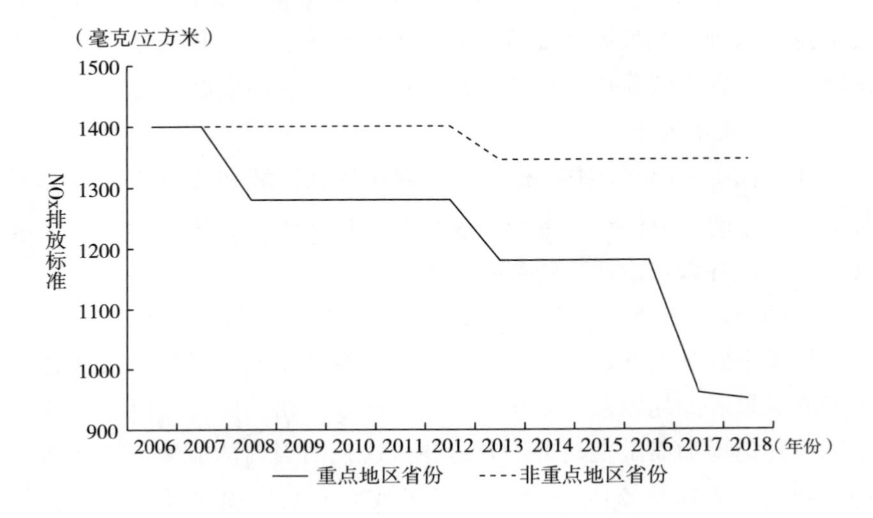

图 5-7　2006—2018 年重点地区与非重点地区 NO_x 排放标准

第四节　讨论分析

一　区域大气污染防治效果

随着《大气污染防治行动计划》的实施，重点区域主要工业污染物的排放量较非重点区域表现出显著下降趋势，说明中国区域性大气污染防治行动方案实现预期目标。从异质性分析的结果来看，导致重点区域和非重点区域大气污染防治效果出现差异的最主要原因在于纵向的央地关系发挥作用。由于中央层面的产业政策不断完善，重点区域通过自身的产业转型带来了 GDP 增长背景下的大气污染物减排。

二　污染物的差异性

归一化回归的结果表明，重点地区大气污染防治政策总体上对

SO_2 与 NO_x 的减排效果差别不大，然而从影响因素的角度，两类主要污染物还是存在差异性的。由于 SO_2 的削减率已经比较高，宏观的政策因素对 SO_2 的影响更为明显。NO_x 的平均削减率仅为 SO_2 平均削减率的 1/2.7，因此削减率的增加取得的边际效果更为显著，容易带来 NO_x 排放量的更大下降，微观因素的改进是 NO_x 排放量进一步下降的关键所在，应以技术创新为核心设计 NO_x 污染防治政策。

总体来说，即便是在重点区域内，NO_x 排放的影响因素并未得到有效控制，主要表现在随能源消费量的增加，重点区域 NO_x 排放量表现出显著上升趋势，反映出能源改进尚不到位。从这个意义来看，在主要大气污染物中，区域大气污染控制的重点在 NO_x。

从全国总体来看，仅仅控制重点区域的 NO_x 排放也是不够的，因为就异质性分析的结果而言，非重点地区的 NO_x 排放量并未受到政策因素影响，反而导致其随排放标准的加严而上升。为此，有必要将 NO_x 排放的控制在以重点区域为主的基础上进一步扩大，既要重视对原有重点区域的削减，又要解决非重点区域 NO_x 排放不受控制的风险。

三 纵向因素的不足之处

重点区域大气污染防治成效显著虽然得益于产业政策带来的产业结构转型，然而工业自身却未能实现绿色转型，从而导致工业污染物减排的动力来自去工业化。由于工业增加值在 GDP 中的比重仍然较高，如果缺乏有效的转型机制，工业污染物进一步减排的难度将非常大，对于目前控制上偏弱的 NO_x 而言尤其如此。从另一个角度来看，重点区域的去工业化有可能导致严重污染工业向非重点区域转移，考虑到非重点区域缺乏有效的产业转型机制，其对经济增长的需求将大大提高对严重污染工业的接受意愿（Wu et al.，2019a）。这样实际上对纵向机制提出了更高的要求，中央政府不仅要协调重点区域内各行政区的关系，还需要强化重点区域与非重点区域之间的协调，避免严重污染工业的转移（Song et al.，2020）。

从这个意义来看，重点地区能够通过产业转型实现主要污染物减排，在于其越过了库兹涅茨曲线的拐点，从而用经济增长的收益对生态环境进行补偿。这一点在异质性分析的结果中得到了证明，因为 *EXP* 在重点地区同两种大气污染物的排放量均呈现显著负相关，而在非重点地区则无显著相关性，说明重点地区倾向于通过动用财政力量实现工业污染物减排。但由于非重点地区往往也是经济发展水平相对较低的地区，这种机制会拉大重点地区和非重点地区在大气环境保护上的差距，不利于非重点地区环境的改善，也增加了中央政府在非重点地区的协调与监管成本。

造成这种情况的根本原因，是区域大气污染防治对纵向机制的过分依赖，缺乏有效的横向机制加以配合。横向机制发挥作用的关键在于建立区域内各行政区之间、政府各部门之间以及环境治理各主体之间的有效沟通与合作机制。尽管完全合作的地方政府为愿意合作的区域带来了最大的增量收益，在有不同发展目标和利益冲突的地区，减少污染的合作政策难以成功。在本书中，市场手段和环境标准对于重点区域大气污染防治并未发挥作用，为区域内的污染向区域外转移创造了条件。

四　横向机制的缺乏

虽然 S_{SO2} 在全国层面上较明显降低了 SO_2 的排放，但异质性分析的结果表明这种效果在重点区域并不存在。对于 NO_x 而言，无论在全国层面上还是在重点区域内，排放标准均未发挥作用。因此，重点区域的污染物排放标准没有发挥显著的减排作用。中国允许地方在国家的统一排放标准基础上制定更为严格的排放标准，但综合经济因素后，地方政府的选择往往千差万别，由此造成企业选择在低标准的地区开展活动。

特别是从前述分析可以看出，重点区域 NO_x 的排放标准远远严于非重点区域，由此可能加剧重污染工业企业向非重点区域的转移（Fu et al.，2021），使重点区域大气污染防治表现出不可持续性。为解决此问题，应进一步发挥央地机制的作用，建立区域内地方政府之间相互协调的命令控制手段，以改善区域大气污染防治效果。

市场手段在区域污染防治中起着重要的激励作用，但当前中国的区域环境治理市场化水平有待进一步提升。事实上，除了环境税，包括排污权交易和生态补偿在内的其他区域性大气污染控制市场手段大多处于试点阶段，且局限于省级行政区范围内。

五 能源改进是微观因素的核心

在能源消耗量保持增长的背景下，转变能源消费结构、提高能源利用效率可以从源头上降低大气污染物的排放量，是大气污染防治向全过程污染控制转变的一条重要途径。从本书研究来看，区域大气污染防治中需要重点控制的 NO_x 排放量与能源消耗量显著正相关，说明能源改进的目标事实上没有实现，应着重改进。考虑到全国层面上污染物削减率对 NO_x 的显著减排作用，以能源利用改进作为区域大气污染治理微观因素的核心，是对污染治理前端的重视，反映区域大气污染防治应当从强化末端治理到注重全过程污染控制转变。

事实上，全过程污染物控制对综合性的区域横向合作机制有着更高要求，这是因为技术创新和能耗改进的微观因素具有迅速的外溢性和扩散性（Pan et al.，2021），对于发展中国家的中国尤其重要。不仅如此，命令控制手段与市场手段的有机结合可以带来更多的减排方案组合，而且形成更为高效的减排机制，为区域大气污染防治提供了更多可能性。例如，总量控制与排污权交易机制是命令与控制手段和市场手段解决方案的结合，被认为是成功的。但这一目标的实现有赖于适当的政府管理和掌握相关技能的执法人员和企业参与（Ke et al.，2012）。

第五节 结论与建议

从中国政策的角度来看，对于区域大气污染防治的设定是来自这些地区相对而言的高污染，当然也包括控制大气污染跨界扩散的考虑。通过央地关系构建的区域性大气污染防治机制具有强制性，也能够在短期内迅速起到控制污染物排放的效果，但不利于构建积极主动的减排机制。一方面，工业大气污染物排放量的下降是通过去工业化、发展第三产业实现的，但并未形成绿色化的工业发展路径；另一方面，在刚性的区域机制下，被动应付使末端治理产生一定效果，然而全过程污染物控制的清洁生产模式尚未形成。随着污染物的进一步减排，这种以纵向关系和命令控制手段为特征的区域大气污染防治机制已表现出越来越弱的影响。

同时，这种以污染控制为导向而非以区域内合作为导向的区域大气污染防控机制无法催生横向机制的构建，无法形成持久稳定区域合作的基础，也无法形成低成本、高效率的污染物减排机制，进而在微观的技术创新和能源改进两方面并未表现出相对于非重点区域的优势。事实上，随着区域大气污染防治的推进，区域大气污染防治的地理范围越来越大，包括挥发性有机污染物（VOCs）、全球性的气候变化物质在内的越来越多的污染物也正在被纳入防控体系，所需要的污染防治成本越来越高。为此，更需要有持续性的区域内横向合作关系与央地关系进行耦合，在真正意义上形成经济效率高的区域大气污染防治机制。

第六章　不同补贴机制下的农村清洁取暖价格政策研究

第一节　研究背景

2017 年起实施的北方农村清洁取暖价格政策采用了峰谷价格和阶梯价格推行气代煤、电代煤取暖。习近平总书记强调，推进北方地区冬季清洁取暖，关系北方地区广大群众温暖过冬，关系雾霾天能不能减少，是能源生产和消费革命、农村生活方式革命的重要内容。

冬季取暖易使环境污染问题凸显（张凯等，2019），而清洁取暖为空气质量提供保障（武娟妮等，2018），因此清洁取暖政策具有巨大的环境效益（Zhang and Yang，2019）。农村地区通常采用分散取暖的方式（崔亮等，2019），采取集中供暖具备较低的技术可行性和经济可行性（Das et al.，2020）。此外，由于农村居民经济承受能力弱，清洁取暖成本的升高（宋玲玲等，2019）可能减少居民的能源消费，并降低居民的福利水平（Wu et al.，2020），从而影响清洁取暖机制的可持续性。

参考芬兰（Dahal et al.，2018）和美国（Newell et al.，2019）的经验，引入补贴能够显著提高农村居民对清洁取暖的接受度，能源价格优惠也能保证清洁供暖系统长期发挥作用。一般而言，存在一次性补贴和从量补贴两种补贴方式。一次性补贴即向被补贴者一次性支付一定数目的补助额，但是存在被补贴者将补贴用于其他用途的可能（张兴龙等，2014）。从量补贴则是指基于一定的补贴率进行补贴，补贴率的高低会影响补助效果（Fan and Xu，2020）。合适的补贴机制需要基于具体的补贴目标、补贴主体以及所补贴的领域等综合选择（曹斌斌等，2018），以有效增加农村居民取暖福利。然而，仅仅靠补贴，会使政府在农村地区推行清洁取暖时面临较大的财政压力，进而导致社会净成本增加（罗宏等，2020）。居民对补贴的依赖性甚至可能导致在补贴取消后散煤复燃。此外，农村居民的清洁取暖行为也受家庭收入（Teng et al.，2019）、家庭规模、受教育水平（Wang et al.，2019b）以及气温（Hao et al.，2018）等因素的影响。

本章基于清洁取暖试点地区农村实地调研数据，比较以燃煤和天然气为能源的取暖支出和体感温度，分析清洁能源替代产生的福利变化，并利用多元回归方法识别福利变化的影响因素，以及利用费用效益分析揭示补贴带来的财政压力和空气质量改善收益，旨在探索政策的实施效果并提出可行的政策建议。

第二节　数据和方法

一　数据来源

问卷数据来自2018年10月在“2+26”城市中天津市、河北省衡水市、山东省德州市3个试点地区气代煤农户的实地调研数据。涉及的时间段是2016—2017年取暖季和2017—2018年取暖季，分别为燃煤取暖和天然气取暖。村落和农户的选择采用随机抽样法。总计获得8个村落的80份问卷，回收75份有效问卷，回收率93.75%。研究样本统计如表6-1所示。

表6-1　研究样本统计

样本城市	样本村落/城市村落数[①]	发放问卷数/村落农户数	有效问卷数
天津市（直辖市）	2/3681	16/366	15
河北省衡水市	2/4993	26/440	24

续表

样本城市	样本村落/城市村落数[1]	发放问卷数/村落农户数	有效问卷数
山东省德州市	4/7985	38/618	36
合计	8/16659	80/1424	75

注：①数据来源于《中华人民共和国乡镇行政区划简册》（2017 年）。

二　研究方法

（一）配对样本 t 检验

采用配对样本 t 检验，即对同一样本在 2016—2017 年取暖季和 2017—2018 年取暖季取暖时的体感温度、采暖开支、单位采暖成本进行配对 t 检验。对变量 w 而言，检验的原假设为：

$$H_o: \mu_d = w_{2017} - w_{2016} = 0 \tag{6-1}$$

式中，w 表示任意被调查变量；w_{2016} 表示 2016—2017 年取暖季的 w 值；w_{2017} 表示 2017—2018 年取暖季的 w 值。

相应地，备择假设为：

$$H_1: \mu_d = w_{2017} - w_{2016} \neq 0 \tag{6-2}$$

此时，t 统计量为：

$$t = \frac{\bar{d} - u_d}{S_{\bar{d}}} = \frac{\bar{d} - 0}{S_{\bar{d}}} = \frac{\bar{d}}{S_d \sqrt{n}} \tag{6-3}$$

式中，d 为每组数据的差值；$\bar{d}$ 为差值的样本均值；S_d 为差值的标准误；n 为对子数；$S_{\bar{d}}$ 为差值样本均值的标准误，具体为：

$$S_{\bar{d}} = \sqrt{\frac{\sum d^2 - \frac{(\sum d)^2}{n}}{n - 1}} \tag{6-4}$$

（二）多元回归

为探究清洁取暖价格政策对居民用能行为的影响，本书采用多元回归分析的方法。相关变量的定义及描述性统计如表 6-2 所示。

表 6-2　　　　回归变量的名称、定义及来源

变量类别	变量名称[①]	定义	含义	数据来源
因变量	gas_i	2017—2018 年取暖季天然气消费量（立方米）	反映清洁取暖价格政策下的农户用能行为	实地调研
	$temp_{i2016}$；$temp_{i2017}$	分别为 2016—2017 年、2017—2018 年取暖季体感温度（℃）	反映清洁取暖下的居民取暖福利	
关键自变量	$price_i$	天然气价格（元/立方米）[②]	反映清洁取暖成本	政策梳理和实地调研
	$subsidy_i$	清洁取暖补贴额（元）	农村清洁取暖补贴额的计算结果	
	$srate_i$	清洁取暖补贴额占家庭年收入的比例（%）	反映补贴对不同收入农户清洁取暖意愿的影响	
农户特征	$income_i$	家庭年收入（元）	反映农户能源消费支付能力	实地调研
	$popu_i$	取暖季长期居住的家庭成员数	反映农户能源需求，人数越多则取暖需求越大	
	old_i	家中是否有 60 岁以上老人（0—否，1—是）	反映农户能源需求，有老人的家庭取暖需求更大	
自然条件	$outsidet_{j2017}$	取暖季室外温度（℃）	2017 年 11 月 15 日至 2018 年 3 月 15 日室外温度均值	https：//www.tianqi. com

注：①变量名称中，i 表示各受访农户，j 表示各城市。

②天津和衡水的农户用气价格均为第一档阶梯气价，但对于德州，由于未取消阶梯气价，参考 Zhang 等（2017）的 jackknife 分组方法，设 $\bar{p}$ 是德州农村地区 2017—2018 年取暖季的平均价格，p_i 是家庭 i 的支付价格，X 是家庭总数，那么家庭的 jackknife 价格就是$(X\bar{p}-p_i)/(X-1)$。

价格政策对农村居民天然气消费量影响的回归方程构建如下：

$$\ln gas_i = a_i \ln price_i + a_2 srate_i + a_3 popu_i + a_4 \ln income_i + a_5 old_i + a_6 outsidet_{2017} + \varepsilon_i \tag{6-5}$$

式中，ε_i 表示随机误差项。

价格政策对农村居民体感温度影响的回归方程可构建如下：

$$\ln temp_{i2017} = \beta_1 \ln temp_{i2016} + \beta_2 \ln price_i + \beta_3 srate_i + \beta_4 popu_i + \beta_5 \ln income_i + \beta_6 old_i + \varepsilon_i \tag{6-6}$$

需要说明的是，体感温度基于受访农户的主观感受，因此将 2016—2017 年取暖季的体感温度 $temp_{i2016}$ 作为控制变量纳入方程，以消除农户个体对温度主观感受的差异性。由于体感温度更多取决于居民的主观感受和生活习惯，与真实的室外温度没有明显的关联（王冬计等，2020），因此 $outsidet_{i2017}$ 未被纳入回归方程。《室内空气质量标准（GB/T18883-2002）》也规定居民楼最低室内温度为 18℃，且不区分气候差异性。

回归结果输出的标准误为怀特异方差稳健标准误；VIF 检验则被用于防止共线性的影响。

（三）费用效益分析

清洁取暖价格政策的成本包括：（1）政府对每个家庭的补贴；（2）相较于 2016—2017 年取暖季，受访农户 2017—2018 年取暖季取暖成本的变化。因此，每个农户的平均成本表达为：

$$AC_j = AS_j + \Delta Exp_j \tag{6-7}$$

式中，j 代表城市（天津、衡水和德州）；AC_j 表示城市 j 每个农户的平均成本；AS_j 表示城市 j 每个农户所得到的平均补贴；ΔExp_j 表示城市 j 每个农户从 2016—2017 年取暖季到 2017—2018 年取暖季平均取暖成本的变化。

清洁取暖价格政策的效益来自环境质量的改善，利用影子价格对污染物的减排成本货币化，通过每个农户清洁取暖带来的平均收益表达为：

$$AB_j = COAL_{j.2016} \sum_{k=1}^{m} (EM_{c.k} \times EP_k) - GAS_{j.2017} \sum_{k=1}^{m} (EM_{g.k} \times EP_k) \tag{6-8}$$

式中，k 表示大气污染物（SO_2、NO_X、颗粒物等）；AB_j 表示城市 j 每个农户实施清洁取暖带来的平均收益；$GAS_{j.2017}$ 表示城市 j 每个农户 2017—2018 年取暖季平均天然气消费量；$COAL_{j.2016}$ 表示城市 j 每个农户 2016—2017 年取暖季平均煤炭消费量；$EM_{g.k}$ 表示农户天然气取暖每燃烧一单位天然气的污染物 k 排放；$EM_{c.k}$ 表示农户燃煤取暖每燃烧一单位煤炭的污染物 k 排放；EP_k 表示污染物 k 的减排成本。

如果 $AB_j>AC_j$，那么农村清洁取暖价格政策是可行的。

第三节　实证结果与讨论分析

一　描述性统计

各变量的描述性统计如表 6-3 所示。可以看出，2017—2018 年取暖季受访农户平均体感温度为 18.21℃，高于国家取暖标准 18℃。但是，体感温度范围为 12.5℃—24.5℃，存在较大差异。

表 6-3　各变量描述性统计

变量类别	变量名称	均值	标准差	最小值	最大值
因变量	gas_i	787.44	418.78	200.00	2100.00
	$temp_{i2017}$	18.21	2.50	12.50	24.50
政策因素	$price_i$	2.57	0.12	2.40	2.69
	$subsidy_i$	953.40	229.79	300.00	1200.00
	$srate_i$	0.03	0.01	0.01	0.06
农户特征	$income_i$	39466.67	23289.10	20000.00	100000.00
	$popu_i$	3.73	1.95	1.00	9.00
	old_i	0.44	0.50	0.00	1.00
自然条件	$outsidet_{i2017}$	-0.44	0.92	-2.00	0.50

在价格政策方面，平均气价为 2.57 元/立方米。平均补贴额度为 953.40 元，接近但低于天津和衡水的最高补贴限额，也低于德州的一次性补贴额。说明补贴能够基本覆盖农户的取暖需求。补贴占农户总收入的比值平均为 3%。

在农户特征方面，家庭人口数为 1—9，均值为 3.73，约 44%的受访农户中有老人共同居住。

二　城市差异分析

各试点城市的农村清洁取暖价格政策和补贴如表 6-4 所示。

表 6-4　试点城市 2017—2018 年取暖季农村清洁取暖价格政策

煤改气政策内容	天津①	衡水②	德州③
一档阶梯气价（元/立方米）	2.4	2.5	2.43
一档阶梯用气量（立方米/年）	900	300	216
二档阶梯气价（元/立方米）	2.88	3	2.92
二档阶梯用气量（立方米/年）	901—1400	300—1200	216—1216
三档阶梯气价（元/立方米）	3.6	3.75	3.65
三档阶梯用气量（立方米/年）	1400 以上	1200 以上	1216 以上
补贴形式	从量补贴	从量补贴	一次性补贴
补贴价格	1.2 元/立方米	1 元/立方米	1000 元/户
补贴上限（元）	1200	1200	1000
是否取消阶梯气价	是	是	否

注：①天津价格政策来自《天津市发展改革委关于我市居民用气实行阶梯气价的通知》（津发改价管〔2015〕984 号）和《天津市人民政府关于印发天津市居民冬季清洁取暖工作方案的通知》（津政发〔2017〕38 号）。②衡水价格政策来自《衡水市居民生活用气阶梯价格实施方案》。③德州价格政策来自《德州市加快推进冬季取暖“气代煤、电代煤”工作方案》。

各试点城市均采用了阶梯气价，以鼓励居民经济性的能源消费。相关研究也显示，阶梯气价能够显著减少能源浪费并提高居民福利（Sun and Ibikunle，2017）。为了推行清洁取暖，满足居民的采暖用能需求，在2017—2018年取暖季，天津和衡水对农村居民的家庭取暖仅保留了第一档阶梯气价，而取消了更高的阶梯。而德州未取消阶梯气价，这可能对居民采暖用能造成一定压力。

在补贴方面，天津和衡水采取了从量补贴的形式，根据居民的用气量进行补贴。按补贴上限计算，从量补贴使天津、衡水的天然气取暖价格分别下降了50%和40%。而德州采取了一次性补贴的形式，以每户1000元的标准进行发放，相当于增加了农户家庭收入。

各城市受访农村居民取暖季各变量统计如表6-5所示。

表6-5　不同城市取暖季各变量统计

变量		天津	衡水	德州
天然气消费量	最小值（立方米）	416.7	300	200
	最大值（立方米）	2100	1665	1500
	均值（立方米）	1180	833	593
	中位数（立方米）	1050	720	520
	补贴的最高上限（立方米）	1000	1200	373
取暖支出和补贴	平均家庭年收入 $income_i$（元）	50333	35833	37361
	平均补贴 $subsidy_i$（元）	1084	802	1000
	价格 $price_i$（元/立方米）	2.4	2.5	2.68①
	补贴后的价格（元/立方米）	1.4	1.52	0.76
	取暖支出—补贴前（元）	2833	2083	1596
	取暖支出—补贴后（元）	1749	1280	640
农村居民取暖福利	2017年平均体感温度 $temp_{i2017}$（℃）	20.2	17.05	18.15
	2016年平均体感温度 $temp_{i2016}$（℃）	19.56	18.21	17.89
	体感温度差（$temp_{i2017}-temp_{i2016}$）（℃）	0.64	-1.16	0.26
	日平均取暖时间（小时）	21.6	19.45	16.69

注：①此处为计算得到的jackknife价格。

2017—2018年取暖季，农户天然气消费量表现出显著差异。天津户均天然气消费量为1180立方米，是衡水的1.4倍，德州的2倍。此外，天津天然气消费量的均值和中值均超过了补贴的最高上限，而在衡水和德州呈现出相反的情况。66.7%的天津被调查农户天然气消费量超过了冬季取暖补贴的上限，而衡水仅有12.5%。即使在同一城市，农户的天然气消费量也存在很大差异，最大值是最小值的5—7.5倍。

天津的平均体感温度最高，而衡水最低。衡水2017—2018年取暖季的室内体感温度相较于2016—2017年取暖季降低了1.16℃，而天津和德州略有上升。

三地农村清洁取暖价格政策效果存在上述差异的原因分析如下。

一是补贴大小差异。

被调查城市的天然气价格没有显著差异，然而德州的平均补贴超过衡水25%。此外，德州22%的被调查居民天然气消费量低于373立方米，相当于1000元的一次性取暖补贴。因此，德州补贴后的价格仅为原价格的28%，而天津和衡水约60%。

二是补贴方式差异。

由于引入补贴，天津、衡水、德州的取暖支出分别下降了38%、39%和60%。由于德州的平均家庭年收入略高于衡水，可以推测一次性补贴倾向于鼓励农村居民减少取暖需求以利用补贴满足其他生活需求。相反，从量补贴可以通过降低取暖费用来保持甚至增加取暖需求。因此，一次性补贴有必要改为从量补贴，保证专款专用，使体感温度和天然气消费量一致。

三是家庭收入差异。

引入补贴后，天津和衡水的清洁能源价格差异不大，但天津受访农户家庭收入是衡水的1.4倍，因而后者的取暖福利相对较低。同样相较于衡水，一次性补贴更多是在主观上增加了德州受访农户的天然气取暖福利。

三　城市年际变化分析

各城市2016—2017年取暖季和2017—2018年取暖季农村居民体感温度、补贴前后取暖支出、补贴前后单位取暖成本的变化如表6-6所示。

表 6-6　　各城市配对样本 t 检验结果

变量名称	补贴前/后	城市	样本数	2017—2018 年取暖季[①]	2016—2017 年取暖季[①]	t 统计值	p 值
体感温度		天津	15	18.21+1.99	18.33+1.23	0.6253	0.2709
		衡水	24	18.21-1.16	18.33-0.12	-1.7063	0.0507*
		德州	36	18.21-0.06	18.33-0.44	0.4945	0.3125
取暖支出	无补贴情况	天津	15	1998.92+834.08	1384.44+558.56	3.3587	0.0023***
		衡水	24	1998.92+83.08	1384.44+38.56	4.1017	0.0006***
		德州	36	1998.92-402.92	1384.44-258.44	3.6380	0.0004***
	有补贴情况	天津	15	1066.60+682.40	1384.44+558.56	-0.7783	0.2247
		衡水	24	1066.60+213.40	1384.44+38.56	-1.3642	0.0929*
		德州	36	1066.60-426.60	1384.44-258.44	-3.8951	0.0002***
单位取暖成本[②]	无补贴情况	天津	15	108.78+19.49	83.10+18.41	2.2548	0.0203**
		衡水	24	108.78+17.42	83.10+6.56	3.5335	0.0009***
		德州	36	108.78-19.73	83.10-12.05	2.2869	0.0142*
	有补贴情况	天津	15	58.00+21.20	83.10+18.41	-1.9633	0.0349**
		衡水	24	58.00+19.52	83.10+6.56	-1.6583	0.0554*
		德州	36	58.00-21.84	83.10-12.05	-4.4958	0.0000***

注：*、**、*** 分别表示在 10%、5%、1%的水平上显著。

①此处为该城市相应变量值与所有城市均值之间的差。

②单位取暖成本（$unit\_cost_i$）即室内温度每提高 1℃所增加的取暖支出，计算方法为：

$$unit\_cost_i=\frac{exp_i}{temp_i-outsidet_i}$$

式中，exp_i 表示农户取暖支出；$temp_i$ 表示农户 i 的体感温度；$outsidet_i$ 表示农户 i 所在城市 j 的室外平均温度。

与清洁取暖政策实施前相比，天津和德州农户在 2017—2018 年取暖季体感温度无明显差异，而衡水略有下降。和燃煤取暖支出相比，天津农户的清洁取暖支出基本持平，而衡水和德州清洁取暖支出略有下降。衡水的情况说明了在清洁取暖价格政策中引入补贴机制的必要性，而德州的情况则说明合理的补贴形式有助于促进清洁取暖支出和取暖福利之间的一致性。

在单位取暖成本方面，在无补贴的情况下，各试点城市受访农户在2017—2018年取暖季单位取暖成本均较2016—2017年取暖季显著上升。在有补贴的情况下，各城市2017—2018年取暖季单位取暖成本显著降低。因此，引入补贴的清洁取暖价格政策可显著提高农户的取暖用能效率。但为了降低对补贴的依赖性，应通过技术改进降低农村清洁能源取暖的成本，或者发展取暖成本更低的清洁能源。由于农村地区的日照条件较好，房屋遮挡较少，可以推广分布式光伏发电。农村生产的大量秸秆可用于沼气发电。与天然气和电力需要高成本的管道建设和电网容量改造相比，推广当地产生的可持续能源不仅可以降低供能成本，还能扩大农村就业和收入。

四　回归分析

对天然气消费量（gas_i）的逐步回归结果及稳健性检验如表6-7所示。在其他控制变量不变的情况下，价格政策显著影响农村居民冬季取暖的天然气消费量。相应的天然气消费价格弹性值为-6.886，其绝对值高于类似研究得到的中国普通居民全年天然气-1.4—-0.78的消费价格弹性值（Yu et al.，2014；Sun and Ouyang，2016；Chen et al.，2018），这与已有研究结论相吻合（Andruszkiewicz et al.，2020），且进一步证实了引入补贴的必要性。补贴占家庭总收入的比例对农村居民的天然气消费量也有显著的正向影响。该比例每上升1%，天然气消费量将增加0.33%。

表6-7　天然气消费量回归结果和稳健性检验

变量	逐步回归			Bootstrap重抽样	25%分位数回归	50%分位数回归	75%分位数回归
	$\ln gas_i$	$\ln gas_i$	$\ln gas_i$	$\ln gas_i$	$\ln gas_i$	$\ln gas_i$	$\ln gas_i$
$\ln price_i$	-5.734***	-6.078***	-6.886***	-6.886***	-7.842***	-6.598***	-5.143***
	-0.904	-0.891	-0.912	-0.954	-1.023	-1.08	-1.234
$srate_i$	0.318***	0.314***	0.330***	0.330***	0.318***	0.319***	0.339***
	-0.0322	-0.0321	-0.0309	-0.0334	-0.0593	-0.0386	-0.0568

续表

变量	逐步回归			Bootstrap重抽样	25%分位数回归	50%分位数回归	75%分位数回归
	$\ln gas_i$	$\ln gas_i$	$\ln gas_i$	$\ln gas_i$	$\ln gas_i$	$\ln gas_i$	$\ln gas_i$
$popu_i$	0. 0225	0. 0211	0. 0224	0. 0224	0. 0043	-0. 00113	0. 0568
	-0. 0266	-0. 0281	-0. 0272	-0. 0281	-0. 0418	-0. 0279	-0. 0462
$\ln income_i$	0. 886 ***	0. 857 ***	0. 902 ***	0. 902 ***	0. 915 ***	1. 005 ***	1. 015 ***
	-0. 121	-0. 129	-0. 132	-0. 14	-0. 184	-0. 15	-0. 141
old_i		-0. 124	-0. 161 **	-0. 161 **	0. 0696	-0. 0832	-0. 000163
		-0. 0751	-0. 0737	-0. 0776	-0. 137	-0. 0844	-0. 092
$outsidet_{j2017}$			0. 0839 **	0. 0839 *	-0. 033	-0. 0464 **	-0. 0472 **
			-0. 042	-0. 0466	-0. 0233	-0. 0207	-0. 0225
Constant	1. 653	2. 356	2. 647 *	2. 647 *	3. 741 **	2. 186 *	0. 606
	-1. 506	-1. 594	-1. 492	-1. 596	-1. 55	-1. 1	-1. 51
Observations	75	75	75	75	75	75	75
R^2	0. 622	0. 634	0. 649	0. 649	0. 493	0. 472	0. 42

注：*、**、***分别表示在10%、5%、1%的水平上显著。

对体感温度（$temp_{i2017}$）的逐步回归结果及稳健性检验如表6-8所示。可以看到，$temp_{i2017}$ 与 $temp_{i2016}$ 显著正相关，这进一步证实了体感温度是一个高度主观性的变量，不能够简单地与室外温度相关联（Shao et al.，2018）。天然气价格与体感温度无显著关系，但补贴占家庭年收入的比例与体感温度显著正相关，因此补贴比天然气价格对农户取暖福利的影响更关键。其原因在于，补贴使人们更关注主观感受（Dong et al.，2020），作为相对主观变量的体感温度自然对补贴的敏感性更高。相关研究也表明，农村居民对补贴的关注程度相对较高（Wang et al.，2021c）。在分位数回归中，除 $srate_i$ 外，其余变量的回归结果均稳健，这是可以接受的，并不影响模型的稳健性。

表 6-8 体感温度回归结果和稳健性检验

变量	逐步回归		Bootstrap重抽样	25%分位数回归	50%分位数回归	75%分位数回归
	$\ln temp_{c2017}$	$\ln temp_{c2017}$	$\ln temp_{c2017}$	$\ln temp_{c2017}$	$\ln temp_{c2017}$	$\ln temp_{c2017}$
$\ln temp_{c2016}$	0. 297***	0. 307***	0. 307***	0. 219**	0. 255***	0. 419***
	-0. 0638	-0. 0647	-0. 0663	-0. 094	-0. 0781	-0. 118
$\ln price_i$	-0. 266	-0. 0458	-0. 0458	-0. 394	-0. 265	-0. 345
	-0. 323	-0. 355	-0. 374	-0. 447	-0. 275	-0. 463
$srate_i$	0. 0319*	0. 0350**	0. 0350**	0. 0242	0. 0371**	0. 0757*
	-0. 0165	-0. 016	-0. 0162	-0. 019	-0. 0143	-0. 0406
$popu_i$	-0. 00207	-0. 00121	-0. 00121	0. 00158	0. 000714	-0. 0138
	-0. 008	-0. 00818	-0. 00833	-0. 00733	-0. 0074	-0. 013
$\ln income_i$	0. 121**	0. 140***	0. 140***	0. 106***	0. 141***	0. 217**
	-0. 0462	-0. 0498	-0. 0501	-0. 0384	-0. 0385	-0. 0964
old_i		0. 0775**	0. 0775**	0. 0463	0. 0426*	0. 0875*
		-0. 0311	-0. 0318	-0. 0344	-0. 0238	-0. 0458
Constant	0. 938	0. 455	0. 455	1. 365*	0. 782	-0. 394
	-0. 662	-0. 759	-0. 776	-0. 756	-0. 637	-1. 567
Observations	75	75	75	75	75	75
R^2	0. 237	0. 311	0. 311	0. 18	0. 24	0. 221

注：*、**、***分别表示在10%、5%、1%的水平上显著。

此外，家庭收入对天然气消费量和体感温度均产生显著影响，说明提高农户收入可以鼓励农村地区以可持续的方式推行清洁取暖。可以聚焦重点产业，培育发展新动能，增加农民保持可接受收入水平的机会，逐步降低农村居民对清洁取暖补贴的依赖性。分位数回归结果显示，随着因变量的增加，家庭收入的显著性增强，表明富裕家庭的天然气消费对收入的敏感性较低（Uhr et al.，2019）。因此，在统一补贴水平下，低收入家庭反而不成比例地为相同的清洁取暖福利增加更多支出。可以考虑引入与家庭收入相联系的多样化补贴机制。一方面，针对低收入农户给予额外的补贴，使得补贴的重点向农村困难群众倾斜；另一方面，引入阶梯补贴机制，在促进能源节约的同时保证取暖福利。

五　费用效益分析

天然气取暖和燃煤取暖的污染物排放（张建国等，2009）及影子价格（Zou and Luo，2019）的基本数据如表 6-9 所示。

表 6-9　各污染物的排放系数和减排成本

污染物	$EM_{c.k}$（克/千克）	$EM_{g.k}$（克/立方米）	EP_k（元/千克）
CO_2	4356. 58	1843. 13	0. 016
NO_x	19. 51	0. 15	0. 6316
SO_2	34. 37	0. 53	20
PM_x	616. 97	0. 25	0. 6752

计算得到各试点城市农村清洁取暖价格政策的费用和效益，如表 6-10 所示。可以发现，平均收益远大于平均成本，证实了清洁取暖价格政策的经济可行性；补贴使农户平均支出下降，可以认为清洁取暖的成本主要由政府承担。

表 6-10　费用效益分析结果

	天津	衡水	德州
AC_j（元）	890. 08	658. 57	513. 40
AS_j（元）	1084. 00	801. 88	1000. 00
ΔExp_j（元）	-193. 92	-143. 31	-486. 60
$GAS_{j.2017}$（立方米）	1180. 56	832. 92	593. 33
$COAL_{j.2016}$（千克）	3886. 50	2847. 45	2253. 75
AB_j（元）	4561. 78	3343. 48	2649. 02
AB_j/AC_j	5. 12	5. 08	5. 16
AB_j/AS_j	4. 21	4. 17	2. 65

一般来说，政府财政赤字比例应当控制在3%以内（黄严和马骏，2017），2017年天津、衡水、德州的财政赤字比例分别为5.24%、6.90%和5.51%，均超过了此限值。随着清洁能源取暖环境效益的实现，财政压力需要被进一步缓解。可以基于财政转移支付体系，以各地区相等为原则，建立大气污染生态补偿机制，并适时引入社会资本作为财政资金的有益补充。

第四节　结论与建议

（1）清洁取暖价格政策会导致取暖成本增加，而补贴会显著提高用气量和体感温度，因此补贴是保证价格政策有效的必要手段。然而，由于样本城市面临着较大财政压力，应该通过改进清洁取暖技术来降低成本，同时开发多种形式的清洁能源。

（2）各地农村清洁取暖价格政策在对用能行为、污染减排效果的影响方面存在较大差异，可以考虑针对农村清洁取暖建立区域大气污染补偿机制，从而推动各地建立因地制宜的清洁取暖价格补贴机制。

（3）一次性补贴减少了清洁能源消费量同时增加了体感温度，提供了扭曲的价格信号，需要向从量补贴转变。另外，可以考虑将补贴向低收入家庭倾斜或者实施阶梯化的补贴。

（4）家庭收入显著影响清洁取暖价格政策的效果。可以聚焦重点产业，培育发展新动能，增加农民保持可接受的收入水平的机会。逐步降低农村居民对清洁取暖补贴的依赖性，在后补贴时代逐步建立起清洁取暖长效机制。

第七章　区域性大气污染防治的自发机制研究

第一节　理论框架

区域大气污染防治中任意两个相邻行政区之间的自发机制可以用溢出效应和虹吸效应来概括。

溢出效应是指一个组织在进行某项活动时，不仅会产生活动所预期的效果，而且会对组织之外的人或社会产生的正向的影响（Chen et al.，2021b）。在污染控制领域，溢出效应的产生机制包括匹配需求（Wang et al.，2021b）、竞争效应（Li et al.，2018b）以及污染预警效应（Zhong et al.，2021）。在本章中，溢出效应指地区之间相互学习、相互借鉴，交流技术和管理经验，共同促进大气污染物减排。

虹吸效应则具有明显的指向性，一般指优势地区从劣势地区通过吸引优质资源提高竞争力，而劣势地区优质资源逐渐流失的现象（Lu et al.，2021）。行政区之间虹吸效应产生的原因，是城市发展水平和区位等因素的差异，因而也会随着引起差异的因素的消除而逐渐消失（Zhou and Zhang，2021）。在本章中，虹吸效应指优势地区在区域内拥有的绿色产业、先进技术和监管能力，使本地区大气污染物排放减少，而劣势地区污染物排放增加的现象。

自发机制分析的理论框架如图 7-1 所示，区域大气污染控制的自发机制是“效应”和“应对”之和。“效应”是自发机制的关键，指周边行政区的产业、技术或监管因素引起的本行政区大气污染物排放的变化。周边行政区的影响因素使得本行政区的大气污染物排放量减少，被称为溢出效应，用“-”表示；反之，周边行政区的影响因素使得本行政区的大气污染物排放量增加，被称为虹吸效应，用“+”表示。

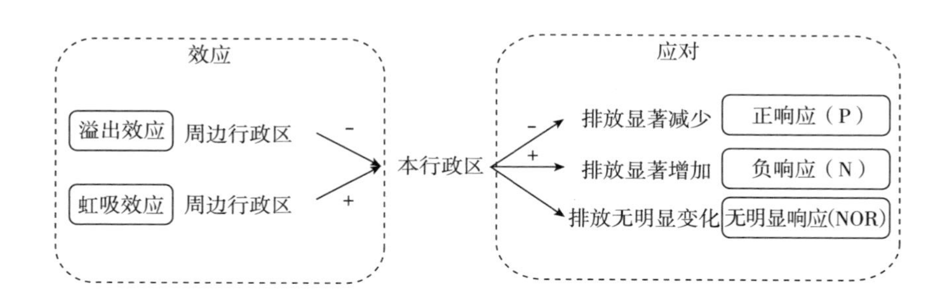

图 7-1　区域大气污染控制的自发机制："效应"和"应对"

对于周边行政区产生的外溢效应，本行政区可以积极参与，形成有效的联防联控机制，从而形成良性反馈；也可以“搭便车”而不作为；或者通过增加污染物排放量，消极应对大气污染防治。对于周边行政区产生的虹吸效应，本行政区可以选择积极参与竞争，获得大气污染防治的比较优势；也可以不作为或消极应对，导致出现不良的正反馈。本书将本行政区的大气污染控制自发机制对本行政区大气污染物排放的影响定义为“应对”，分为负响应（N）、正响应（P）和无明显响应（NOR），分别对应显著正影响（+），显著负影响（-）和无显著影响。

在产业因素方面，对于产业与污染物排放的关系，最为普遍的说法是以“产值—排放量”关系为基础的环境库兹涅茨曲线。以中国为例，在关于是否越过环境库兹涅茨曲线拐点的问题上，不同研究的结论存在差异。有研究认为 SO_2 排放与工业生产总值呈正相关（Li et al.，2019b），也有研究认为中国已经跨越了环境库兹涅茨曲线的拐点（Jiang et al.，2020b）。事实上，国家范围内各行政区在“产值—排放量”关系上存在巨大差异，这也构成了自发机制分析的背景。在行政区之间，不同于地区发展主要受到区域内产业聚集的影响而表现为溢出效应（Zhou et al.，2019a），产业对相邻行政区污染的影响由于受到多种因素的制约而具有不确定性（Wu et al.，2019b）。

行政区内的技术进步对污染防治有重要意义，末端处理、源头防控都能降低污染物排放（Hang et al.，2019）。行政区之间也可能存在通过贸易、人口流动、产业转移等途径实现的技术溢出效应（Stergiou and Kounetas，2021）。然而，由于市场竞争、社会发展状况、法律体系等原因，技术壁垒会阻碍污染防治技术的空间溢出。

环境规制往往以行政命令为特征，对减排具有短期效果。行政区之间在环境监管上存在学习和警示机制，本行政区严格的环境监管可能会通过“目标问责”和“反向强迫效应”促使周边行政区加强环境监管（Zeng et al.，2019）。

第二节　数据和方法

一　研究对象选择

中国于2013年9月实施的《大气污染防治行动计划》，对京津冀、长三角、珠三角等区域提出明确的区域大气污染防治目标。位于京津冀和长三角连接带的山东、河南两省尚未被纳入大气污染联防联控的范围。直到2017年，山东、河南部分城市才被纳入京津冀大气污染传输通道城市（APTC城市）。因此，2014—2016年，山东、河南两省连接带不会直接受到大气污染联防联控区域的影响，区域性大气污染防治体现出自发机制的特征。2020年，两省的另一部分城市被纳入苏皖鲁豫大气污染控制区域的范畴。对此加以研究，也可为连接带更好融入区域大气污染联防联控提供政策建议。

受到《大气污染防治行动计划》实施的影响，2014—2016年中国的大气污染防治推进很快。此外，不同于中央命令所固有的权威性而带来大气污染联防联控机制的稳定性，自发机制具有不稳定性和变动性，短期数据比长期数据更适合分析自发机制。基于这两点原因，本书采用山东、河南两省内主要污染物排放量占国家污染物排放总量由大到小累计前60%企业的季度数据进行研究。对2014年第一季度

(2014q1) 至2016年第四季度 (2016q4) 的企业级数据进行分析，并以城市作为标准对数据进行汇总分析。

二 变量选取

(一) 因变量

因变量选择各城市被调查企业的主要污染物排放量之和。主要污染物包括SO_2、NO_x和烟粉尘，其排放量分别用Q_{so2}、Q_{nox}、Q_{pm}表示。本书区分大气污染联防联控自发机制对不同大气污染物的影响，是因为不同污染物减排潜力和相关控制成本存在差异 (Zhang et al.，2020)。

(二) 自变量

1. 核心解释变量

产业因素指标，在宏观层面上往往选取地区生产总值的总量指标和第二产业占比的结构指标 (Jiang et al.，2020c)。经济增长与污染物排放之间存在显著相关，因此可以通过产业结构的升级 (Yu et al.，2021a) 或生产规模的优化 (Li et al.，2020a) 来减少污染物的排放。本章数据通过微观层面的企业数据集成，且均属于工业行业，因此采用反映规模的产值 (*PV*) 来表征产业因素，其是城市内所有被调查企业产值之和。

技术因素的指标则包括知识产权数 (Yang et al.，2021a) 和区域内交通便利度 (Pan et al.，2021)。技术进步能够提高全要素生产率，在减少空气污染方面有良好的效果 (Jiang et al.，2020a)。由于技术通过排放强度产生减排作用 (Chen et al.，2021a)，本书选取污染物减排率 (R_k) 表征技术因素，由下式计算得到：

$$R_k = RQ_k / P_k \tag{7-1}$$

式中，RQ_k表示城市被调查企业污染物k (k分别为SO_2、NO_x和烟粉尘) 的减排量之和，P_k表示城市被调查企业污染物k产生量之和。

监管因素也大多使用宏观层面的变量，如环境信息披露和污染物排放标准 (Qin et al.，2021)。对高污染企业绩效的"惩罚"效应，环境规制使污染排放减少 (Zhang and Vigne，2021)。从微观数据的角度出发，在一个连续时段内，上一季度污染物浓度水平能够对地方政府环境规制提供信号。薄弱的环境监管将带来污染物排放的增加以及浓度的增加。上一季度污染物浓度水平越高，本季度污染物排放量越高。然而，在监督管理有效的情况下，因上一季度污染物浓度水平越高，政府在本季度加强环境规制，本季度污染物排放量会降低。因此，使用上一季度等标污染指数（EQ）来表征环境规制，由下式计算得到：

$$EQ = AVERAGE\left(\frac{LC_{so2}}{Cr_{so2}}, \frac{LC_{nox}}{Cr_{nox}}, \frac{LC_{pm}}{Cr_{pm}}\right) \tag{7-2}$$

式中，LC_{so2}、LC_{nox}、LC_{pm} 分别表示 SO_2、NO_x、烟粉尘上一季度的浓度，Cr_{so2}、Cr_{nox}、Cr_{pm} 表示各污染物的浓度标准。环境规制是对所有主要污染物浓度水平的响应，所以本书使用三种污染物等标污染指数的平均值来表示。此外，用三种污染物等标污染指数的最大值（EQ'）替代 EQ 进行稳健性检验，因此有：

$$EQ' = MAX\left(\frac{LC_{so2}}{Cr_{so2}}, \frac{LC_{nox}}{Cr_{nox}}, \frac{LC_{pm}}{Cr_{pm}}\right) \tag{7-3}$$

2. 控制变量

企业生产时间（T），表示一个季度内所有企业生产时间的平均值。在生产工艺一定的情况下，生产时间越长，污染物排放也越多。

工业废气排放（Q_g），表示一个季度内所有企业工业废气排放量的平均值。作为大气污染物排放的载体，它与污染物的排放量密切相关。

各变量的名称、含义及单位如表 7-1 所示。

表 7-1　变量描述性统计

变量类型	变量名称	变量含义	单位	均值	最小值	最大值	标准差
因变量	Q_{so2}	SO_2 排放量	吨	3441.0	147.5	16857.5	2778.2
	Q_{nox}	NO_x 排放量	吨	4722.8	178.54	22966.7	3840.7
	Q_{pm}	烟粉尘排放量	吨	1561.9	52.74	7894	1729.9
产业因素	PV	企业产值	万元	1455539	82505	600000	1363610

续表

变量类型	变量名称	变量含义	单位	均值	最小值	最大值	标准差
技术因素	R_{so2}	SO_2 减排率	%	0.704	0.18	0.94	0.13
	R_{nox}	NO_x 减排率	%	0.364	0	0.83	0.18
	R_{pm}	烟粉尘减排率	%	0.925	0.62	1.00	0.07
监管因素	EQ	上一季度等标污染指数	/	1.41	0.43	13.74	0.81
控制变量	T	企业生产时间	时	1848.8	1118.5	2151.2	170.4
	Q_g	工业废气排放	万标立方米	224370.0	8062.5	7000000	402700.2

三　研究方法

（一）空间权重矩阵

空间权重矩阵可以描述地区间的关联程度，在空间相关性研究中，常用的空间权重矩阵有地理邻接型权重矩阵（Wang and Zhu，2020）、地理距离型权重矩阵（Li and Du，2021）和经济距离型权重矩阵（Ye et al.，2018）。在本书研究中，假设相邻城市之间的污染物排放可以相互影响，构建地理邻接型权重矩阵。

定义空间权重矩阵 W 为：

$$W=\begin{pmatrix} W_{11} & \cdots & W_{1n} \\ \vdots & \ddots & \vdots \\ W_{n1} & \cdots & W_{nm} \end{pmatrix} \tag{7-4}$$

其中，n 为矩阵中城市的数量，对于2014—2016年山东—河南连接带区域而言，$n=34$。主对角线上元素 $W_{11}=\cdots=W_{nn}=0$，显然空间权重矩阵为对称矩阵。定义矩阵中的元素 W_{ij} 为：

$$W_{ij}=\begin{cases}1，若城市 i 和 j 邻接\\0，若城市 i 和 j 不邻接\end{cases} \tag{7-5}$$

（二）莫兰指数

莫兰指数（I）是度量空间相关性的一个重要指标。在季度 t 对于污染物 k，莫兰指数 I_{kt} 可依据空间权重矩阵计算得到，公式如下：

$$I_{kt} = \frac{\sum_{i=1}^{n}\sum_{j=1}^{n} w_{ij}(Q_{kit} - \overline{Q_{kt}})(Q_{kjt} - \overline{Q_{kt}})}{S_{kt}^2 \sum_{i=1}^{n}\sum_{j=1}^{n} w_{ij}} \tag{7-6}$$

式中，$\overline{Q_{kt}} = \frac{\sum_{i=1}^{n} Q_{kit}}{n}$，表示各城市 Q_k 在季度 t 的平均值，$S_{kt}^2 = \frac{\sum_{i=1}^{n}(Q_{kit} - \overline{Q_{kt}})^2}{n}$，表示各城市 Q_k 在季度 t 的方差。

I 的取值在［-1，1］。越接近 1，空间正相关性越明显，越接近-1，空间负相关性越明显。

此外，构建局部莫兰指数（I_i），表征某城市 i 附近 Q_k 的空间集聚情况。对于城市 i 在季度 t 对于污染物 k 的排放，局部莫兰指数 I_{kit} 可由下式计算得到：

$$I_{kit} = \frac{(Q_{kit} - \overline{Q_{kt}})\sum_{j=1}^{n} w_{ij}(Q_{kjt} - \overline{Q_{kt}})}{S_{kt}^2} \tag{7-7}$$

式中所有符号的含义与上式相同。在 I_{kit} 的基础上，依据空间相关关系绘制散点图，得到空间相关关系如下。

（1）较强的空间负相关关系：LH 表示自身 Q_k 低，周边地区 Q_k 高；HL 表示自身 Q_k 高，周边地区 Q_k 低。

（2）较强的空间正相关关系：HH 表示自身和周边地区 Q_k 均较高；LL 表示自身和周边地区 Q_k 均较低。

（三）空间杜宾模型

从大气污染的跨区域机制来看，污染波及强度取决于污染物排放量与距离，往往在一个不太大的空间范围内具有污染特征的同质性（Wang et al.，2021d），过大范围则会显著降低这种同质性（Zhang et al.，2021）。在污染物排放量空间相关性的基础上，通过引入污染物排放的影响因素，可以提供政策建议（Xie et al.，2018）。

为探讨相邻地区的自发性机制在连接带大气污染联防联控中发挥

的作用，利用空间计量模型进行研究。在空间计量模型中，SDM 为空间杜宾模型，同时考虑因变量和自变量的自相关性，是空间溢出效应的实证研究中使用的一般形式和常用工具（Wang et al.，2021a）。本书采用 SDM 模型进行研究，基本模型为：

$$y_{it} = \rho \sum_{j=1}^{N} W y_{jt} + \beta x_{it} + \sum_{j=1}^{N} \delta W x_{jt} + u_i + v_t + \varepsilon_{it} \tag{7-8}$$

式中，在 t 时间段内城市 i 的因变量和自变量的观测值分别为 y_{it} 和 x_{it}；ρ 和 δ 分别代表因变量和自变量的空间溢出或虹吸系数；β 表示要估计的独立参数向量；y_{jt} 为城市 j 因变量的观测值；u_i 是空间固定效应；v_t 是时间固定效应；ε_{it} 是空间误差项，服从独立分布。

基于基本的 SDM 模型，建立主要大气污染物排放量的空间杜宾模型如下：

$$\begin{aligned} Q_{kit} = {} & \alpha_0 + \rho \sum_{j=1}^{N} W Q_{kjt} + \beta_1 PV_{it} + \beta_2 R_{kit} + \beta_3 EQ_{it} + \beta_4 T_{it} \\ & + \beta_5 Q_{git} + \delta_1 \sum_{j=1}^{N} WPV_{jt} + \delta_2 \sum_{j=1}^{N} WR_{kjt} + \delta_3 \sum_{j=1}^{N} WEQ_{jt} \\ & + \delta_4 \sum_{j=1}^{N} WT_{jt} + \delta_5 \sum_{j=1}^{N} WQ_{gjt} + u_i + v_t + \varepsilon_{it} \end{aligned} \tag{7-9}$$

式中，k 分别表示 SO_2、NO_x 和烟粉尘；t 表示季度；N 表示受观测的城市数量。

空间杜宾模型不仅揭示了相邻区域因变量的空间溢出效应，而且研究了相邻区域自变量对自身因变量的影响。本书将相邻城市 j 的自变量对本城市 i 因变量 Q_{kit} 的影响定义为效应，将本城市 i 的自变量对自身因变量 Q_{kit} 的影响定义为应对，将效应和应对的影响之和定义为总效应。

（四）异质性分析

河南—山东区域连接带中的 14 个城市于 2017 年被确定为京津冀大气污染传输通道城市（APTC 城市）[①]，与京津冀及其周边地区各城市共同实行区域联防联控。这 14 个城市靠近京津冀地区，在区位上紧密相连。理论上，APTC 城市比其他城市更倾向于采取更积极的自发机制。为了比较这一差异，采用 SDM 模型将 APTC 城市作为一个整

① 包括滨州市、淄博市、德州市、济南市、聊城市、济宁市、菏泽市、濮阳市、安阳市、鹤壁市、新乡市、焦作市、开封市和郑州市。

体进行异质性分析。

第三节　实证结果与讨论分析

一　描述性统计

各污染物排放量的季度变化情况如图 7-2 所示。在总体趋势方面，SO_2 和 NO_x 排放量均在显著下降，烟粉尘排放量略有下降。NO_x 排放量减少幅度最大，推测 NO_x 存在巨大的减排空间。APTC 城市所有污染物的排放量均值高于连接带总体均值，反映出 APTC 城市面临更大的减排压力。

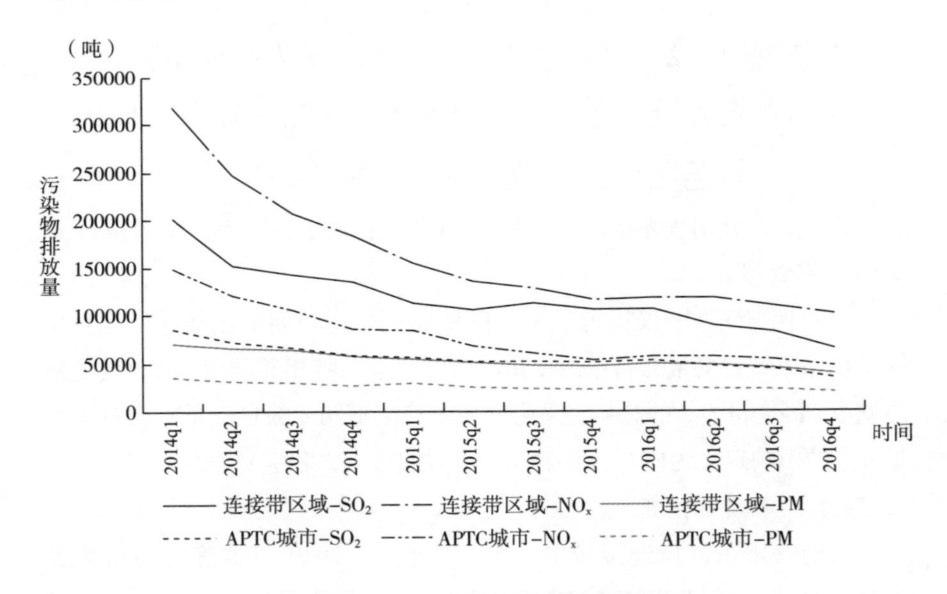

图 7-2　污染物排放量季度变化

二　莫兰指数

莫兰指数计算结果如表 7-2 所示。可以看到，连接带区域内所有主要大气污染物排放量均存在空间自相关关系。需要注意的是，虽然污染物排放量表现出空间自相关特征，但这并不能反映地区空气环境质量的空间自相关特征（Li et al.，2018a）。

表 7-2　主要污染物排放量的莫兰指数（I_{kt}）

季度	2014 q1	2014 q2	2014 q3	2014 q4	2015 q1	2015 q2	2015 q3	2015 q4	2016 q1	2016 q2	2016 q3	2016 q4
Q_{so2}	0. 220 (***)	0. 209 (***)	0. 231 (***)	0. 218 (***)	0. 163 (***)	0. 240 (***)	0. 161 (**)	0. 121 (**)	0. 141 (**)	0. 153 (**)	0. 191 (***)	0. 203 (***)
Q_{nox}	0. 126 (*)	0. 052	0. 142 (**)	0. 062 (*)	0. 258 (**)	0. 164 (**)	0. 144 (**)	0. 228 (***)	0. 194 (***)	0. 190 (***)	0. 184 (***)	0. 146 (**)
Q_{pm}	0. 190 (***)	0. 115 (**)	0. 118 (**)	0. 195 (***)	0. 211 (***)	0. 220 (***)	0. 233 (***)	0. 164 (***)	0. 156 (**)	0. 235 (***)	0. 186 (***)	0. 207 (***)

注：*、**、***分别表示在10%、5%和1%的水平上显著。

三 自发机制分析

（一）回归结果

SO_2 排放量的回归结果如表 7-3 所示。无论是在连接带区域整体，还是在 APTC 城市，自身减排率的提高均显著降低 SO_2 排放量。在连接带区域，环境监管因素对 SO_2 排放量产生显著的虹吸效应。相比之下，APTC 城市仅产业因素产生溢出效应。

表 7-3　　SO_2 排放量为因变量的回归结果

	连接带区域			APTC 城市		
	应对	效应	总效应	应对	效应	总效应
PV	0.000352*	3.60E-05	0.000388	0.000342	-0.000800***	-0.00046
	-0.0002	-0.00037	-0.00045	-0.00022	-0.00031	-0.00037
R_{so2}	-9386***	6918*	-2468	-16544**	18437	1893
	-1564	-3887	-4610	-7394	-12282	-11643
EQ	23.01	790.2***	813.2***	-117.8	-107.7	-225.5
	-98.33	-267.3	-294.2	-84.03	-180.4	-165.9
T	0.715	-1.395	-0.68	-0.113	0.633	0.52
	-0.525	-1.271	-1.475	-0.686	-0.946	-0.883
Q_g	0.000262	0.000503	0.000765	0.0162***	-0.00997***	0.00624***
	-0.00019	-0.00066	-0.00073	-0.00228	-0.003	-0.00218
Observations	408	408	408	168	168	168
R^2	0.254	0.254	0.254	0.135	0.135	0.135
City Number	34	34	34	14	14	14

注：*、**、***分别表示在 10%、5%和 1%的水平上显著。

NO_x 排放量的回归结果如表 7-4 所示。在连接带区域内，产业因素与环境监管因素均产生虹吸效应，而技术因素则产生溢出效应。相比之下，产业和环境监管因素在 APTC 城市表现出显著的溢出效应。同时，在 APTC 城市，产业和技术因素显著促进了城市自身的 NO_x 减排。从总效应看，自发机制对 APTC 城市 NO_x 减排效果显著。

表 7-4　　　　NO_x 排放量为因变量的回归结果

	连接带区域			APTC 城市		
	应对	效应	总效应	应对	效应	总效应
PV	4.53E-05	0.000678*	0.000723	-0.000695*	-0.00114**	-0.00183***
	-0.00026	-0.00041	-0.00046	-0.00038	-0.0005	-0.00052
R_{nox}	-8844***	-3117*	-11962***	-7059***	1750	-5309***
	-872	-1899	-2018	-1404	-2091	-1891
EQ	79.22	598.8**	678.0**	-96.85	-534.5*	-631.4**
	-129.8	-303.5	-313.4	-149.7	-296.7	-251.3
T	2.105***	0.143	2.248	1.267	-0.14	1.127
	-0.686	-1.367	-1.514	-1.218	-1.573	-1.326
Q_g	0.000179	-4.55E-05	0.000134	0.0212***	-0.0107**	0.0106***
	-0.00024	-0.00071	-0.00075	-0.0042	-0.00525	-0.00346
Observations	408	408	408	168	168	168
R^2	0.363	0.363	0.363	0.025	0.025	0.025
City Number	34	34	34	14	14	14

注：*、**、***分别表示在 10%、5%和 1%的水平上显著。

烟粉尘排放量的回归结果如表 7-5 所示。对该污染物而言，无论是在连接带区域整体层面，还是在 APTC 城市，环境监管均表现出显著的虹吸效应。而技术因素仅在城市内部显著降低排放，在城市之间则未能形成自发机制。在大多数情况下，自发机制增加了连接带区域的烟粉尘排放，减少了 APTC 城市的烟粉尘排放。

表 7-5　　　　烟粉尘排放量为因变量的回归结果

	连接带区域			APTC 城市		
	应对	效应	总效应	应对	效应	总效应
PV	0.000211***	0.000144	0.000355***	-8.34E-06	-3.10E-04***	-3.19E-04***
	-7.22E-05	-0.00011	-0.00013	-6.40E-05	-9.26E-05	-0.0001
R_{pm}	-161645***	2902	-158742***	-255511***	40431	-215081***
	-14057	-29863	-33327	-21024	-34081	-36022

续表

	连接带区域			APTC 城市		
	应对	效应	总效应	应对	效应	总效应
EQ	42.55	169.7*	212.3**	-12.84	93.52*	80.68
	-36.07	-87.9	-92.95	-25.69	-54.59	-51.12
T	0.265	-0.104	0.161	0.0265	-0.146	-0.119
	-0.19	-0.395	-0.439	-0.206	-0.281	-0.252
Q_g	5.65E-05	0.00018	0.000237	0.00881***	-0.00388***	0.00492***
	-6.66E-05	-0.0002	-0.00021	-0.00071	-0.0009	-0.00071
Observations	408	408	408	168	168	168
R^2	0.5	0.5	0.5	0.718	0.718	0.718
City Number	34	34	34	14	14	14

注：*、**、***分别表示10%、5%和1%的水平上显著。

在连接带内，环境监管因素的虹吸效应是城市间自发机制中最为显著的。在APTC城市中，产业因素的溢出效应是自发机制中最为显著的，自发机制中作用最不显著的则是技术因素。无论是连接带整体中的所有城市，还是APTC城市，城市自身的环境监管因素均未能发挥显著的污染物减排作用，技术因素则是城市内发挥减排作用最显著的因素。

由此说明，连接带内各城市环境监管不严格，且对周边城市产生了显著的示范效应，进而导致周边城市污染物排放量增加。从区域大气污染控制的目标实现来看，连接带内的自发机制并不是良性的，若不控制，将导致逐渐背离区域污染物减排的初衷。虽然目前连接带各城市基于技术改进来实现减排，但随着研究时段内污染物削减率的大幅度上升，技术改进减排的边际成本将不断升高，直至难以承受。

与连接带总体情况相比，APTC城市已经在产业因素上构建了良好的自发机制，这将有助于区域内各城市污染物的协同减排。但是，APTC城市环境监管和技术因素的自发机制不足。技术交流共享将是APTC城市未来自发机制完善的重点所在。

（二）自发机制

1. 产业因素

产业因素对连接带主要大气污染物排放量的影响如表7-6所示。

可以看到，在 APTC 城市，周边城市产值的提高会带来本城市所有主要污染物排放量的显著下降，说明产业因素的溢出效应十分明显。然而，作为应对，在 APTC 城市内部，除了 NO_x，另外两种污染物排放尚未明显表现出与工业企业产值的脱钩。相比之下，就连接带整体而言，产业因素却成为导致污染物排放的主要因素。在区域间效应方面，NO_x 排放表现出虹吸效应。在城市内部，企业产值的提高导致 SO_2 和烟粉尘排放量的显著增加。由城市间相互影响而形成的自发机制使产业因素的环境效应具有不确定性。

表 7-6　　产业因素对污染物排放量的影响

	连接带区域			APTC 城市		
	应对	效应	总效应	应对	效应	总效应
SO_2	N			NOR	溢出	
NO_x	NOR	虹吸		P	溢出	-0.00183***
PM	N		0.000355***	NOR	溢出	-0.000319***

注：*** 表示在 1%的水平上显著。

连接带区域工业产值的季度变化情况如图 7-3 所示。可以发现，APTC 城市的平均季度工业产值高于连接带所有城市的平均季度工业产值，且在研究时段内的增速快于后者。总体来看，连接带及其内部的 APTC 城市的工业产值随季度而增加，这种趋势自 2015 年第一季度以来表现得尤其明显。在此背景下，随着工业经济水平的增加，APTC 城市产业因素的溢出效应将发挥更大优势。对于连接带整体而言，企业产值的进一步增加会带来污染物排放量的持续增加。为扭转这种局面，一方面，应该建立区域性的市场化、多元化大气污染生态补偿机制，建立科学的生态补偿支付标准，以消除虹吸效应（Liu，2021）。另一方面，应实现区域内工业绿色发展，围绕资源能源利用效率和清洁生产水平提升，推动绿色产品、绿色工厂、绿色园区和绿色供应链全面发展，建立健全工业绿色发展长效机制（Yuan et al.，2020）。总而言之，区域内各城市之间的共赢是溢出效应得以实现的关键。

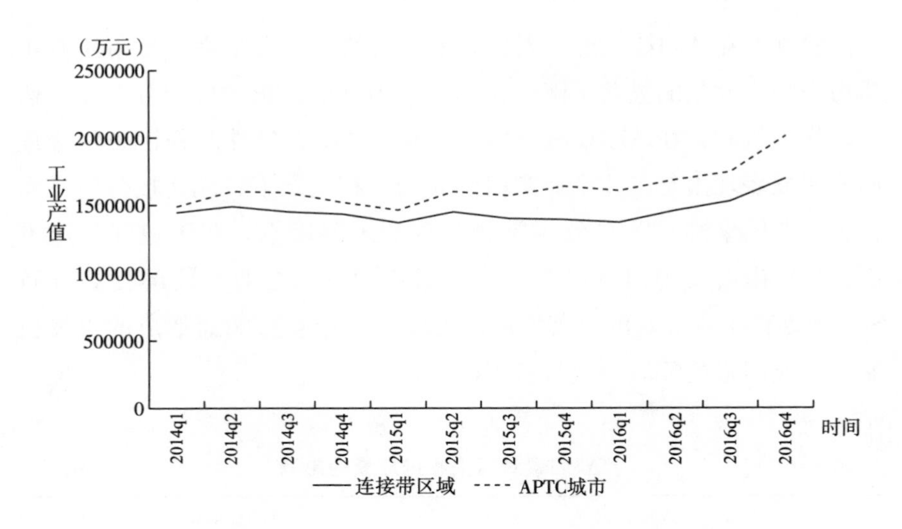

图 7-3 连接带区域平均工业产值的季度变化

2. 技术因素

如表 7-7 所示，无论是在连接带内还是在 APTC 城市，技术因素的自发机制主要体现为自身应对而非区域间效应。各城市企业自身的污染治理技术发展显著促进本城市企业所有污染物的减排，但在连接带区域仍存在相当程度的大气污染治理技术壁垒。特别是在 APTC 城市之间，所有污染物都没有观察到显著的区域间效应。

表 7-7 技术因素对污染物排放量的影响

	连接带区域			APTC 城市		
	应对	效应	总效应	应对	效应	总效应
SO_2	P	虹吸		P		
NO_x	P	溢出	-11962***	P		-5309***
PM	P		-158742***	P		-215081***

注：*** 表示在 1%的水平上显著。

在区域性的大气污染防治机制下，技术壁垒的存在虽然在短期内不会影响污染物的减排效果，但会由于区域内污染治理成本的增加而降低区域污染物减排的效率（Zhao et al.，2016）。由图7-4可知，连接带内主要大气污染物中，NO_x 削减率在2014—2016年的增幅最大，达到330.4%。相比之下，SO_2 削减率和颗粒物的削减率分别仅为19.0%和2.0%。可见，在连接带中，技术因素在 NO_x 减排上产生溢出效应，主要原因在于 NO_x 削减率远低于其他主要大气污染物，减排的边际成本更低，对于减排技术的要求并不高，因而容易促成城市间的技术合作。

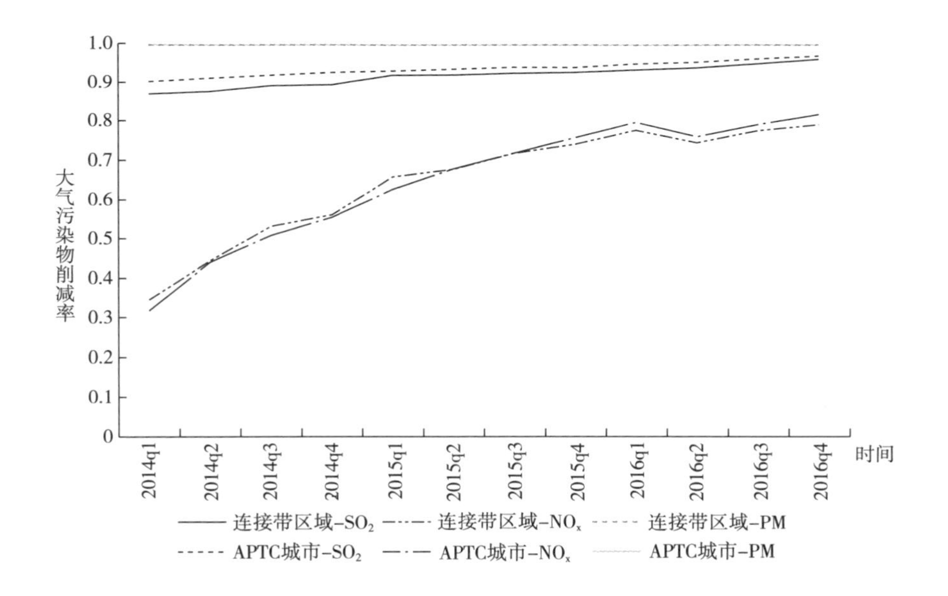

图7-4　主要大气污染物削减率的季度变化

事实上，随着本城市企业大气污染物削减率的不断提高以及污染治理技术的不断发展，污染物减排的边际成本将持续增加。此时，技术壁垒最终会造成部分行业和企业失去进一步减排的动力，从而影响整个区域的空气环境质量。从长期来看，技术壁垒放大了区域大气污染防治的低效率，进而阻碍了联防联控机制的实现。

为破解技术壁垒的问题，需要政府和市场同时发力。在政府层面上，应当加强激励和引导，鼓励连接带区域内各城市之间形成技术溢出效应，从而在区域内形成技术创新的集约效应，显著提高绿色经济发展效率。在市场层面上，应当加强对污染治理技术研发的补贴（Gao et al.，2021），建立区域性的排污权交易机制（Li et al.，2021）。通过强化技术创新，而非通过企业退出市场的方式实现区域大气污染物减排，从而在区域层面上实现环境与经济的双赢。

3. 环境监管因素

如表 7-8 所示，连接带区域内环境监管因素对所有污染物的排放均产生了虹吸效应，但无论是在连接带内还是在 APTC 城市，城市自身的环境监管因素均未对本城市大气污染物减排产生显著影响。连接带区域内环境监管因素和总效应之间的显著正相关关系表明区域大气污染联防联控机制尚未形成。连接带各个城市因为各自的发展阶段、利益诉求不完全一致而各自为政，导致区域内的大气污染防治目标、政策力度和执法尺度等难以统一。这意味着环境监管呈现出“碎片化”的特征，将导致责任冲突、搭便车问题和合作成本增加（Guo and Lu，2019）。此外，环境监管的虹吸效应本质上是在污染物控制方面的逐底行为，其后果是各地均放松对污染物排放的监管，进而影响区域大气环境目标的实现。

表 7-8　　环境监管因素对污染物排放量的影响

	连接带区域			APTC 城市		
	应对	效应	总效应	应对	效应	总效应
SO_2	NOR	虹吸	813.2***	NOR		
NO_x	NOR	虹吸	678.0**	NOR	溢出	-631.4**
PM	NOR	虹吸	212.3**	NOR	虹吸	

注：**、***分别表示在 5%和 1%的水平上显著。

对于削减率高的污染物而言，环境监管因素虹吸效应明显。特别是对于多季度平均削减率最高的烟粉尘来说，无论在 APTC 城市层面还是在连接带总体层面，环境监管因素都表现出明显的虹吸效应。然而，对于削减率较低的 NO_x 来说，环境监管因素的虹吸效应不明显。

在 APTC 城市，环境监管因素对 NO_x 的减排甚至产生溢出效应。在自发机制中，技术因素与环境监管因素之间存在正反馈。环境监管因素的虹吸效应会加深技术壁垒，而且环境监管的缺乏将会导致污染治理技术创新失去动力，进而在企业产值不断增加的背景下，由于缺乏对经济动力的遏制，污染物排放量反而增加。

4. 两种效应的比较

从总体来看，自发机制在连接带表现出更强的虹吸效应。而在 APTC 城市中，溢出效应是自发机制的主导。由于 APTC 城市所邻接的京津冀区域在大气污染联防联控上具有良好的基础，可以认为这些城市溢出效应的增强是京津冀地区的辐射所带来的。由于京津冀大气污染联防联控具有比较强的纵向特征，所以自发机制的发展壮大离不开由上至下的行政命令指导和协调。中央政府的干预通过加强地方之间的互动，打破了传统的区域间或行政机构间的界限（Xu and Wu，2020）。

从回归结果看，溢出效应倾向于显著降低总效应，从而有效促进污染物减排，这与城市自身的响应无关。与溢出效应的作用有所不同，当区域性大气污染防治影响因素表现出虹吸效应时，自发机制最终将无法实现污染物的减排，甚至会显著促进污染物排放量的增加。因此，消除虹吸效应同时鼓励溢出效应对于使自发机制转化为大气污染联防联控机制而言，具有很强的必要性。这也说明当前连接带区域内自发机制的关键是区域间效应。

第四节　结论与建议

由于重点企业在监测频率、监管力度、污染防治技术水平、企业规模等方面表现出较强的一致性，可在计量分析中引入尽可能小的误差。尽管得到了污染物排放的季度数据，但在当前的统计体系下，宏观社会经济信息以年度数据为主。因此，本章根据企业微观数据与区域大气污染防治自发机制的关系，创新性地构建和采用了季度层面的经济和监管指标。相比年度数据在较长时间内容易受到政策不确定性的影响、在短期时间内难以表现出稳定的变化规律，季度性数据一方面增加了短时期内的数据变化信息，有助于把握区域大气污染防治的变化规律，另一方面规避了由于政策不确定性导致分析结果可靠性受到影响。区域空气污染控制的政策建议将更适用于季度数据而不是年度数据。

通过莫兰指数发现，连接带各城市之间存在显著的空间自相关关系。高高空间自相关表现出围绕着行政中心的极化特征，低低空间自相关发生在非行政中心、非经济中心。而空间杜宾模型的回归结果则发现，存在区域大气污染控制的自发机制，但区域大气污染联防联控机制尚未建立。

相比其他因素，产业因素在 APTC 城市之间表现出明显的溢出效应。这证明了一个具有明确的自上而下主导的大气污染联防联控区域的周边地区会受到影响。然而，从 APTC 城市的应对来看，自发机制依然未能形成污染物排放与产值之间的脱钩。因此，在连接带区域形成自发机制基础的问题上，应当从破解对高污染行业的依赖性入手，完善助力绿色产业发展的价格、财税、投资等措施。

虽然技术进步是连接带大气污染物减排的最显著因素，然而城市之间的效应几乎不存在。由于存在较强的技术壁垒，各城市自身的污染物削减技术进步是大气污染物减排的主要来源。目前，驱动技术溢出的因素主要在于更低的边际减排成本，而不是自发的区域联防联控机制。因此，应当利用不同地区之间的污染治理成本差异，构建市场导向的绿色技术创新体系，加强污染治理技术创新引领。同时，探索和引导区域环境托管服务，提高区域大气污染治理的经济效率。

监管因素表现出明显的虹吸效应，说明缺乏引导的区域大气污染防治自发机制会导致负面效果。为了消除自发机制产生的虹吸效应以及由此造成的污染物排放量增加，有必要在连接带区域引入纵向机制。随着中央—地方联动机制的形成，建立大气污染联防联控的技术交流和经济激励机制，实现统一规划、统一标准、统一监测、统一防治措施的综合管理系统，推动形成区域大气环境治理的新格局。

第八章　“一带一路”倡议对沿线国家减碳的引领作用研究

第一节　研究背景

“一带一路”沿线国家间的经济往来日益频繁，外商直接投资（FDI）是其中的主要方面。为吸引外资，各国之间会开展环境政策博弈，甚至操纵环境政策以吸引更多FDI，导致污染水平上升，也即“污染天堂假说”（Duan and Jiang，2021）。与之相对，“污染光环假说”认为东道国倾向加严环境规制（Pazienz，2019），引入高质量、高效益的FDI（魏玮等，2017）。

影响FDI碳排放效应的机制可归纳为政策、创新和发展三个方面，并通过影响FDI的总量和结构发挥作用。在政策机制方面，环境规制等政策工具影响污染企业的区位选择，促进产业转移（Zheng and Shi，2017），吸引可持续的FDI。在创新机制方面，国家对研发的重视可能会促进FDI的技术扩展和转移，从而影响FDI的碳排放效应（Razzaq et al.，2021）。在发展机制方面，在各国不同的经济发展水平下FDI对碳排放的影响具有非线性门槛效应（黄杰，2017）。

考虑到各国在经济发展、技术水平和环境规制上的巨大差异，本章通过案例分析探究在宏观多元因素同FDI共同作用下的“一带一路”倡议对沿线国家的减碳效应。基于政策、创新和发展机制的异质性分析，本章探讨FDI“污染天堂效应”和“污染光环效应”之间的消长关系，识别中国“一带一路”倡议对减碳的引领作用，为“一带一路”

沿线国家实现经济合作与应对气候变化合作的双赢提供借鉴。

第二节 数据和方法

一 基础回归

本章研究选取“一带一路”倡议中达成合作共识较早、统计数据较全的33个国家为研究对象，如表8-1所示。

表8-1 本章研究涉及的33个“一带一路”沿线国家

序号	国家	序号	国家	序号	国家
1	阿塞拜疆	12	罗马尼亚	23	土耳其
2	保加利亚	13	斯洛伐克	24	斯里兰卡
3	白俄罗斯	14	斯洛文尼亚	25	乌兹别克斯坦
4	捷克	15	乌克兰	26	埃及
5	爱沙尼亚	16	俄罗斯	27	希腊
6	克罗地亚	17	塞浦路斯	28	巴基斯坦
7	匈牙利	18	伊朗	29	马来西亚
8	哈萨克斯坦	19	伊拉克	30	越南
9	立陶宛	20	以色列	31	印度
10	马其顿	21	阿曼	32	印度尼西亚
11	波兰	22	沙特阿拉伯	33	菲律宾

选取二氧化碳排放量（*carbon*）作为因变量，外商直接投资流入（*fdi_in*）作为自变量，引入以下宏观因素作为控制变量：

（1）国内生产总值（*GDP*），反映国家的经济发展程度，其与碳排放的关系可用环境库兹涅茨曲线解释（Benzerrouk et al.，2021）。

（2）能源结构（*fossil_rate*），用化石能源在能源消费量中的占比衡量，比重越大则碳排放越强；反之则可再生能源占比提高（Gyamfi et al.，2021）。

（3）进出口总额（*total_export*），反映国家的对外开放程度。国际贸易可能使高碳产业跨境转移（花瑞祥和蓝艳，2020）。

（4）工业增加值占比（*industry_rate*），即工业增加值占 GDP 的比重，比重越大则国家对工业的依赖程度越高，碳排放增加的趋势越难以扭转。

（5）城市人口数（*urban*），反映城市化水平与消费水平，越高则 CO_2 排放量可能越大。

综合以上变量，设定回归模型如下：

$$\ln carbon_{it}=\alpha_0+\alpha_1\ln fdi\_in_{i,t}+\alpha_2\ln gdp_{i,t}+\alpha_3\ln industry\_rate_{it}+\alpha_4 fossil\_rate_{it}+\alpha_5\ln total\_export_{it}+\alpha_6\ln urban_{it}+\lambda_t+\eta_i+v_{it} \quad (8-1)$$

式中，i 表示国家，t 表示年份，λ_t 表示个体固定效应，η_i 表示时间固定效应，v_{it} 表示随机误差项。标准误为异方差—稳健标准误。为剥离 FDI 以外因素对碳排放的影响，并保证各解释变量的重要性，研究采用逐步回归方法。

研究的时间范围为 1997—2018 年，各变量的描述性统计如表 8-2 所示。

表 8-2 变量描述性统计

变量名称	含义	单位	均值	标准差	最小值	最大值
fdi_in	外商直接投资流入	美元	5.619×10^9	9.885×10^9	0	7.167×10^{10}
carbon	二氧化碳排放量	千吨	213970.54	373154.7	5140	2334000
GDP	国内生产总值	百万美元	258107.4	383797	785.3746	2826588
industry_rate	工业增加值占比	%	32.456	11.948	9.98	84.8
fossil_rate	化石能源占比	%	89.616	9.537	57.399	100
total_export	进出口总额	百万美元	162339.92	190990.19	825.593	1258148.6

续表

变量名称	含义	单位	均值	标准差	最小值	最大值
urban	城市人口数	人	43078477	1.417×10^8	282659	8.923×10^8
energy_intensity	能源强度	英热/美元	16999.56	16939.444	3216.639	138274.66

注：①为消除通货膨胀因素的影响，通过 GDP 平减指数将以货币单位计量的变量换算为 2010 年不变价。

②当国家未接收 FDI 流入或撤资值大于流入值时，FDI 流入计为 0；取对数时，ln*fdi_in* = ln（*fdi_in*+1）。

资料来源：世界银行数据库、英国石油公司（BP）数据库。

二　异质性分析

为了验证政策、创新和发展机制对 FDI “污染天堂效应” 和 “污染光环效应” 间消长关系的影响，本章开展异质性分析，分类标准如下。

政策机制方面，“一带一路” 倡议可能影响 FDI 及其碳排放效应。以 2013 年为分界点，本章将样本划分为 “一带一路” 倡议提出前（1997—2013 年）和 “一带一路” 倡议提出后（2014—2018 年）。

创新机制方面，加大研发投入是有效的碳减排途径，不同的科技发展水平可能影响 FDI 及其碳排放效应。可以发现，仅 11 个国家在 1997—2018 年平均研发投入占 GDP 的比重超过 1%。因此，本章以各国研发投入占 GDP 的比重是否达到 1%为分界点，区分高研发投入国家和低研发投入国家。

发展机制方面，鉴于不同的经济发展水平下 FDI 对碳排放的影响具有非线性效应，为此本章借鉴了 “中等收入陷阱” 概念（杨海珍和李昌萌，2021）。假定 “中等收入陷阱” 为 3000—12000 美元，以各国 1997—2018 年平均人均 GDP 是否达到 10000 美元作为分界点，区分经济发展水平较高国家和经济发展水平较低国家。

此外，不同国家的定位和发展模式也与宏观因素存在关联，进而影响碳排放。不过，世界各国的发展模式存在多种分类方法，且每种分类方法下的政策、经济、社会和环境特征均存在较大差异（Talebzadehhosseini and Garibay，2022），“一带一路”沿线国家跨越多个大洲和文化，既有研究对这些国家发展模式的划分也存在多种类别（Bompard et al.，2022），因此本书并未考虑国家发展定位或发展模式对碳排放的影响。事实上，书中所选取的宏观因素都具有较好的代表性，可以从不同的侧面反映“一带一路”沿线国家的发展状况。

三 门槛回归

环境规制对碳排放的影响体现出非线性特征（王雅楠等，2018）。为探究不同环境规制强度下 FDI 对碳排放的影响，本章运用 Hansen 的非线性门槛回归模型，以环境规制为门槛变量，构建回归模型如下：

$$\begin{aligned}\ln carbon_{it} = & \beta_0+\beta_1\ln fdi\_in_{it}\times I(ER_{it}<\gamma_1)+\beta_2\ln fdi\_in_{it}\times I(\gamma_1<ER_{it}<\gamma_2) \\ & +\cdots+\beta_n\ln fdi\_in_{it}\times I(\gamma_{n-1}<ER_{it}<\gamma_n)+\beta_{n+1}\ln fdi\_in_{it} \\ & \times I(ER_{it}>\gamma_n)+\beta_{n+2}Z_{it}+\lambda_t+\eta_i+v_{it}\end{aligned} \tag{8-2}$$

式中，ER_{it} 表示国家 i 在 t 年的环境规制，Z_{it} 为控制变量，λ_t 为地区固定效应，η_i 为时间固定效应，v_{it} 为随机误差项。

综合数据可得性以及碳排放与能源消费的相关性，本章选取能源强度（*energy_intensity*）表征环境规制，即单位 GDP 的一次能源消费量。理论上，能源强度越低，环境规制越严格，FDI 的“污染光环效应”越明显；反之，FDI 倾向于表现出较强的“污染天堂效应”。

第三节 FDI 与碳排放

一 FDI 总量和结构

2003 年以来，“一带一路”沿线国家 FDI 显著上升，至 2008 年达到峰值（见图 8-1）。此后，受到国际金融危机影响，FDI 显著下降并表现出波动趋势，反映了“一带一路”沿线国家加强经济合作的必要性。相比较而言，中国对“一带一路”沿线国家的投资则呈现出波动上升的趋势。特别是在 2013 年之后，来自中国的投资占 FDI 的比重始终保持在较高水平，并于 2015 年达到 12.2%的最高水平。

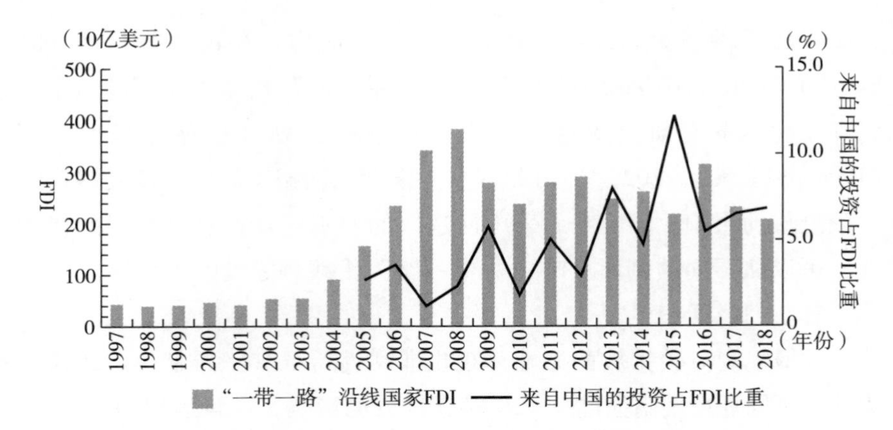

图 8-1　“一带一路”沿线国家 FDI（1997—2018 年）及来自中国的投资的占比（2005—2018 年）

注：通过 GDP 平减指数将 FDI 换算为 2010 年不变价。

资料来源：世界银行、国研网“一带一路”研究与决策支撑平台。

在 33 个“一带一路”沿线国家中，俄罗斯 FDI 最高，其次是印度和塞浦路斯，体现出国家发达程度、经济体量等经济因素与 FDI 的关联（见表 8-3）。此外，中国企业不仅向俄罗斯、希腊等“一带一路”沿线国家中经济水平相对较高的国家投资，也向经济水平较低的国家投资，表现出投资去向多元化。总体来看，中国投资占“一带一路”沿线国家 FDI 的比重差别较大，同时也是获得较少 FDI 国家的主要外资来源。

表 8-3　FDI 和中国投资前十名的“一带一路”沿线国家（1997—2018 年）

排名	FDI		中国投资		来自中国的投资占 FDI 比重	
	国家	FDI（百万美元）	国家	中国投资（百万美元）	国家	来自中国的投资占 FDI 比重（%）
1	俄罗斯	517458.69	俄罗斯	33860	伊拉克	96.30
2	印度	457667.86	印度尼西亚	24090	巴基斯坦	39.76
3	塞浦路斯	355367.36	哈萨克斯坦	19070	斯里兰卡	33.54
4	匈牙利	313116.72	马来西亚	18980	希腊	23.77
5	波兰	263303.87	印度	16780	哈萨克斯坦	14.04

续表

排名	FDI		中国投资		来自中国的投资占 FDI 比重	
	国家	FDI（百万美元）	国家	中国投资（百万美元）	国家	来自中国的投资占 FDI 比重（%）
6	沙特阿拉伯	224162.03	巴基斯坦	14900	马来西亚	12.91
7	印度尼西亚	196433.22	伊拉克	11820	印度尼西亚	12.26
8	土耳其	196406.61	以色列	9820	伊朗	10.51
9	以色列	168987.84	希腊	9750	斯洛文尼亚	8.27
10	捷克	155889.01	越南	5880	乌兹别克斯坦	7.90

注：为消除通货膨胀因素的影响，通过 GDP 平减指数将 FDI 换算为 2010 年不变价。

资料来源：世界银行、国研网“一带一路”研究与决策支撑平台。

2013—2018 年中国对“一带一路”沿线国家的投资集中在能源、金属、运输领域，三个行业的占比之和高达 65%（见图 8-2）。由于能源、金属和运输行业均属于碳密集型产业，可以认为中国与“一带一路”沿线国家的投资合作会影响地区碳排放的走向，来自中国的投资对绿色“一带一路”建设至关重要。

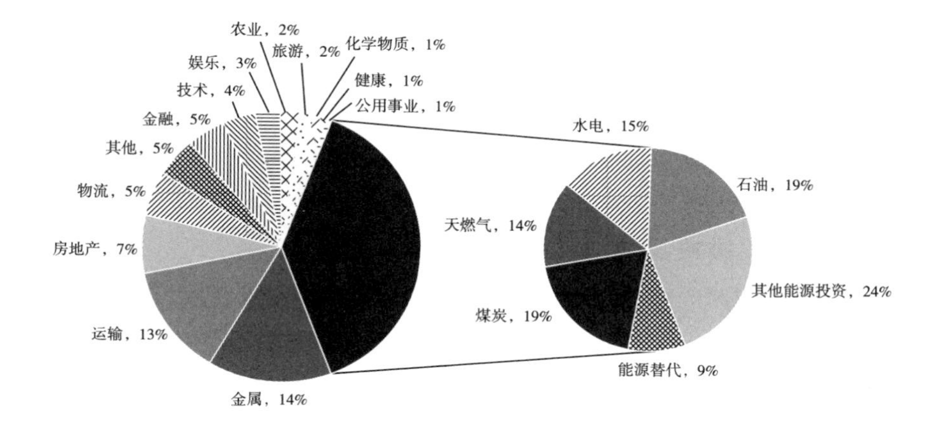

图 8-2 中国对“一带一路”沿线国家 FDI 流向（2013—2018 年）

资料来源：国研网“一带一路”研究与决策支撑平台。

在中国对“一带一路”沿线国家的能源投资中，对包括煤炭、石油、天然气在内的化石能源行业的投资仅占52%，水电、能源替代和其他能源投资所占比重达到48%。相比之下，在“一带一路”沿线国家的能源结构中，2013—2018年化石能源的比重高达91.42%，而新能源（水电、可再生能源、核能）的比重不足10%（见图8-3）。因此，中国投资对“一带一路”国家的绿色低碳发展起到了促进作用。不仅如此，自2013年“一带一路”倡议提出后，“一带一路”沿线国家新能源的比重显著提升，年均增幅在1.95%，而在1997—2012年则年均下降0.26%。由此说明，“一带一路”倡议起到了对绿色低碳发展的引领示范作用。

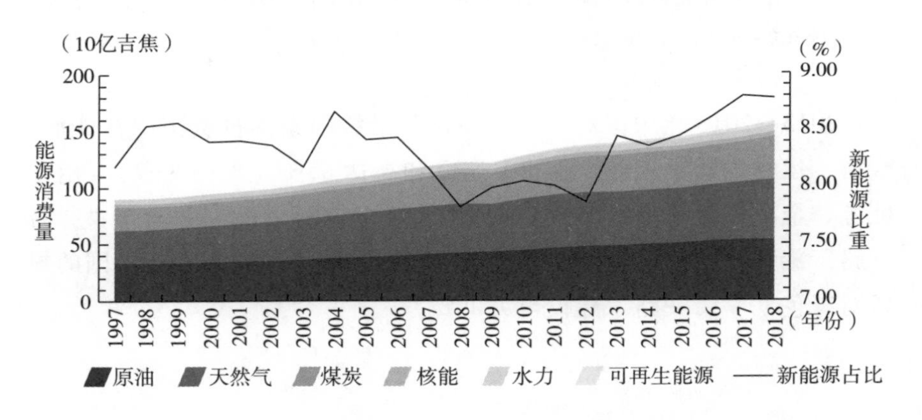

图8-3 “一带一路”沿线国家能源结构变化（1997—2018年）

注：新能源包括核能、水力和可再生能源。

资料来源：英国石油公司（BP）数据库。

二 CO_2 排放量

1997年以来，“一带一路”沿线国家CO_2排放量呈现上升趋势，然而能源强度总体上有所下降（见图8-4）。环境规制日趋增强，能源效率逐步提高，这是实现碳达峰、碳中和目标的必要条件。

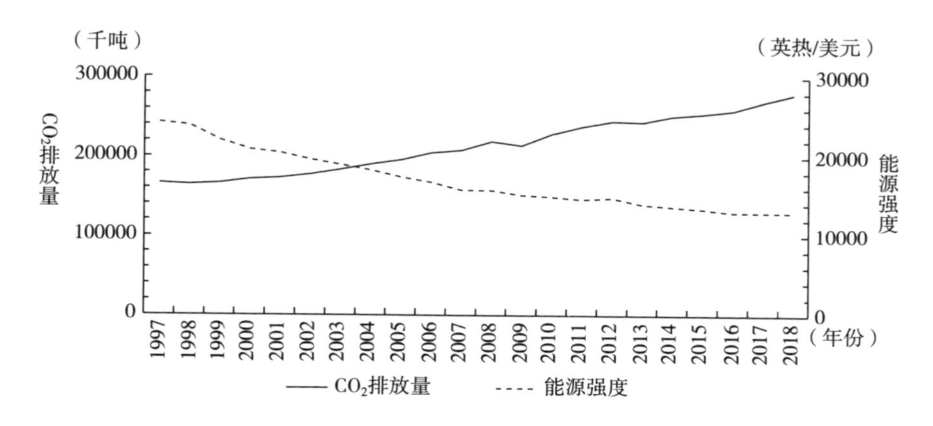

图 8-4 “一带一路”沿线国家 CO_2 排放量和能源强度（1997—2018 年）

注：能源强度中，GDP 换算为 2010 年不变价。

资料来源：世界银行。

俄罗斯与印度的 CO_2 排放量高，与其经济体量大有关；伊朗和沙特阿拉伯的 CO_2 排放量也较高，与其以石油为主的能源结构相关（见表 8-4）。值得注意的是，1997—2018 年，“一带一路”沿线国家的 CO_2 排放量增长率差异明显，其中 18 个国家增长率为正，15 个国家增长率为负。

表 8-4 碳排放量、增长率及下降率前十名的“一带一路”沿线国家（1997—2018 年）

排名	碳排放量年均值		碳排放量增长率		碳排放量下降率	
	国家	数值（千吨）	国家	数值（%）	国家	数值（%）
1	俄罗斯	1635949	越南	671.3	乌克兰	43.7
2	印度	1438799	阿曼	369.5	罗马尼亚	39.2
3	伊朗	473223.2	印度	194.8	保加利亚	24.0
4	沙特阿拉伯	433699.5	斯里兰卡	158.4	斯洛伐克	20.7
5	印度尼西亚	357757.3	伊朗	152.6	捷克	14.4
6	乌克兰	308870.5	马来西亚	142.4	爱沙尼亚	14.3

续表

排名	碳排放量年均值		碳排放量增长率		碳排放量下降率	
	国家	数值（千吨）	国家	数值（%）	国家	数值（%）
7	波兰	308660.9	印度尼西亚	130.4	希腊	13.8
8	土耳其	272010	沙特阿拉伯	124.5	北马其顿	12.4
9	哈萨克斯坦	234918.6	伊拉克	124.2	阿塞拜疆	12.3
10	埃及	175965.5	巴基斯坦	118.2	斯洛文尼亚	11.2

资料来源：世界银行。

第四节　实证结果与讨论分析

一　逐步回归结果

式（8-1）的回归结果如表 8-5 所示。FDI 的系数始终为正显著，FDI 每增加 10%，碳排放增加 0.04%，反映出 FDI 对碳排放的“污染天堂效应”。其原因在于：“一带一路”沿线国家各有其比较优势，从而为跨国企业投资提供了机遇，但是各国环境规制水平不一，导致碳排放规制起步晚、强度低的国家成为污染企业的“污染避难所”。据联合国全球契约组织《企业碳中和路径图——落实巴黎协定和联合国可持续发展目标之路》，截至 2021 年，在 33 个“一带一路”沿线国家中，仅不足 1/2 的国家通过立法或行政手段应对气候变化，间接佐证了上述结论。

GDP 显著影响 CO_2 排放量，说明转变经济增长方式、实现经济发展与碳排放脱钩是“一带一路”沿线国家的当务之急。考虑到 GDP 每增加 10%，CO_2 排放量增加 4.97%，远大于 FDI 的碳排放影响，因此基于优化 FDI 实现碳排放“污染光环效应”的可能性较大。加强对跨国公司的环境规制和清洁技术推广，可以发挥 FDI 对国内生产的绿色引导作用，特别应当增加具有低碳特征的来自中国的投资，在促进经济发展的同时减少“污染天堂效应”。

此外，城市人口增加促进了消费，也显著增加了碳排放。由于 GDP 和城市人口数均对 CO_2 排放量产生显著影响，下文将进一步分析二者的关联性。

表 8-5　　FDI 碳排放效应逐步回归结果

	(1)	(2)	(3)	(4)	(5)	(6)
	ln*carbon*					
ln*fdi_in*	0.00579* (0.00318)	0.00522*** (0.00184)	0.00524*** (0.00185)	0.00484** (0.00177)	0.00417** (0.00189)	0.00407** (0.00185)
ln*GDP*		0.573* (0.308)	0.593** (0.290)	0.524* (0.303)	0.677** (0.259)	0.497* (0.265)
industry_rate			-0.00277 (0.00686)	-0.00201 (0.00670)	0.000739 (0.00813)	0.00157 (0.00765)
fossil_rate				0.0108 (0.0107)	0.00986 (0.00932)	0.00994 (0.00720)
ln*total_export*					-0.176 (0.217)	-0.116 (0.215)
ln*urban*						0.692** (0.288)
Constant	11.04*** (0.0835)	4.659 (3.450)	4.522 (3.288)	4.302 (3.140)	4.486 (3.300)	-5.069 (4.885)
Observations	726	726	726	726	726	726
R^2	0.246	0.353	0.355	0.378	0.394	0.440

注：括号内为稳健标准误，*、**、*** 分别表示在 10%、5%和 1%的水平上显著。

二　异质性分析

如表 8-6 所示，对“一带一路”倡议影响的分析结果见列（1）、列（2）；对研发投入占比影响的分析结果见列（3）、列（4）；对人均 GDP 影响的分析结果见列（5）、列（6）。

表 8-6　　FDI 的碳排放效应异质性分析结果

	(1) 1997—2013 年	(2) 2014—2018 年	(3) 研发投入占比大于 1%	(4) 研发投入占比小于 1%	(5) 人均 GDP 大于 10000 美元	(6) 人均 GDP 小于 10000 美元
	ln*carbon*					
ln*fdi_in*	0.00307*	−0.000314	0.00186	0.00497**	−0.000795	0.00544*
	(0.00172)	(0.000530)	(0.00169)	(0.00222)	(0.00236)	(0.00315)
ln*GDP*	0.155	0.893***	1.094***	0.0533	1.031***	0.393
	(0.271)	(0.222)	(0.221)	(0.283)	(0.179)	(0.331)
industry_rate	0.00839	0.00616	−0.00510	0.00314	0.0185***	−0.00696
	(0.00775)	(0.00491)	(0.00953)	(0.00776)	(0.00564)	(0.00885)
fossil_rate	0.0107	0.0104***	−0.00134	0.0345***	0.0231*	0.00688
	(0.00724)	(0.00257)	(0.00130)	(0.00843)	(0.0123)	(0.00716)
ln*total_export*	−0.0762	0.0428	−0.542**	0.0703	−0.538**	0.00168
	(0.184)	(0.118)	(0.189)	(0.238)	(0.177)	(0.259)
ln*urban*	0.773**	0.105	−0.669*	0.666**	0.224	0.649**
	(0.283)	(0.517)	(0.323)	(0.297)	(0.355)	(0.272)
Constant	−3.216	−2.422	15.09**	−4.282	−0.929	−4.149
	(5.274)	(8.359)	(5.897)	(4.873)	(5.750)	(5.818)
Observations	561	165	242	484	264	462
R^2	0.427	0.534	0.637	0.519	0.640	0.440

注：括号内为稳健标准误，*、**、*** 分别表示在 10%、5%和 1%的水平上显著。

（一）政策机制

随着"一带一路"倡议在 2013 年的提出与推广，FDI 与碳排放之间的关系由正显著变为不显著，反映出中国在企业对外投资中的绿色低碳要求越来越得到"一带一路"沿线国家的认同，"污染天堂效应"因此弱化。在控制变量中，GDP 的影响则由不显著变为正显著，城市人口数的影响由正显著变为不显著，而能源结构表现出显著影响。

将资本形成总额作为投资变量，城市人口数作为消费变量，出口额作为出口变量，GDP 为因变量，得到回归结果见表 8-7 列（1），回归结果证实了投资、消费和出口为长期经济增长的“三驾马车”。进一步，以2013年为时间分界点开展异质性分析，结果见表8-7列(2)、列(3)。结合表8-6发现，在“一带一路”倡议提出之前，消费对GDP的拉动作用并不显著，但显著增加了CO_2排放量，这是低水平经济增长中大量基本消费需求形成的低水平能源利用所致。在“一带一路”倡议提出后，消费水平的提高意味着能源利用效率得到改进，但与此同时消费通过GDP的中介效应增加了碳排放。

表8-7 “一带一路”沿线国家投资、消费和出口对GDP影响的回归结果

	(1) 1997—2018年	(2) 1997—2013年	(3) 2014—2018年
	ln*GDP*		
ln*capital*	0.176***	0.131**	0.122*
	(0.0562)	(0.0491)	(0.0650)
ln*urban*	0.356**	0.229	0.408**
	(0.151)	(0.183)	(0.192)
ln*export*	0.234***	0.260***	0.106
	(0.0742)	(0.0924)	(0.0768)
Constant	1.520	3.694	2.955
	(2.598)	(3.302)	(3.205)
Observations	726	561	165
R^2	0.911	0.897	0.813

注：括号内为稳健标准误，*、**、***分别表示在10%、5%和1%的水平上显著。

（二）创新机制

随着研发占比的提高，FDI对碳排放的影响由正显著变为不显著，反映出创新对于FDI“污染天堂效应”的遏制。相关研究也表明，积极促进与研发相关的FDI使国家创新体系受益（Guimon et al.，2018）。因此，2017年，习近平提出了“一带一路”科技创新行动计划。强化与中国的投资合作，可以引导“污染光环效应”的形成。

对于研发占比高的国家，GDP显著增加了碳排放，而城镇人口数和进出口总额均显著抑制了碳排放。可见，科技创新增强了“一带一路”沿线国家的可持续消费和绿色国际贸易，以此抵消了 GDP 增长的碳排放效应。

（三）发展机制

当跨越中等收入陷阱后，FDI 对碳排放的“污染天堂效应”消失，且绿色贸易的发展显著减少了碳排放。因此，尚未跨过中等收入陷阱的低经济发展水平国家更应重视 FDI 的使用效率。

然而，对于跨越了中等收入陷阱的“一带一路”沿线国家而言，GDP、工业增加值占比和能源结构对碳排放均产生显著正影响，经济增长表现出不可持续性。这些国家利用 FDI 的重点领域，应当聚焦于绿色、低碳、循环的经济模式，以促进产业结构调整和能源结构清洁化，实现高质量发展。

（四）讨论

政策、创新和发展三类机制均导致 FDI 的碳排放效应发生显著变化，其中发展机制影响最大，表现为经济发展水平较低国家的“污染天堂效应”明显，由此凸显了经济发展的重要性。然而，回归结果也表明，经济快速发展特别是工业发展显著增加了碳排放。随着经济的发展，“一带一路”沿线国家的产业需要实现绿色低碳转型。从 FDI 自身来看，低碳和环境责任应当是首选原则，来自中国的投资无疑是理想选择。

就控制变量而言，上述三类机制的改进均导致了 GDP 对碳排放的促进作用，同时也削弱了消费的碳排放效应，创新机制甚至促进了可持续消费。此外，创新和发展机制的改进有助于实现绿色国际贸易。各类机制有利有弊，且创新机制改进的碳减排效果相对稳定。因此，在“一带一路”倡议的引导下，各国应致力于提升国内科技水平，并使三种机制协同并重，形成对碳减排的合力，促进持续的 FDI“污染光环效应”。

三 门槛回归结果

利用式（8-2）分别进行单门槛、双门槛和三门槛的检验，结果显示仅在单门槛和双门槛时各门槛的 p 值显著，如表 8-8 所示。因此，进一步使用双门槛模型进行回归分析，bootstrap 次数为 500。

表 8-8 门槛条件检验

门槛	门槛值（英热/美元）	F 值	95%置信区间
单一	13970. 57	236. 93***	[13786. 45，14060. 75]
双重	35953. 29	131. 95***	[34363. 60，37568. 17]

注：*** 表示在 1%的水平上显著。

回归结果（见表 8-9）显示门槛效应存在。当能源强度大于第二门槛时，FDI 与碳排放显著正相关。弹性系数随能源强度下降而减小。当能源强度低于第一门槛，FDI 与碳排放显著负相关。因此，包括环境准入机制和低碳市场机制在内的严格环境规制应当被引入 FDI 政策，以确保投资在碳减排上的可持续性。

表 8-9 FDI 碳排放效应门槛回归结果

	ln*carbon*
ln*GDP*	0. 716*** (0. 0560)
industry_rate	0. 00182 (0. 00167)
fossil_rate	0. 0108*** (0. 00171)
ln*total_export*	-0. 129*** (0. 0323)
ln*urban*	0. 356*** (0. 0770)
ln*fdi_in* (*energy_intensity*≤13970. 57)	-0. 00262* (0. 00139)
ln*fdi_in* (13970. 57<*energy_intensity*≤35953. 29)	0. 0138*** (0. 00153)
ln*fdi_in* (35953. 29<*energy_intensity*)	0. 0323*** (0. 00213)

续表

	lncarbon
Constant	−2.301**
	(1.137)
Observations	726
R^2	0.647

注：括号内为稳健标准误，*、**、***分别表示在10%、5%和1%的水平上显著。

2013年前，“一带一路”沿线国家能源强度差异大，平均能源强度介于第一门槛和第二门槛之间；2013年起，平均能源强度降至第一门槛之下，仅有爱沙尼亚的能源强度高于第二门槛（见图8-5）。该结果反映出“一带一路”倡议对于环境规制的促进作用。因此，通过文化和科技交流宣传中国的碳达峰、碳中和理念与方法，同时加大中国投资的比重，有利于强化“一带一路”沿线国家的环境规制。

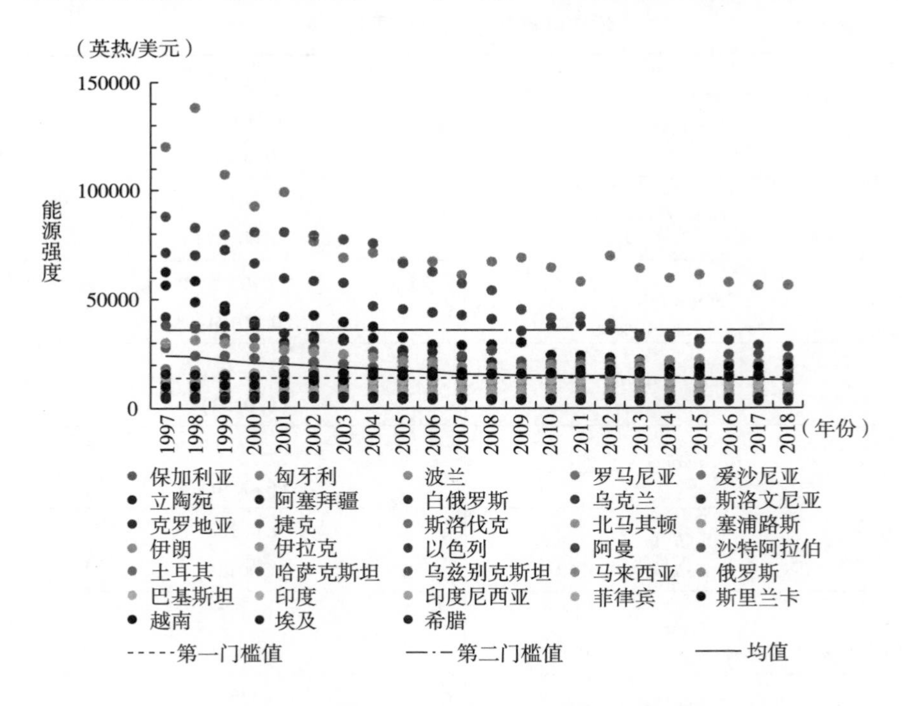

图8-5 “一带一路”沿线国家能源强度（1997—2018年）

第五节 结论与建议

（1）“一带一路”沿线国家FDI显著增加了碳排放，体现出“污染天堂效应”。来自中国的投资具有低碳化特征，增加与中国的投资往来并由此引领与其他各国的投资，能在促进经济发展的同时削弱“污染天堂效应”。

（2）我国提出的“一带一路”倡议注重绿色低碳发展，削弱了“一带一路”沿线国家FDI对碳排放的“污染天堂效应”，发挥了对应对气候变化的引领示范作用。

（3）经济发展可削弱FDI对碳排放的“污染天堂效应”，然而经济快速发展特别是工业发展显著增加了碳排放。因此，“一带一路”沿线国家的产业需要实现绿色低碳转型，并基于低碳和环境责任原则选择FDI。

（4）“一带一路”沿线国家以提升国内科技水平为基础，协同政策、创新和发展三类机制，形成对碳减排的合力，促进持续的FDI“污染光环效应”。

（5）强化环境规制促进了FDI的“污染光环效应”，“一带一路”倡议了推动各国加强了环境规制。各国应增加与中国的合作与交流，运用环境准入机制和环境经济手段，引导FDI投向绿色低碳领域。

附录 A

附表 A-1　　中国区域大气污染防治政策体系的发展历程

历程	时间	政策名称	发布单位	主要内容
探索阶段	1995 年	《中华人民共和国大气污染防治法（1995 年修订版）》	全国人民代表大会常务委员会	（1）相关法律目标：控制二氧化硫污染和酸雨。 （2）具体规定：国务院环境保护部门会同国务院有关部门，根据气象、地形、土壤等自然条件，可以对已经产生、可能产生酸雨的地区或者其他二氧化硫污染严重的地区，经国务院批准后，划定为酸雨控制区或者二氧化硫污染控制区。在酸雨控制区和二氧化硫污染控制区内排放二氧化硫的火电厂和其他大中型企业，属于新建项目不能用低硫煤的，必须建设配套脱硫、除尘装置或者采取其他控制二氧化硫排放、除尘的措施，属于已建企业不用低硫煤的，应当采取控制二氧化硫排放、除尘的措施。国家鼓励企业采用先进的脱硫、除尘技术
	1996 年	《关于环境保护若干问题的决定》	国务院	（1）相关政策目标：解决区域环境问题。 （2）具体规定：地方各级人民政府要按照《中华人民共和国大气污染防治法》，做好大气污染防治工作，重点防治燃煤产生的大气污染，控制二氧化硫和酸雨污染加重的趋势。国家环保局要尽快会同有关部门依法提出酸雨控制区和二氧化硫污染控制区的划定意见和目标要求，报国务院批准后执行

续表

历程	时间	政策名称	发布单位	主要内容
探索阶段	1998 年	《酸雨控制区和二氧化硫污染控制区划分方案》	国家环境保护局	（1）“两控区”划定范围：总面积约为 109 万平方千米，占国土面积的 11.4%，其中酸雨控制区面积约为 80 万平方千米，占国土面积的 8.4%，二氧化硫污染控制区面积约为 29 万平方千米，占国土面积的 3%。 （2）“两控区”污染防治目标：到 2000 年，“两控区”内排放二氧化硫的工业污染源达标排放，二氧化硫排放量控制在国家规定的总量控制指标内，“两控区”重点城市环境空气二氧化硫浓度达到国家环境质量标准，酸雨控制区酸雨恶化的趋势得到缓解；到 2010 年，“两控区”内二氧化硫排放量控制在 2000 年排放水平之内，“两控区”内所有城市环境空气二氧化硫浓度达到国家环境质量标准，酸雨控制区降水 pH≤4.5 地区的面积明显减少。 （3）“两控区”污染防治措施：涉及制定“两控区”综合防治规划，限制高硫煤的开采和使用，重点治理火电厂污染，削减二氧化硫排放总量，防治化工、冶金、有色、建材等行业生产过程排放的二氧化硫污染，大力研究开发二氧化硫污染防治技术和设备，做好二氧化硫排污收费工作，运用经济手段促进治理、强化“两控区”环境监督管理等
	2002 年	《国务院关于两控区酸雨和二氧化硫污染防治“十五”计划的批复》	国务院	（1）“两控区”污染防治目标：到 2005 年“两控区”内二氧化硫排放量比 2000 年减少 20%，酸雨污染程度有所减轻，80%以上的城市空气二氧化硫浓度年均值达到国家环境空气质量二级标准。 （2）“两控区”污染防治手段：限产或关停高硫煤矿，加快发展动力煤洗选加工，降低城市燃料含硫量；淘汰高能耗、重污染的锅炉、窑炉及各类生产工艺和设备；控制火电厂二氧化硫排放，加快建设一批火电厂脱硫设施，新建、扩建和改建火电机组必须同步安装脱硫装置或采取其他脱硫措施。 （3）保障措施：涉及责任分配、资金筹措、相关部门支持和监督检查等
	2002 年	《改善粤港珠江三角洲空气质素的联合声明（2002—2010）》	广东省政府、香港特别行政区政府	（1）政策目标：到 2010 年，将珠江三角洲地区内二氧化硫、氮氧化物、可吸入悬浮粒子和挥发性有机化合物的排放总量，以 1997 年为参照基准，分别削减 40%、20%、55%和 55%。 （2）污染防治手段：包括调整能源布局、提高工业污染源排放标准、推进机动车排气污染控制等。 （3）保障措施：涉及空气质量监测、能力建设、交流培训等

续表

历程	时间	政策名称	发布单位	主要内容
探索阶段	2007年	《国家环境保护“十一五”规划》	国务院	（1）相关政策目标：以火电厂建设脱硫设施为重点，确保完成到2010年二氧化硫排放量减少10%的目标，遏制酸雨发展。以113个环保重点城市和城市群地区的大气污染综合防治为重点，努力改善城市和区域空气环境质量。 （2）具体规定：统筹规划长三角、珠三角、京津冀等城市群地区的区域性大气污染防治，有条件的城市要开展氮氧化物、有机污染物等复合污染问题以及灰霾天气的研究，逐步开展对臭氧和PM2.5（直径小于2.5微米的可吸入颗粒物）等指标的监测，建立光化学烟雾污染预警系统
	2008年	《长江三角洲地区环境保护工作合作协议（2009—2010年）》	上海市政府、江苏省政府、浙江省政府	（1）相关政策目标：加强区域大气污染控制，大力削减二氧化硫排放总量，在2010年之前，全面完成燃煤电厂脱硫工程建设，严格控制新建火电厂。 （2）保障措施：完善区域环境信息共享与发布制度，在2009年上半年，首先建设完成长三角城市空气质量发布系统，通过两省一市环保部门网站，向社会统一发布长三角城市每日空气环境质量
建立阶段	2010年	《关于推进大气污染联防联控工作改善区域空气质量的指导意见》	国务院	（1）政策目标：到2015年，建立大气污染联防联控机制，形成区域大气环境管理的法规、标准和政策体系，主要大气污染物排放总量显著下降，重点企业全面达标排放，重点区域内所有城市空气质量达到或好于国家二级标准，酸雨、灰霾和光化学烟雾污染明显减少，区域空气质量大幅改善。确保2010年上海世博会和广州亚运会空气质量良好。 （2）指导思想：以科学发展观为指导，以改善空气质量为目的，以增强区域环境保护合力为主线，以全面削减大气污染物排放为手段，建立统一规划、统一监测、统一监管、统一评估、统一协调的区域大气污染联防联控工作机制，扎实做好大气污染防治工作。 （3）重点区域划定：开展大气污染联防联控工作的重点区域是京津冀、长三角和珠三角地区；在辽宁中部、山东半岛、武汉及其周边、长株潭、成渝、台湾海峡西岸等区域，要积极推进大气污染联防联控工作；其他区域的大气污染联防联控工作，由有关地方人民政府根据实际情况组织开展。

续表

历程	时间	政策名称	发布单位	主要内容
建立阶段	2010 年	《关于推进大气污染联防联控工作改善区域空气质量的指导意见》	国务院	（4）重点防控对象确定：大气污染联防联控的重点污染物是二氧化硫、氮氧化物、颗粒物、挥发性有机物等，重点行业是火电、钢铁、有色、石化、水泥、化工等，重点企业是对区域空气质量影响较大的企业，需解决的重点问题是酸雨、灰霾和光化学烟雾污染等。 （5）污染防治手段：包括优化区域产业结构和布局、加大重点污染物防治力度、加强能源清洁利用、加强机动车污染防治等。 （6）保障措施：包括完善区域空气质量监管体系、加强空气质量保障能力建设、加强组织协调等
	2012 年	《重点区域大气污染防治“十二五”规划》	环境保护部、国家发展和改革委员会、财政部	（1）政策目标：到 2015 年，重点区域二氧化硫、氮氧化物、工业烟粉尘排放量分别下降 12%、13%、10%，挥发性有机物污染防治工作全面展开；环境空气质量有所改善，可吸入颗粒物、二氧化硫、二氧化氮、细颗粒物年均浓度分别下降 10%、10%、7%、5%，臭氧污染得到初步控制，酸雨污染有所减轻；建立区域大气污染联防联控机制，区域大气环境管理能力明显提高。京津冀、长三角、珠三角区域将细颗粒物纳入考核指标，细颗粒物年均浓度下降 6%；其他城市群将其作为预期性指标。 （2）基本原则：经济发展与环境保护相协调、联防联控与属地管理相结合、总量减排与质量改善相统一、先行先试与全面推进相配合。 （3）重点区域划定：京津冀地区重点控制区为北京、天津、石家庄、唐山、保定、廊坊 6 个城市；长三角地区重点控制区为上海、南京、无锡、常州、苏州、南通、扬州、镇江、泰州、杭州、宁波、嘉兴、湖州、绍兴 14 个城市；珠三角地区重点控制区为辖区内所有 9 个城市。辽宁中部城市群重点控制区为沈阳市；山东城市群重点控制区为济南市、青岛市、淄博市、潍坊市、日照市；武汉及其周边城市群重点控制区为武汉市；长株潭城市群重点控制区为长沙市；成渝城市群重点控制区为重庆市主城区、成都市；海峡西岸城市群重点控制区为福州市、三明市；山西中北部城市群重点控制区为太原市；陕西关中城市群重点控制区为西安市、咸阳市；甘宁城市群重点控制区为兰州市、银川市；新疆乌鲁木齐城市群重点控制区为乌鲁木齐市。 （4）污染防治手段：包括统筹区域环境资源，优化产业结构与布局；加强能源清洁利用，控制区域煤炭消费总量；深化大气污染治理，实施多污染物协同控制等。 （5）保障措施：包括区域大气污染联防联控联席会议机制、区域大气环境联合执法监管机制、重大项目环境影响评价会商机制、环境信息共享机制、区域大气污染预警应急机制

续表

历程	时间	政策名称	发布单位	主要内容
建立阶段	2013年	《大气污染防治行动计划》	国务院	（1）相关政策目标：经过五年努力，全国空气质量总体改善，重污染天气较大幅度减少；京津冀、长三角、珠三角等区域空气质量明显好转。力争再用五年或更长时间，逐步消除重污染天气，全国空气质量明显改善。经过五年努力，全国空气质量总体改善，重污染天气较大幅度减少；京津冀、长三角、珠三角等区域空气质量明显好转。力争再用五年或更长时间，逐步消除重污染天气，全国空气质量明显改善。 （2）污染防治手段：包括加大综合治理力度，减少多污染物排放；调整优化产业结构，推动产业转型升级；加快企业技术改造，提高科技创新能力；加快调整能源结构，增加清洁能源供应；严格节能环保准入，优化产业空间布局；等等。 （3）保障措施：包括健全法律法规体系，严格依法监督管理、建立监测预警应急体系，妥善应对重污染天气、明确政府企业和社会的责任，动员全民参与环境保护等
深化阶段	2014年	《中华人民共和国环境保护法》（2014年修订版）	全国人民代表大会常务委员会	（1）相关法律目标：改善区域环境质量。 （2）具体规定：国家建立跨行政区域的重点区域、流域环境污染和生态破坏联合防治协调机制，实行统一规划、统一标准、统一监测、统一的防治措施

续表

历程	时间	政策名称	发布单位	主要内容
深化阶段	2015 年	《中华人民共和国大气污染防治法》（2015 年修订版）	全国人民代表大会常务委员会	（1）相关法律目标：改善重点区域大气环境质量。 （2）具体规定：国家建立重点区域大气污染联防联控机制，统筹协调重点区域内大气污染防治工作。国务院生态环境主管部门根据主体功能区划、区域大气环境质量状况和大气污染传输扩散规律，划定国家大气污染防治重点区域，报国务院批准。 （3）工作机制：重点区域内有关省、自治区、直辖市人民政府应当确定牵头的地方人民政府，定期召开联席会议，按照统一规划、统一标准、统一监测、统一的防治措施的要求，开展大气污染联合防治，落实大气污染防治目标责任。国务院生态环境主管部门应当加强指导、督促。 （4）污染防治手段：包括根据重点区域经济社会发展和大气环境承载力，制定重点区域大气污染联合防治行动计划，明确控制目标，优化区域经济布局，统筹交通管理，发展清洁能源，实施更严格的机动车大气污染物排放标准，实行煤炭的等量或者减量替代等。 （5）保障措施：包括建立大气环境质量监测、大气污染源监测信息共享机制，开展联合执法、跨区域执法、交叉执法等
	2015 年	《生态文明体制改革总体方案》	中共中央、国务院	（1）相关政策目标：建立健全环境治理体系。 （2）具体规定：建立污染防治区域联动机制。完善京津冀、长三角、珠三角等重点区域大气污染防治联防联控协作机制，其他地方要结合地理特征、污染程度、城市空间分布以及污染物输送规律，建立区域协作机制。在部分地区开展环境保护管理体制创新试点，统一规划、统一标准、统一环评、统一监测、统一执法。完善突发环境事件应急机制，提高与环境风险程度、污染物种类等相匹配的突发环境事件应急处置能力

续表

历程	时间	政策名称	发布单位	主要内容
深化阶段	2018年	《打赢蓝天保卫战三年行动计划》	国务院	（1）政策目标：经过3年努力，大幅减少主要大气污染物排放总量，协同减少温室气体排放，进一步明显降低细颗粒物（PM2.5）浓度，明显减少重污染天数，明显改善环境空气质量，明显增强人民的蓝天幸福感。到2020年，二氧化硫、氮氧化物排放总量分别比2015年下降15%以上；PM2.5未达标地级及以上城市浓度比2015年下降18%以上，地级及以上城市空气质量优良天数比率达到80%，重度及以上污染天数比率比2015年下降25%以上；提前完成“十三五”目标任务的省份，要保持和巩固改善成果；尚未完成的，要确保全面实现“十三五”约束性目标；北京市环境空气质量改善目标应在“十三五”目标基础上进一步提高。 （2）重点区域划定：京津冀及周边地区，包含北京市，天津市，河北省石家庄市、唐山市、邯郸市、邢台市、保定市、沧州市、廊坊市、衡水市以及雄安新区，山西省太原市、阳泉市、长治市、晋城市，山东省济南市、淄博市、济宁市、德州市、聊城市、滨州市、菏泽市，河南省郑州市、开封市、安阳市、鹤壁市、新乡市、焦作市、濮阳市等；长三角地区，包含上海市、江苏省、浙江省、安徽省；汾渭平原，包含山西省晋中市、运城市、临汾市、吕梁市，河南省洛阳市、三门峡市，陕西省西安市、铜川市、宝鸡市、咸阳市、渭南市以及杨凌示范区等。 （3）污染防治手段：包括调整优化产业结构，推进产业绿色发展、加快调整能源结构，构建清洁低碳高效能源体系、积极调整运输结构，发展绿色交通体系、优化调整用地结构，推进面源污染治理、实施重大专项行动，大幅降低污染物排放、强化区域联防联控，有效应对重污染天气等。 （4）相关政策要求：涉及建立完善区域大气污染防治协作机制（包括将京津冀及周边地区大气污染防治协作小组调整为京津冀及周边地区大气污染防治领导小组；建立汾渭平原大气污染防治协作机制，纳入京津冀及周边地区大气污染防治领导小组统筹领导；继续发挥长三角区域大气污染防治协作小组作用等）、加强重污染天气应急联动（包括强化区域环境空气质量预测预报中心能力建设、完善预警分级标准体系、实施区域应急联动等）、夯实应急减排措施（包括制定完善重污染天气应急预案、细化应急减排措施、重点区域实施秋冬季重点行业错峰生产）等。 （5）保障措施：包括健全法律法规体系，完善环境经济政策、加强基础能力建设，严格环境执法督察、明确落实各方责任，动员全社会广泛参与等

续表

历程	时间	政策名称	发布单位	主要内容
深化阶段	2019 年	《中共中央关于坚持和完善中国特色社会主义制度推进国家治理体系和治理能力现代化若干重大问题的决定》	中国共产党第十九届中央委员会	（1）相关政策目标：坚持和完善生态文明制度体系，促进人与自然和谐共生。 （2）具体规定：完善污染防治区域联动机制和陆海统筹的生态环境治理体系
	2020 年	《关于构建现代环境治理体系的指导意见》	中共中央办公厅、国务院办公厅	（1）相关政策目标：到 2025 年，建立健全环境治理的领导责任体系、企业责任体系、全民行动体系、监管体系、市场体系、信用体系、法律法规政策体系，落实各类主体责任，提高市场主体和公众参与的积极性，形成导向清晰、决策科学、执行有力、激励有效、多元参与、良性互动的环境治理体系。 （2）具体规定：完善污染防治区域联动机制和陆海统筹的生态环境治理体系
	2021 年	《中华人民共和国国民经济和社会发展第十四个五年规划和 2035 年远景目标纲要》	全国人民代表大会	（1）相关政策目标：深入打好污染防治攻坚战，建立健全环境治理体系，推进精准、科学、依法、系统治污，协同推进减污降碳，不断改善空气、水环境质量，有效管控土壤污染风险。 （2）具体规定：坚持源头防治、综合施策，强化多污染物协同控制和区域协同治理，持续改善京津冀及周边地区、汾渭平原、长三角地区空气质量

附录 B

附表 B-1　　国家战略层面的减碳政策

时间	组织或单位	文件名	重点工作
2020 年 3 月	中共中央办公厅、国务院办公厅	《关于构建现代环境治理体系的指导意见》	构建党委领导、政府主导、企业主体、社会组织和公众共同参与的现代环境治理体系
2020 年 10 月	中国共产党第十九届中央委员会第五次全体会议	《中共中央关于制定国民经济和社会发展第十四个五年规划和二〇三五年远景目标的建议》	深入分析国际国内形势，就制定国民经济和社会发展“十四五”规划和二〇三五年远景目标提出了建议
2021 年 1 月	生态环境部	《关于统筹和加强应对气候变化与生态环境保护相关工作的指导意见》	加快推进应对气候变化与生态环境保护相关职能协同、工作协同和机制协同，加强源头治理、系统治理、整体治理，以更大力度推进应对气候变化工作，实现减污降碳协同效应，为实现碳达峰目标与碳中和愿景提供支撑保障，助力美丽中国建设
2021 年 3 月	十三届全国人大四次会议	《中华人民共和国国民经济和社会发展第十四个五年规划和 2035 年远景目标纲要》	在建设现代化基础设施体系、深入实施制造强国战略等多个方面提出绿色发展，产业布局优化和结构调整，力争实现碳达峰、碳中和的目标

续表

时间	组织或单位	文件名	重点工作
2021 年 3 月	十三届全国人大四次会议	《2021 年政府工作报告》	提出扎实做好碳达峰、碳中和各项工作。制定 2030 年前碳排放达峰行动方案。优化产业结构和能源结构。推动煤炭清洁高效利用，大力发展新能源，在确保安全的前提下积极有序发展核电等重点工作任务
2021 年 10 月	中共中央办公厅、国务院办公厅	《国家标准化发展纲要》	优化标准化治理结构，增强标准化治理效能，提升标准国际化水平。在完善绿色发展标准化保障方面，提出建立健全碳达峰、碳中和标准，筑牢绿色生产标准基础以及强化绿色消费标准引领等具体要求
2021 年 9 月	中共中央办公厅、国务院办公厅	《关于完整准确全面贯彻新发展理念做好碳达峰碳中和工作的意见》	旨在完整、准确、全面贯彻新发展理念，做好碳达峰、碳中和工作。明确了绿色低碳循环发展、经济社会发展全面绿色转型等方面的具体目标，包括：到 2025 年单位 GDP 二氧化碳排放比 2020 年下降 18%，到 2030 年森林覆盖率达到 25%左右，到 2060 年非化石能源消费比重达到 80% 以上等；并从推进经济社会发展全面绿色转型、深度调整产业结构、加快构建清洁低碳安全高效能源体系等 11 方面提出 35 项具体工作内容
2021 年 10 月	国务院	《2030 年前碳达峰行动方案》	旨在扎实推进碳达峰行动。行动方案明确了“十四五”与“十五五”时期推进碳达峰行动的主要目标，明确重点实施能源绿色低碳转型行动、节能降碳增效行动、工业领域碳达峰行动、城乡建设碳达峰行动、交通运输绿色低碳行动、循环经济助力降碳行动、绿色低碳科技创新行动、碳汇能力巩固提升行动、绿色低碳全民行动、各地区梯次有序碳达峰行动等“碳达峰十大行动”
2021 年 11 月	中共中央办公厅、国务院办公厅	《关于深入打好污染防治攻坚战的意见》	旨在进一步加强生态环境保护。意见提出了到 2025 年单位国内生产总值二氧化碳排放量比 2020 年下降 18%、到 2035 年广泛形成绿色生产生活方式等主要目标，并从加快推动绿色低碳发展等七方面明确了深入推进碳达峰行动等 40 余项工作内容

附表 B-2 政策制度中的综合减碳政策体系

时间	组织或单位	文件名	重点工作
2021年5月	生态环境部、商务部、发展改革委等八部门	《关于加强自由贸易试验区生态环境保护推动高质量发展的指导意见》	到2025年，实现自贸试验区生态环境保护推动高质量发展的架构基本形成，能耗强度和二氧化碳排放强度明显降低，在推动绿色低碳发展、生态环境治理、国际合作等方面形成一批可复制可推广的管理和制度创新成果等主要目标
2021年7月	国家发展改革委	《"十四五"循环经济发展规划》	深入推进循环经济发展，推动实现碳达峰、碳中和。规划遵循"减量化、再利用、资源化"原则，提出到2025年，资源循环型产业体系基本建立、覆盖全社会的资源循环利用体系基本建成等主要目标，单位GDP能源消耗比2020年降低13.5%左右、大宗固废综合利用率达到60%等具体目标
2021年9月	中共中央办公厅、国务院办公厅	《关于深化生态保护补偿制度改革的意见》	明确了深化生态保护补偿制度改革的2025年和2035年目标及重点任务，提出加快建设全国用能权、碳排放权交易市场，健全以国家温室气体自愿减排交易机制为基础的碳排放权抵消机制，将林业、可再生能源、甲烷利用等领域温室气体自愿减排项目纳入全国碳排放权交易市场等内容
2021年10月	中共中央办公厅、国务院办公厅	《关于推动城乡建设绿色发展的意见》	旨在扭转我国大量建设、大量消耗、大量排放的建设方式，推动城乡建设绿色发展。在转变城乡建设发展方式方面，提出建设高品质绿色建筑，实施建筑领域碳达峰、碳中和行动，并实现工程建设全过程绿色建造等内容

附表B-3　　政策制度中的市场层面减碳政策体系

时间	组织或单位	文件名	重点工作
2020年10月	生态环境部等五部门	《关于促进应对气候变化投融资的指导意见》	旨在大力推进应对气候变化投融资发展，引导和撬动更多社会资金进入应对气候变化领域，进一步激发潜力、开拓市场，推动形成减缓和适应气候变化的能源结构、产业结构、生产方式和生活方式
2021年1月	生态环境部	《碳排放权交易管理办法（试行）》	落实建设全国碳排放权交易市场的决策部署，在应对气候变化和促进绿色低碳发展中充分发挥市场机制作用，进一步加强对温室气体排放的控制和管理，推动温室气体减排，规范全国碳排放权交易及相关活动
2021年2月	国务院	《关于加快建立健全绿色低碳循环发展经济体系的指导意见》	旨在加快建立健全绿色低碳循环发展经济体系，促进经济社会发展全面绿色转型，确保实现碳达峰、碳中和目标。意见明确了2025年和2035年具体目标，部署了健全绿色低碳循环发展的生产体系、流通体系、消费体系，加快基础设施绿色升级等重点工作任务
2021年3月	生态环境部	《企业温室气体排放报告核查指南（试行）》	旨在进一步规范全国碳排放权交易市场企业温室气体排放报告核查活动。明确了重点排放单位温室气体排放报告的核查原则和依据、核查程序和要点、核查复核以及信息公开等内容
2021年3月	生态环境部	《关于加强企业温室气体排放报告管理相关工作的通知》	旨在夯实全国碳排放权交易市场扩大行业覆盖范围和完善配额分配方法的数据基础。通知对2020年度温室气体排放数据报告与核查的相关工作做出部署，并明确了全国碳排放权交易市场首个履约周期的配额核定和清缴履约时间安排
2021年4月	中国人民银行、国家发展改革委、证监会	《绿色债券支持项目目录（2021年版）》	旨在进一步规范国内绿色债券市场，充分发挥绿色金融在调结构、转方式、促进生态文明建设、推动经济可持续发展等方面的积极作用，助力实现碳达峰、碳中和目标。明确了节能环保、清洁生产、清洁能源、基础设施绿色升级等产业领域的绿色债券支持项目

续表

时间	组织或单位	文件名	重点工作
2021年5月	生态环境部	《碳排放权结算管理规则（试行）》	旨在进一步规范全国碳排放权登记、交易、结算活动，保护全国碳排放权交易市场各参与方合法权益。规定了全国碳排放权注册登记机构成立前，由湖北碳排放权交易中心有限公司承担全国碳排放权注册登记系统账户开立和运行维护等具体工作；全国碳排放权交易机构成立前，由上海环境能源交易所股份有限公司承担全国碳排放权交易系统账户开立和运行维护等具体工作；注册登记机构负责全国碳排放权交易的统一结算，管理交易结算资金，防范结算风险等内容
2021年5月	国家发展改革委	《污染治理和节能减碳中央预算内投资专项管理办法》	旨在提高中央资金使用效益，调动社会资本参与污染治理和节能减碳的积极性。办法明确了投资专项支持范围与标准、投资计划申报与审查规则、投资计划下达流程、项目管理、监督检查等内容
2021年6月	财政部	《大气污染防治资金管理办法》	旨在规范和加强大气污染防治资金使用管理，支持大气污染防治和协同应对气候变化相关工作。办法指出，防治资金重点支持范围包括北方地区冬季清洁取暖、大气环境治理和管理能力建设、PM2.5与O_3协同控制等，办法新增大气污染防治和协同应对气候变化工作相关防治资金安排建议
2021年10月	生态环境部	《关于做好全国碳排放权交易市场数据质量监督管理相关工作的通知》	明确了切实提高对做好全国碳市场数据质量监督管理工作重要性的认识、迅速开展数据质量自查工作、配合做好发电行业控排企业温室气体排放报告专项监督执法、建立碳市场排放数据质量管理长效机制等工作内容
2021年12月	生态环境部等九部委	《气候投融资试点工作方案》	明确了气候投融资定义和支持范围，提出了通过3—5年的努力，试点地方基本形成有利于气候投融资发展的政策环境等试点目标，部署了有序发展碳金融、强化碳核算与信息披露等八项重点任务，并在组织实施方面明确了试点的申报条件等内容

附表 B-4　政策制度中的监督执法层面减碳政策体系

时间	组织或单位	文件名	重点工作
2021 年 5 月	中央生态环境保护督察办公室	《生态环境保护专项督察办法》	旨在完善督察制度体系，规范专项督察行为，推动解决突出生态环境问题，压实生态环境保护责任。办法明确了督察对象和重点，并规范了督察程序和权限。办法于 2021 年 5 月 10 日开始施行
2021 年 5 月	生态环境部	《环境信息依法披露制度改革方案》	旨在落实生态文明体制改革部署，对环境信息依法披露制度改革作出顶层设计。改革方案明确了到 2025 年，实现环境信息强制性披露制度基本形成，企业依法按时、如实披露环境信息，多方协作共管机制有效运行，监督处罚措施严格执行，法治建设不断完善，技术规范体系支撑有力，社会公众参与度明显上升的主要目标
2021 年 12 月	生态环境部	《企业环境信息依法披露管理办法》	旨在深入推进环境信息依法披露制度改革。管理办法明确了企业环境信息依法披露的主体、内容、形式、时限、监督管理等基本内容。在披露内容方面，明确企业年度环境信息依法披露报告应包括污染物产生、治理与碳排放信息等

附表 B-5　涉及公众参与的减碳政策体系

时间	组织或单位	文件名	重点工作
2021 年 2 月	生态环境部	《“美丽中国，我是行动者”提升公民生态文明意识行动计划（2021—2025 年）》	旨在加大宣传生态文明思想，推动构建生态环境治理全民行动体系，加快推动绿色低碳发展，形成人人关心、支持、参与生态环境保护工作的局面，为持续改善生态环境、建设美丽中国打造坚实社会基础
2021 年 6 月	生态环境部、中央文明办	《关于推动生态环境志愿服务发展的指导意见》	旨在促进生态环境志愿服务制度化、规范化、常态化，加快形成人与自然和谐发展的现代化建设新格局。意见要求，要把生态环境志愿服务纳入地方生态文明建设的总体规划和布局，加强资金投入、能力建设、宣传推广等方面的保障

续表

时间	组织或单位	文件名	重点工作
2021年7月	教育部	《高等学校碳中和科技创新行动计划》	旨在发挥高校基础研究主力军和重大科技创新策源地的作用，为进一步确保如期实现碳达峰、碳中和的目标提供科技支撑和人才保障。计划明确了近期、中期和长期目标，并提出了碳中和人才培养、科学技术攻关、优化资源配置等具体措施
2021年12月	生态环境部	《“十四五”生态环境科普工作实施方案》	旨在提升公民生态环境科学素质，深化生态环境科普与科技创新、科学文化的全面深度融合。方案提出了我国生态环境科普2025年具体工作目标；明确了丰富拓展生态环境科普内容创作、整体提升生态环境科普设施水平等八项主要任务。在丰富拓展生态环境科普内容创作方面，指出要围绕碳达峰碳中和、细颗粒物和臭氧污染协同防控等主题开发系列主题科普作品等

附表B-6　针对产业领域的减碳政策体系（部分）

时间	组织或单位	文件名	重点工作
2019年3月	国家发展改革委等七部门	《绿色产业指导目录（2019年版）》	厘清绿色产业边界，将有限的政策和资金引导到对推动绿色发展最重要、最关键、最紧迫的产业，包括节能环保、清洁生产、清洁能源、生态环境产业、基础设施绿色升级和绿色服务六大类
2020年3月	国家发展改革委、司法部	《关于加快建立绿色生产和消费法规政策体系的意见》	旨在加快建立绿色生产和消费法规政策体系，解决绿色生产和消费领域法规政策仍不健全，还存在激励约束不足、操作性不强等问题
2020年6月	国家发展改革委	《关于做好2020年重点领域化解过剩产能工作的通知》	为深入推进供给侧结构性改革，全面巩固去产能成果，提出钢铁、煤炭等重点行业加快推动落后产能退出，加快推动行业高质量发展

续表

时间	组织或单位	文件名	重点工作
2021年2月	科技部	《国家高新区绿色发展专项行动实施方案》	旨在推动培育具有影响力的绿色发展示范园区领先企业。在国家高新区率先实现联合国2030年可持续发展议程、工业废水近零排放、碳达峰、园区绿色发展治理能力现代化等目标，部分高新区率先实现碳中和
2021年5月	生态环境部	《关于加强高耗能、高排放建设项目生态环境源头防控的指导意见》	旨在加快推动绿色低碳发展，坚决遏制高耗能、高排放项目盲目发展，推动绿色转型和高质量发展。意见明确了加强生态环境分区管控和规划约束、严格“两高”项目环评审批、推进“两高”行业减污降碳协同控制、依排污许可证强化监管执法、保障政策落地见效等工作重点，包括深入实施“三线一单”、将碳排放影响评价纳入环境影响评价体系等具体工作内容
2021年5月	国家发展改革委等四部门	《全国一体化大数据中心协同创新体系算力枢纽实施方案》	首次提出了“东数西算”工程，推动大数据中心建设与碳达峰碳中和改造有效结合
2021年11月	国家发展改革委等十部门	《“十四五”全国清洁生产推行方案》	旨在加快推行清洁生产，促进经济社会发展全面绿色转型。方案提出了到2025年NO_x和VOCs排放总量比2020年分别下降10%与10%以上等主要目标，从突出抓好工业清洁生产等六方面明确了加强高耗能高排放项目清洁生产评价、大力推进重点行业清洁低碳改造等19项工作内容
2021年12月	工业和信息化部	《“十四五”工业绿色发展规划》	到2025年，单位工业增加值二氧化碳排放降低18%、重点行业主要污染物排放强度降低10%等目标；明确了聚焦工业领域碳达峰行动、构建绿色低碳技术体系和绿色制造支撑体系、推动能源消费低碳化转型等主要任务

续表

时间	组织或单位	文件名	重点工作
2021年12月	国家发展改革委	《贯彻落实碳达峰碳中和目标要求推动数据中心和5G等新型基础设施绿色高质量发展实施方案》	到2025年，全国新建大型、超大型数据中心平均电能利用效率降到1.3以下，5G基站能效提升20%以上等发展目标，并部署了创新节能技术、优化节能模式、利用绿色能源等六项主要任务
2021年12月	工业和信息化部、科技部、自然资源部	《"十四五"原材料工业发展规划》	旨在优化传统产业和产品结构，补齐产业链短板。规划提出2025年吨钢综合能耗降低2%、电解铝碳排放下降5%等具体目标，从产业结构、绿色低碳等五个方面提出加快产业发展绿色化等五项重点任务，并部署低碳制造试点工程等五大工程

附表B-7　　针对能源领域的减碳政策体系（部分）

时间	组织或单位	文件名	重点工作
2020年2月	财政部等三部门	《关于促进非水可再生能源发电健康发展的若干意见》	旨在促进非水可再生能源发电健康稳定发展：一是完善现行补贴方式，二是完善市场配置资源和补贴退坡机制，三是优化补贴兑付流程，四是加强组织领导
2020年7月	财政部	《清洁能源发展专项资金管理暂行办法》	旨在通过规范和加强清洁能源专项资金管理，促进清洁能源开发利用，优化能源结构，保障能源安全。注：除支持可再生能源开发利用外，该专项资金现阶段仍支持清洁化石能源以及化石能源清洁化利用
2020年12月	生态环境部	《2019—2020年全国碳排放权交易配额总量设定与分配实施方案（发电行业）》	旨在加快推进全国碳排放权交易市场建设，方案规定了发电行业碳排放配额总量设定、分配方法、配额发放与清缴等内容
2021年3月	国家发展改革委	《关于引导加大金融支持力度　促进风电和光伏发电等行业健康有序发展的通知》	旨在缓解可再生能源企业困难，促进可再生能源健康有序发展。通知明确了金融机构按照商业化原则与可再生能源企业协商展期或续贷，按照市场化、法治化原则自主发放补贴确权贷款，通过核发绿色电力证书方式适当弥补企业分担的利息成本等具体内容

续表

时间	组织或单位	文件名	重点工作
2021 年 5 月	国家发展改革委、国家能源局	《关于 2021 年可再生能源电力消纳责任权重及有关事项的通知》	旨在落实碳达峰、碳中和，实现 2025 年非化石能源占一次能源消费比重提高至 20% 左右的目标。通知明确了各省（区、市）2021 年可再生能源电力消纳责任权重和 2022 年预期目标
2021 年 5 月	国家发展改革委	《关于“十四五”时期深化价格机制改革行动方案的通知》	能源价格改革方面，行动方案明确，要继续推进输配电价改革，持续深化上网电价市场化改革，完善风电、光伏发电、抽水蓄能价格形成机制，建立新型储能价格机制；针对高耗能、高排放行业，完善差别电价、阶梯电价等绿色电价政策，促进节能减碳等
2021 年 7 月	国家发展改革委、国家能源局	《关于加快推动新型储能发展的指导意见》	提出了新型储能产业到 2025 年实现规模化发展、到 2030 年实现全面市场化发展的目标，从鼓励储能多元发展、壮大储能产业体系、完善政策机制、规范行业管理等方面给出具体指导意见
2021 年 8 月	国家发展改革委、国家能源局	《关于鼓励可再生能源发电企业自建或购买调峰能力增加并网规模的通知》	旨在实现应对气候变化自主贡献目标，促进风电、太阳能发电等可再生能源大力发展和充分消纳。通知鼓励发电企业通过自建或购买调峰储能能力的方式，增加可再生能源发电装机并网规模，并明确了自建合建或购买调峰与储能能力的确认与管理、数量标准与动态调整等具体内容
2021 年 9 月	国家发展改革委	《完善能源消费强度和总量双控制度方案》	明确了完善能源消费强度和总量双控制度 2025 年、2030 年、2035 年总体目标，从增强能源消费总量管理弹性、健全能耗双控管理制度等方面，提出了坚决管控高能耗高排放项目、鼓励地方增加可再生能源消费等 13 项具体措施
2021 年 10 月	国家发展改革委	《关于进一步深化燃煤发电上网电价市场化改革的通知》	旨在保障电力安全稳定供应，促进产业结构优化升级，推动构建新型电力系统，助力碳达峰、碳中和目标实现。通知明确了有序放开全部燃煤发电电量上网电价、扩大市场交易电价上下浮动范围等改革内容，以及全面推进电力市场建设、加强煤电市场监管等保障措施

续表

时间	组织或单位	文件名	重点工作
2021年11月	工业和信息化部、国家市场监督管理总局	《电机能效提升计划（2021—2023年）》	到2023年，高效节能电机年产量达到1.7亿千瓦，在役高效节能电机占比达到20%以上，实现年节电量490亿千瓦时，相当于年节约标准煤1500万吨，减排二氧化碳2800万吨；明确了扩大高效节能电机绿色供给等四项重点任务与加快提升绿色设计能力等九项具体工作内容

附表 B-8　针对交通领域的减碳政策体系（部分）

时间	组织或单位	文件名	重点工作
2020年4月	财政部等三部门	《关于新能源汽车免征车辆购置税有关政策的公告》	旨在支持新能源汽车产业发展，促进汽车消费，自2021年1月1日至2022年12月31日，对购置的新能源汽车免征车辆购置税
2020年7月	交通运输部	《绿色出行创建行动方案》	旨在进一步提高绿色出行水平。目标：力争60%以上的创建城市绿色出行比例达到70%以上，绿色出行服务满意率不低于80%；创建对象：城区人口100万以上的城市，同时鼓励其周边中小城镇参与
2020年11月	国务院办公厅	《新能源汽车产业发展规划（2021—2035年）》	旨在推动我国新能源汽车产业高质量可持续发展，加快建设汽车强国。规划提出到2035年，我国新能源汽车市场竞争力明显增强，动力电池、驱动电机、车用操作系统等关键技术取得重大突破，安全水平全面提升的发展愿景
2021年2月	国家市场监督管理总局、国家标准化管理委员会	《乘用车燃料消耗量限值》	旨在推动汽车产品节能减排、促进产业健康可持续发展、支撑实现我国碳达峰和碳中和战略目标。该标准规定了燃用汽油或柴油燃料、燃料消耗量限值要求，是强制性国家标准，于2021年7月1日起正式实施

续表

时间	组织或单位	文件名	重点工作
2021 年 6 月	工业和信息化部	《2021 年汽车标准化工作要点》	旨在进一步聚焦新能源汽车、智能物联网汽车等重点领域，持续健全完善汽车标准体系，促进汽车产业高质量发展。要点指出，要开展绿色低碳及智能制造相关标准研究，深入参与国际标准制定等
2021 年 7 月	交通运输部等四部门	《关于进一步推进长江经济带船舶靠港使用岸电的通知》	旨在促进水运行业减污降碳、促进长江经济带航运绿色发展、实现交通运输碳达峰碳中和目标。通知提出了在 2025 年年底前基本实现长江经济带船舶靠港使用岸电常态化的总目标，明确了协同推进船舶和港口岸电设施建设、降低岸电建设和使用成本等五个方面内容

附表 B-9　　针对建筑领域的减碳政策体系（部分）

时间	组织或单位	文件名	重点工作
2020 年 7 月	住房和城乡建设部等七部门	《绿色建筑创建行动方案》	旨在推动绿色建筑高质量发展。到 2022 年，当年城镇新建建筑中绿色建筑面积占比达到 70%，星级绿色建筑持续增加，建筑能效水平不断提高
2021 年 6 月	国家机关事务管理局、国家发展改革委	《“十四五”公共机构节约能源资源工作规划》	明确了“十四五”时期公共机构节约能源资源的主要目标，包括到 2025 年公共机构单位建筑面积能耗下降 5%、单位建筑面积碳排放下降 7%，人均综合能耗下降 6%，二氧化碳排放总量控制在 4 亿吨以内等
2021 年 6 月	住房和城乡建设部等十五部门	《关于加强县城绿色低碳建设的意见》	旨在推进县城绿色低碳建设。意见提出了限制县城建设密度、控制民用建筑高度、大力发展绿色建筑和建筑节能等十项低碳建设要求。针对发展绿色建筑和建筑节能，意见提出需不断提高新建建筑中绿色建筑的比例，推广应用绿色建材和绿色施工，推动区域清洁供热和北方县城清洁取暖等
2021 年 11 月	住房和城乡建设部	《建筑节能与可再生能源利用通用规范》	旨在提高能源资源利用效率，推动可再生能源利用，降低建筑碳排放，从可再生能源建筑应用系统设计等五方面明确了具体的强制性规范要求

续表

时间	组织或单位	文件名	重点工作
2021年11月	国家机关事务管理局、国家发展改革委、财政部、生态环境部	《深入开展公共机构绿色低碳引领行动促进碳达峰实施方案》	提出到2025年全国公共机构年度能源消费总量控制在1.89亿吨标准煤以内、碳排放总量控制在4亿吨以内、有条件地区2025年前实现公共机构碳达峰、全国公共机构碳排放总量2030年前尽早达峰等主要目标，明确了加快能源利用绿色低碳转型、提升建筑绿色低碳运行水平等五大方面工作任务

附表 B-10　针对农林及土地利用领域的减碳政策体系（部分）

时间	组织或单位	文件名	重点工作
2021年6月	国务院办公厅	《国务院办公厅关于科学绿化的指导意见》	旨在科学开展大规模国土绿化行动，增强生态系统功能和生态产品供给能力，提升生态系统碳汇增量。指导意见明确了科学编制绿化相关规划、合理安排绿化用地、科学选择绿化树种草种、规范开展绿化设计施工、科学推进重点区域植被恢复、稳步有序开展退耕还林还草等工作重点
2021年9月	农业农村部等六部门	《“十四五”全国农业绿色发展规划》	旨在推进农业绿色发展决策部署，加快农业全面绿色转型和低碳发展，持续改善农村生态环境。规划明确了我国农业绿色发展的2025年、2035年目标及11项主要指标；明确了打造绿色低碳农业产业链、加强农业资源保护利用、加强农业面源污染防治等任务
2021年11月	国务院办公厅	《关于鼓励和支持社会资本参与生态保护修复的意见》	旨在进一步促进社会资本参与生态建设，加快推进山水林田湖草沙一体化保护和修复。意见明确了社会资本参与生态保护修复的内容、程序等参与机制、自然生态系统保护修复等六大重点领域与产权激励等支持政策。在自然生态系统保护修复重点领域，明确了全面提升生态系统碳汇能力、增加碳汇增量、鼓励开发碳汇项目等内容

续表

时间	组织或单位	文件名	重点工作
2021 年 12 月	国家发展改革委等九部门	《生态保护和修复支撑体系重大工程建设规划（2021—2035 年）》	旨在着力提升重点领域生态保护支撑能力。规划提出了生态保护和修复支撑体系重大工程建设的 2025 年和 2035 年目标，并从自然生态系统调查和监测评估等四方面明确了 11 项主要内容，具体包括完善生态碳汇监测相关理论、方法与技术体系，服务碳达峰、碳中和目标等

附表 B-11　华北地区“十四五”时期减碳政策

区域	“十四五”时期规划发展目标	2021 年重点工作任务
北京	碳排放稳中有降，碳中和迈出坚实步伐，为应对气候变化做出北京示范	坚定不移打好污染防治攻坚战。加强细颗粒物、臭氧、温室气体协同控制，突出碳排放强度和总量“双控”，明确碳中和时间表、路线图
天津	扩大绿色生态空间，强化生态环境治理，推动绿色低碳循环发展，完善生态环境保护机制体制	加快实施碳排放达峰行动。制定实施碳排放达峰行动方案，持续调整优化产业结构、能源结构，推动钢铁等重点行业率先达峰和煤炭消费尽早达峰，大力发展可再生能源，推进绿色技术研发应用。积极对接全国碳排放权交易市场，完善能源消费双控制度，协同推进减污降碳，实施工业污染排放双控，推动工业绿色转型
河北	制定实施碳达峰、碳中和长期规划，支持有条件市县率先达峰。开展大规模国土绿化行动，推进自然保护地体系建设，打造塞罕坝生态文明建设示范区。强化资源高效利用，建立健全自然资源资产产权制度和生态产品价值实现机制	推动碳达峰、碳中和。制定省碳达峰行动方案，完善能源消费总量和强度“双控”制度，提升生态系统碳汇能力，推进碳汇交易，加快无煤区建设，实施重点行业低碳化改造，加快发展清洁能源，光电、风电等可再生能源新增装机 600 万千瓦以上，单位 GDP 二氧化碳排放下降 4.2%
山西	绿色能源供应体系基本形成，能源优势特别是电价优势进一步转化为比较优势、竞争优势	实施碳达峰、碳中和山西行动。把开展碳达峰作为深化能源革命综合改革试点的牵引举措，研究制定行动方案

续表

区域	“十四五”时期规划发展目标	2021年重点工作任务
内蒙古	建设国家重要能源和战略资源基地、农畜产品生产基地，打造我国向北开放重要桥头堡，走出一条符合战略定位、体现内蒙古特色，以生态优先、绿色发展为导向的高质量发展新路子	做好碳达峰、碳中和工作，编制自治区碳达峰行动方案，协同推进节能减污降碳。做优做强现代能源经济，推进煤炭安全高效开采和清洁高效利用，高标准建设鄂尔多斯国家现代煤化工产业示范区

附表 B-12　　华东地区“十四五”时期减碳政策

区域	“十四五”时期规划发展目标	2021年重点工作任务
上海	坚持生态优先、绿色发展，加大环境治理力度，加快实施生态惠民工程，使绿色成为城市高质量发展最鲜明的底色	启动第八轮环保三年行动计划。制定实施碳排放达峰行动方案，加快全国碳排放权交易市场建设
江苏	大力发展绿色产业，加快推动能源革命，促进生产生活方式绿色低碳转型，力争提前实现碳达峰，充分展现美丽江苏建设的自然生态之美、城乡宜居之美、水韵人文之美、绿色发展之美	制定实施二氧化碳达峰及“十四五”行动方案，加快产业结构、能源结构、运输结构和农业投入结构调整，扎实推进清洁生产，发展壮大绿色产业，加强节能改造管理，完善能源消费双控制度，提升生态系统碳汇能力，严格控制新上高耗能、高排放项目，加快形成绿色生产生活方式，促进绿色低碳循环发展
浙江	推动绿色循环低碳发展，坚决落实碳达峰、碳中和要求，实施碳达峰、碳中和要求，实施碳达峰行动，大力倡导绿色低碳生产生活方式，推动形成全民自觉，非化石能源占一次能源比重提高到24%，煤电装机占比下降到42%	启动实施碳达峰行动。开展低碳工业园区建设和“零碳”体系试点。大力调整能源结构、产业结构、运输结构，大力发展新能源，优化电力、天然气价格市场化机制，落实能源“双控”制度，非化石能源占一次能源比重提高到20.8%，煤电装机占比下降2个百分点；加快淘汰落后和过剩产能，腾出用能空间180万吨标准煤。加快推进碳排放权交易试点

续表

区域	“十四五”时期规划发展目标	2021 年重点工作任务
山东	打造山东半岛“氢动走廊”，大力发展绿色建筑。降低碳排放强度，制定碳达峰碳中和实施方案	加快建设日照港岚山港区 30 万吨级原油码头三期工程。抓好沂蒙、文登、潍坊、泰安二期抽水蓄能电站建设。压减一批焦化产能。严格执行煤炭消费减量替代办法，深化单位能耗产出效益综合评价结果运用，倒逼能耗产出效益低的企业整合出清。推进青岛中德氢能产业园等建设
安徽	强化能源消费总量和强度“双控”制度，提高非化石能源比重，为 2030 年前碳排放达峰赢得主动权	严控高耗能产业规模和项目数里。推进“外电入皖”，全年受进区外电 260 亿千瓦时以上。推广应用节能新技术、新设备，完成电能替代 60 亿千瓦时。建设天然气主干管道 160 千米，天然气消费量扩大到 65 亿立方米。扩大光伏、风能、生物质能等可再生能源应用，新增可再生能源发电装机 100 万千瓦以上。提升生态系统碳汇能力，完成造林 140 万亩
江西	严格落实国家节能减排约束性指标，制定实施全省 2030 年前碳排放达峰行动计划，鼓励重点领域、重点城市碳排放尽早达峰。坚持“适度超前、内优外引、以电为主、多能互补”的原则，加快构建安全、高效、清洁、低碳的现代能源体系。积极稳妥发展光伏、风电、生物质能等新能源，力争装机达到 1900 万千瓦以上	加快充电桩、换电站等建设，促进新能源汽车消费。建成大唐新余电厂二期、南昌至长沙特高压交流工程、奉新抽水蓄能电站
福建	深入贯彻习近平生态文明思想，持续实施生态省战略，围绕碳达峰、碳中和目标，全面树立绿色发展导向，构建现代环境治理体系	创新碳交易市场机制，大力发展碳汇金融。开发绿色能源，完善绿色制造体系，加快建设绿色产业示范基地，实施绿色建筑创建行动。促进绿色低碳发展。制定实施二氧化碳排放达峰行动方案，支持厦门、南平等地率先达峰，推进低碳城市、低碳园区、低碳社区试点

附表 B-13　　华中地区“十四五”时期减碳政策

区域	“十四五”时期规划发展目标	2021年重点工作任务
湖北	推进“一主引领、两翼驱动、全域协同”区域发展布局，加快构建战略性新兴产业引领、先进制造业主导、现代服务业驱动的现代产业体系，建设数字湖北，着力打造国内大循环重要节点和国内国际双循环战略链接	研究制定省碳达峰方案，开展近零碳排放示范区建设。加快建设全国碳排放权注册登记结算系统。大力发展循环经济、低碳经济，培育壮大节能环保、清洁能源产业，推进绿色建筑、绿色工厂、绿色产品、绿色园区、绿色供应链建设。加强先进适用绿色技术和装备研发制造、产业化及示范应用
湖南	落实国家碳排放达峰行动方案，调整优化产业结构和能源结构，构建绿色低碳循环发展的经济体系，促进经济社会发展全面绿色转型，加快构建产权清晰、多元参与、激励约束并重的生态文明制度体系	加快推动绿色低碳发展。发展环境治理和绿色制造产业，推进钢铁、建材、电镀、石化、造纸等重点行业绿色转型，大力发展装配式建筑、绿色建筑。支持探索零碳示范创建
河南	构建低碳高效的能源支撑体系，实施电力“网源储”优化、煤炭稳产增储、油气保障能力提升、新能源提质工程，增强多元外引能力，优化省内能源结构。持续降低碳排放强度，煤炭占能源消费总量比重降低5个百分点左右	大力推进节能降碳。制定碳排放达峰行动方案，探索用能预算管理和区域能评，完善能源消费双控制度，建立健全用能权、碳排放权等初始分配和市场化交易机制

附表 B-14　　华南地区“十四五”时期减碳政策

区域	“十四五”时期规划发展目标	2021年重点工作任务
广东	打造规则衔接示范地、高端要素集聚地、科技产业创新策源地、内外循环链接地、安全发展支撑地，率先探索有利于形成新发展格局的有效路径	落实国家碳达峰、碳中和部署要求，分区域分行业推动碳排放达峰，深化碳交易试点。加快调整优化能源结构，大力发展天然气、风能、太阳能、核能等清洁能源，提升天然气在一次能源中占比。研究建立用能预算管理制度，严控新上高耗能项目

续表

区域	“十四五”时期规划发展目标	2021 年重点工作任务
广西	持续推进产业体系、能源体系和消费领域低碳转型，制定二氧化碳排放达峰行动方案。推进低碳城市、低碳社区、低碳园区、低碳企业等试点建设，打造北部湾海上风电基地，实施沿海清洁能源工程	推动传统产业生态化绿色化改造、打造绿色工厂 20 个以上，加快六大高耗能行业节能技改。规划建设智慧综合能源站
海南	提升清洁能源、节能环保、高端食品加工三个优势产业，清洁能源装机比重达 80% 左右，可再生能源发电装机新增 400 万千瓦。清洁能源汽车保有量占比和车桩比达到全国领先	研究制定碳排放达峰行动方案。清洁能源装机比重提升至 70%，实现分布式电源发电量全额消纳

附表 B-15　　西北地区“十四五”时期减碳政策

区域	“十四五”时期规划发展目标	2021 年重点工作任务
陕西	生态环境质量持续好转，生产生活方式绿色转型成效显著，三秦大地山更绿、水更清、天更蓝	推动绿色低碳发展，加快实施“三线一单”生态环境分区管控，积极创建国家生态文明试验区。开展碳达峰、碳中和研究，编制省级碳达峰行动方案。积极推行清洁生产，大力发展节能环保产业，深入实施能源消耗总量和强度双控行动，推进碳排放权市场化交易
甘肃	用好碳达峰、碳中和机遇，推进能源革命，加快绿色综合能源基地建设，打造国家重要的现代能源综合生产基地、储备基地、输出基地和战略通道。坚持把生态产业作为转方式、调结构的主要抓手，推动产业生态化、生态产业化，促进生态价值向经济价值转化增值，加快发展绿色金融。全面提高绿色低碳发展水平	编制省排放达峰行动方案。鼓励甘南开发碳汇项目，积极参与全国碳市场交易。健全完善全省环境权益交易平台

续表

区域	“十四五”时期规划发展目标	2021年重点工作任务
新疆	力争到“十四五”末，全区可再生能源装机规模达到8240万千瓦，建成全国重要的清洁能源基地。立足新疆能源实际，积极谋划和推动碳达峰、碳中和工作，推动绿色低碳发展	着力完善各等级电压网架，加快750千伏输变电工程建设，推进“疆电外送”第三通道建设，推进哈密120万千瓦抽水蓄能电站建设。推进农村电网改造升级，提高供电可靠性
青海	碳达峰目标、路径基本建立。开展绿色能源革命。发展光伏、风电、光热、地热等新能源，打造具有规模优势、效率优势、市场优势的重要支柱产业，建成国家重要的新型能源产业基地	着力推进国家清洁能源示范省建设，重启玛尔挡水电站建设，改扩建拉西瓦、李家峡水电站，启动黄河梯级电站大型储能项目可行性研究。继续扩大海南、河西可再生能源基地规模，推进青豫直流二期落地，加快第二条青电外送通道前期工作
宁夏	制定碳排放达峰行动方案，推动实现减污降碳协同效应。全链条布局清洁能源产业。坚持园区化、规模化发展方向，围绕风能、光能、氢能等新能源产业，高标准建设新能源综合示范区。到2025年，全区新能源电力装机力争达到4000万千瓦	实行能源总量和强度“双控”，推广清洁生产和循环经济，推进煤炭减量替代，加大新能源开发利用

附表 B-16　　西南地区“十四五”时期减碳政策

区域	“十四五”时期规划发展目标	2021年重点工作任务
四川	单位地区生产总值能源消耗、二氧化碳排放降幅完成国家下达目标任务，大气、水体等质量明显好转，森林覆盖率持续提升；粮食综合生产能力保持稳定，能源综合生产能力显著增强，发展安全保障更加有力	制定二氧化碳排放达峰行动方案，推动用能权、碳排放权交易。持续推进能源消耗和总量强度“双控”，实施电能替代工程和重点节能工程

续表

区域	"十四五"时期规划发展目标	2021 年重点工作任务
重庆	探索建立碳排放总量控制制度，实施二氧化碳排放达峰行动。采取有力措施推动实现 2030 年前二氧化碳排放达峰目标。开展低碳城市、低碳园区、低碳社区试点示范，推动低碳发展国际合作，建设一批零碳示范园区	完善基础设施网络。提速实施渝西天然气输气管网工程，扩大"陕煤入渝"规模，提升"北煤入渝"运输通道能力，争取新增三峡电入渝配额，推动川渝电网一体化发展。推进"疆电入渝"，加快栗子湾抽水蓄能电站等项目的前期工作
贵州	积极应对气候变化，制定贵州省 2030 年碳排放达峰行动方案，降低碳排放强度。推动能源、工业、建筑、交通等领域低碳化	规范发展新能源汽车，培育发展智能网联汽车产业。公共领域新增或更新车辆新能源汽车比例不低于 80%。加强充电桩建设
云南	采取一切有效措施降低碳排放强度，控制温室气体排放，增加森林和生态系统碳汇，积极参与全国碳排放交易市场建设，科学谋划碳排放达峰和碳中和行动	加快国家大型水电基地建设，推进 800 万千瓦风电和 300 万千瓦光伏项目建设，培育氢能和储能产业，发展"风光水储"一体化，可再生能源装机达到 9500 万千瓦左右，完成发电量 4050 亿千瓦时
西藏	加快清洁能源规模化开发，形成以清洁能源为主、油气和其他新能源互补的综合能源体系。加快推进"光伏+储能"研究和试点，大力推动"水风光互补"，推动清洁能源开发利用和电气化走在全国前列，2025 年建成国家清洁可再生能源利用示范区	能源产业投资完成 235 亿元，力争建成和在建电力装机 1300 万千瓦以上。推进金沙江上游、澜沧江上游千万千瓦级水光互补清洁能源基地建设。加快统一电网规划建设，推进藏中电网 500 千伏回路、金沙江上游电力外送、川藏铁路建设电力保障、青蒙联网二回路电网工程，实现电力外送超过 20 亿千瓦时。全力加快雅鲁藏布江下游水电开发前期工作，力争尽快开工建设

附表 B-17　　东北地区"十四五"时期减碳政策

区域	"十四五"时期规划发展目标	2021 年重点工作任务
辽宁	围绕绿色生态，单位地区生产总值能耗、二氧化碳排放达到国家要求。围绕安全保障，提出能源综合生产能力达到 6133 万吨标准煤	开展碳排放达峰行动。科学编制并实施碳排放达峰行动方案，大力发展风电、光伏等可再生能源，支持氢能规模化应用和装备发展。建设碳交易市场，推进碳排放权市场化交易

续表

区域	“十四五”时期规划发展目标	2021 年重点工作任务
吉林	巩固绿色发展优势，加强生态环境治理，加快建设美丽吉林	启动二氧化碳排放达峰行动。加强重点行业和重要领域绿色化改造，全面构建绿色能源、绿色制造体系，建设绿色工厂、绿色工业园区，加快煤改气、煤改电、煤改生物质，促进生产生活方式绿色转型
黑龙江	要推动创新驱动发展实现新突破，争当共和国攻破更多“卡脖子”技术的开拓者	落实碳达峰要求。因地制宜实施煤改气、煤改电等清洁供暖项目。优化风电、光伏发电布局。建立水资源刚性约束制度

附表 B-18　全国统一碳排放配额交易市场建设政策体系

时间	组织或单位	文件	重点工作
2014 年 12 月	国家发改委	《碳排放权交易管理暂行办法》(国家发展和改革委员会令第 17 号)	首次对全国统一碳排放权交易市场进行制度规范（现已失效）
2016 年 1 月	国家发改委办公厅	《关于切实做好全国碳排放权交易市场启动重点工作的通知》(发改办气候〔2016〕57 号)	要求各地落实重点排放企业名单及历史数据核查，完善保障措施，确保 2017 年启动全国碳排放权交易
2019 年 5 月	生态环境部办公厅	《关于做好全国碳排放权交易市场发电行业重点排放单位名单和相关材料报送工作的通知》（环办气候函〔2019〕528 号）	明确重点排放单位范围为发电行业（含自备电厂）2013—2018 年任一年温室气体排放量达到 2.6 万吨二氧化碳当量(综合能源消费量约 1 万吨标准煤）及以上的企业或者其他经济组织，并对重点排放单位在全国碳排放权注册登记系统和全国碳排放权交易系统开户做出要求
2019 年 12 月	财政部	《碳排放权交易有关会计处理暂行规定》（财会〔2019〕22 号）	对企业取得及交易的碳排放配额及自愿减排量的会计处理进行明确。（2016 年 9 月，财政部办公厅曾出台《碳排放权交易试点有关会计处理暂行规定(征求意见稿）》）

续表

时间	组织或单位	文件	重点工作
2020 年 12 月	生态环境部	《2019—2020 年全国碳排放权交易配额总量设定与分配实施方案（发电行业）》、《纳入 2019—2020 年全国碳排放权交易配额管理的重点排放单位名单》（国环规气候〔2020〕3 号）	确定纳入全国排放配额交易的重点排放单位名单（发电行业）及配额发放规则
2020 年 12 月	生态环境部	《碳排放权交易管理办法（试行）》（中华人民共和国生态环境部令第 19 号）	全国碳排放权交易市场的管理规则
2021 年 5 月	生态环境部	《碳排放权登记管理规则（试行）》、《碳排放权交易管理规则（试行）》、《碳排放权结算管理规则（试行）》（生态环境部公告 2021 年第 21 号）	对全国碳排放权交易市场的登记、交易、结算进行规定
2021 年 6 月	上海环交所	《关于全国碳排放权交易相关事项的公告》	碳排放配额（CEA）交易应当通过交易系统进行，可以采取协议转让、单向竞价或者其他符合规定的方式，协议转让包括挂牌协议交易和大宗协议交易

附表 B-19 碳排放权交易试点时期各省市 CCER 抵消规则

试点区域	比例限制	区域限制	类型限制
深圳	不得超过初始配额的 10%	不得使用其排放边界范围内的 CCER	可再生能源和新能源发电项目、清洁交通减排项目、海洋固碳减排项目、林业碳汇项目、农业减排项目
北京	不得高于其当年排放配额的 5%	利用京外项目的 CCER 抵消排放，不得超过当年其核发配额的 2.5%，并且优先使用河北省、天津市等预备级市签署了应对气候变化、生态建设、大气污染治理等相关合作协议地区的 CCER	非来自氢氟碳化物、全氟化碳、氧化亚氮、六氟化硫气体项目及水电项目；非来自本市行政辖区内重点排放单位固定设施项目

续表

试点区域	比例限制	区域限制	类型限制
上海	不得超出当年核发配额量的5%	项目所在地位于长三角地区以外的CCER使用比例不得超过企业经市生态环境局审定的2019年度碳排放量的2%	非水电项目
天津	不得超过其当年实际碳排放量的10%	优选京、津、冀地区	仅来自二氧化碳气体项目，水电项目除外
广东	不得超过初始配额的10%	至少有70%产生于广东省内的温室气体自愿减排项目；不得使用其排放边界范围内的CCER抵消碳排放	水电及化石能源的发电、供热和余能利用项目除外
湖北	不得超过初始配额的10%	不得使用其排放边界范围内的CCER抵消	非大中型水电类项目
重庆	不得超过企业审定排放量的8%	无	非水电项目

参考文献

蔡海静、汪祥耀、谭超：《绿色信贷政策、企业新增银行借款与环保效应》，《会计研究》2019 年第 3 期。

蔡岚：《空气污染治理中的政府间关系——以美国加利福尼亚州为例》，《中国行政管理》2013 年第 10 期。

曹斌斌、肖忠东、祝春阳：《考虑政府低碳政策的双销售模式供应链决策研究》，《中国管理科学》2018 年第 4 期。

柴发合、李艳萍、乔琦、王淑兰：《我国大气污染联防联控环境监管模式的战略转型》，《环境保护》2013 年第 5 期。

陈晓红、蔡思佳、汪阳洁：《我国生态环境监管体系的制度变迁逻辑与启示》，《管理世界》2020 年第 11 期。

程进：《长三角城市群大气污染格局的时空演变特征》，《城市问题》2016 年第 1 期。

崔亮、薛志钢、杜谨宏：《太原市居民生活燃煤大气污染物排放清单研究》，《环境科学研究》2019 年第 6 期。

崔晓珍、沙青娥、李成、王毓铮、吴莉莉、张雪驰、郑君瑜、颜敏：《2013—2017 年珠江三角洲主要大气污染控制措施减排效果评估》，《环境科学学报》2021 年第 5 期。

党秀云、郭钰：《跨区域生态环境合作治理：现实困境与创新路径》，《人文杂志》2020 年第 3 期。

董战峰、葛察忠、毕粉粉、周佳、连超、龙凤：《碳达峰政策体系建设的思路与重点任务》，《中国环境管理》2021 年第 6 期。

冯汝：《跨区域环境治理中纵向环境监管体制的改革及实现——以京津冀区域为样本的分析》，《中共福建省委党校报》2018 年第 8 期。

盖美、胡杭爱、柯丽娜：《长江三角洲地区资源环境与经济增长脱钩分析》，《自然资源学报》2013 年第 2 期。

洪也、杨婷、王喜全、马雁军、关颖、张云海、周德平、王扬锋、刘宁微：《辽宁中部城市群灰霾污染的外来影响》，《气候与环境研究》2015 年第 6 期。

胡志高、李光勤、曹建华：《环境规制视角下的区域大气污染联合治理——分区方案设计、协同状态评价及影响因素分析》，《中国工业经济》2019 年第 5 期。

花瑞祥、蓝艳：《中国与东盟贸易的环境效应及其关键社会经济因子影响分析》，《环境科学研究》2020 年第 9 期。

黄杰：《FDI 对中国碳排放强度影响的门槛效应检验》，《统计与决策》2017 年第 21 期。

黄严、马骏：《国家财政可持续的全球治理经验》，中央编译出版社 2017 年版。

简茂球：《华南地区气候季节的划分》，《中山大学学报》（自然科学版）1994 年第 2 期。

蒋家文：《空气流域管理——城市空气质量达标战略的新视角》，《中国环境监测》2004 年第 6 期。

蒋婉婷、谢汶静、王碧菡、王式功、龙启超、廖婷婷：《2014—2016 年四川盆地重污染大气环流形势特征分析》，《环境科学学报》2019 年第 1 期。

李辉、黄雅卓、徐美宵、周颖：《“避害型”府际合作何以可能？——基于京津冀大气污染联防联控的扎根理论研究》，《公共管理学报》2020 年第 4 期。

李沈鑫、邹滨、刘兴权、方新：《2013—2015 年中国 PM2. 5 污染状况时空变化》，《环境科学研究》2017 年第 5 期。

李胜兰、初善冰、申晨：《地方政府竞争、环境规制与区域生态效率》，《世界经济》2014 年第 4 期。

李在军、胡美娟、张爱平、周年兴：《工业生态效率对 PM2. 5 污染的影响及溢出效应》，《自然资源学报》2021 年第 3 期。

李正升：《从行政分割到协同治理：我国流域水污染治理机制创新》，《学术探索》2014 年第 9 期。

林建勇、蓝庆新：《“一带一路”战略下中国与中亚国家能源合作面临的挑战与对策》，《中国人口·资源与环境》2017 年第 5 期。

刘冬惠、张海燕、毕军：《区域大气污染协作治理的驱动机制研究——以长三角地区为例》，《中国环境管理》2017 年第 2 期。

刘兰芳、谭秉霖：《湖南省城市雾霾灾害形成机理及治理模式》，《衡阳师范学院学报》2020 年第 3 期。

卢进登、柯杰、莫彩芬、陈帅：《2017 年武汉市城区空气污染物时空分布特征》，《环境科学导刊》2018 年第 6 期。

陆铭、冯皓：《集聚与减排：城市规模差距影响工业污染强度的经验研究》，《世界经济》2014 年第 7 期。

吕晨光、周珂：《英国环境保护命令控制与经济激励的综合运用》，《法学杂志》2004 年第 6 期。

罗宏、张保留、王健、张志麒、吕连宏：《京津冀及周边地区清洁取暖补贴政策现状、问题与对策》，《中国环境管理》2020 年第 2 期。

马允：《美国环境规制中的命令、激励与重构》，《中国行政管理》2017 年第 4 期。

马中：《环境与自然资源经济学概论》，高等教育出版社 2019 年版。

［美］曼瑟尔·奥尔森：《集体行动的逻辑》，陈郁等译，格致出版社 2014 年版。

母睿、贾俊婷、李鹏：《城市群环境合作效果的影响因素研究——基于 13 个案例的模糊集定性比较分析》，《中国人口·资源与环境》2019 年第 8 期。

平新乔：《全球性公共品（GPG）及其我们的对策（上）》，《涉外税务》2002 年第 10 期。

祁毓、卢洪友、吕翅怡：《社会资本、制度环境与环境治理绩效——来自中国地级及以上城市的经验证据》，《中国人口·资源与环境》2015 年第 12 期。

秦思达、王帆、王堃、郎咸明、吴萱、夏广峰、王莹、李梅：《基于 WRF-CMAQ 模型的辽宁中部城市群 PM2.5 化学组分特征》，《环境科学研究》2021 年第 6 期。

任凤珍、孟亚明：《欧盟大气污染联防联控经验对我国的启示》，《经济论坛》2016 年第 8 期。

沈劲、钟流举、叶斯琪、陈多宏、江明、谢敏、温丽蓉、张莹、岳玎利：《珠三角干湿季大气污染特性》，《中国科技论文》2015 年第 15 期。

石晋昕、杨宏山：《府际合作机制的可持续性探究：以京津冀区域大气污染防治为例》，《改革》2019 年第 9 期。

石颖颖、朱书慧、李莉、陈勇航、安静宇、傅子曦：《长三角地区大气污染演变趋势及空间分异特征》，《兰州大学学报》（自然科学版）2018 年第 2 期。

宋玲玲、何军、武娟妮、徐毅、程亮：《我国北方地区冬季清洁取暖试点实施评估研究》，《环境保护》2019 年第 9 期。

苏惠：《长株潭地区雾霾成因分析及治理建议》，《宏观经济管理》2014 年第 8 期。

孙荣、邵健：《基于 SFIC 的府际协同治霾研究》，《地方治理研究》2016 年第 4 期。

锁利铭、李雪：《从“单一边界”到“多重边界”的区域公共事务治理——基于对长三角大气污染防治合作的观察》，《中国行政管理》2021 年第 2 期。

王昂扬、潘岳、童岩冰：《长三角主要城市空气污染时空分布特征研究》，《环境保护科学》2015 年第 5 期。

王灿、邓红梅、郭凯迪、刘源：《温室气体和空气污染物协同治理研究展望》，《中国环境管理》2020 年第 4 期。

王传达、周颖、程水源、王晓琦：《北京、石家庄 2017—2018 年 PM2.5 与 SNA 组分特征及典型重污染分析》，《环境科学学报》2020 年第 4 期。

王冬计、刘联胜、李辉、郑凯杰、许志鹏：《天津农村住宅不同清洁采暖方式室内环境评价》,《建筑科学》2020 年第 12 期。

王红梅、邢华、魏仁科:《大气污染区域治理中的地方利益关系及其协调:以京津冀为例》,《华东师范大学学报》(哲学社会科学版)2016 年第 5 期。

王金南、宁淼、孙亚梅:《区域大气污染联防联控的理论与方法分析》,《环境与可持续发展》2012 年第 5 期。

王金南、杨金田、严刚:《电力行业排污交易设计》,中国环境科学院出版社 2011 年版。

王清军:《区域大气污染治理体制:变革与发展》,《武汉大学学报》(哲学社会科学版)2016 年第 1 期。

王帅:《辽宁中部城市群环境空气 O_3 累积速率及相关性分析》,《环境保护与循环经济》2020 年第 10 期。

王雅楠、左艺辉、陈伟、王博文:《环境规制对碳排放的门槛效应及其区域差异》,《环境科学研究》2018 年第 4 期。

王燕丽、薛文博、雷宇、王金南、武卫玲:《京津冀区域 PM2.5 污染相互输送特征》,《环境科学》2017 年第 12 期。

王玉祥、吴莹、王磊、程滢、王厚俊、乔利平、周敏:《泰州市 2013—2017 年大气污染特征及潜在来源分析》,《四川环境》2020 年第 1 期。

王媛媛、韩骥、过仲阳:《城市化对中国地级市 NO_2 污染的影响研究》,《环境污染与防治》2020 年第 10 期。

王振波、梁龙武、林雄斌、刘海猛:《京津冀城市群空气污染的模式总结与治理效果评估》,《环境科学》2017 年第 10 期。

魏玮、周晓博、薛智恒:《环境规制对不同进入动机 FDI 的影响——基于省际面板数据的实证研究》,《国际商务》2017 年第 1 期。

吴锴、康平、于雷、古珊、文小航、王占山、陈雨姿、陈诗颖、赵世奇、王浩霖、王式功:《2015—2016 年中国城市臭氧浓度时空变化规律研究》,《环境科学学报》2018 年第 6 期。

武娟妮、程亮、逯元堂、宋玲玲:《散煤采暖清洁化替代方式的生命周期清单分析》,《中国环境科学》2018 年第 4 期。

谢宝剑、陈瑞莲：《国家治理视野下的大气污染区域联动防治体系研究——以京津冀为例》，《中国行政管理》2014 年第 9 期。

邢华、邢普耀：《大气污染纵向嵌入式治理的政策工具选择——以京津冀大气污染综合治理攻坚行动为例》，《中国特色社会主义研究》2018 年第 3 期。

徐春：《社会公平视域下的环境正义》，《中国特色社会主义研究》2012 年第 6 期。

杨波、龚锐：《成渝城市群跨界问题及其协同治理的必要性》，《中国经贸导刊（中）》2020 年第 4 期。

杨海珍、李昌萌：《“中等收入陷阱”存在与否及其影响因素》，《管理评论》2021 年第 4 期。

余光英、祁春节：《国际碳减排利益格局：合作及其博弈机制分析》，《中国人口·资源与环境》2010 年第 5 期。

袁向华：《排污费与排污税的比较研究》，《中国人口·资源与环境》2012 年第 5 期。

曾德珩、陈春江：《成渝城市群 PM2.5 的时空分布及其影响因素研究》，《环境科学研究》2019 年第 11 期。

张皓：《川渝两地大气污染防治措施联动对策研究》，《资源节约与环保》2021 年第 11 期。

张建国、刘海燕、张建民、董路影：《节能项目节能量与减排量计算及价值分析》，《中国能源》2009 年第 5 期。

张凯、吕文丽、王婉、王健、段菁春、邸伟、孟凡：《保定市大气污染来源与燃煤治理成效》，《环境科学研究》2019 年第 10 期。

张兴龙、沈坤荣、李萌：《政府 R&D 补助方式如何影响企业 R&D 投入？——来自 A 股医药制造业上市公司的证据》，《产业经济研究》2014 年第 5 期。

张玥莹、乔雪、唐亚：《成都 G20 会议期间大气污染特征及污染防治分析》，《生态环境学报》2018 年第 8 期。

赵辉、郑有飞、张誉馨、王占山：《京津冀大气污染的时空分布与人口暴露》，《环境科学学报》2020 年第 1 期。

赵乐陶：《四川大气污染治理现状及对策》，《中国国情国力》2020 年第 5 期。

赵鹏飞、白杨、王盼、吴沛卿：《黄河流域七大城市群污染气体时空变化特征卫星遥感监测》，《测绘通报》2021 年第 10 期。

赵阳、沈洪涛、刘乾：《中国的边界污染治理——基于环保督查中心试点和微观企业排放的经验证据》，《经济研究》2021 年第 7 期。

郑艳婷、马金英、戴荔珠、赵赛：《武汉城市群的区域性城市化特征及其动力机制》，《资源科学》2016 年第 10 期。

周珂：《环境与资源保护法》，中国人民大学出版社 2010 年版。

周黎安：《中国地方官员的晋升锦标赛模式研究》，《经济研究》2007 年第 7 期。

朱力、葛亮：《社会协同：社会管理的重大创新》，《社会科学研究》2013 年第 5 期。

Andruszkiewicz, J., Lorenc, J., Weychan, A., 2020, "Seasonal Variability of Price Elasticity of Demand of Households Using Zonal Tariffs and Its Impact on Hourly Load of the Power System", *Energy*, Vol. 196, 117175.

Ayres, R. U., Walter, J., 1991, "The Greenhouse Effect: Damages, Costs and Abatement", *Environmental and Resource Economics*, Vol. 1, No. 3, pp. 237-270.

Benzerrouk, Z., Abid, M., Sekrafi, H., 2021, "Pollution Haven or Halo Effect? A Comparative Analysis of Developing and Developed Countries", *Energy Reports*, Vol. 7, pp. 4862-4271.

Bollen, J., van der Zwaan, B., Brink, C., Eerens, H., 2009, "Local Air Pollution and Global Climate Change: A Combined Cost-Benefit Analysis", *Resource & Energy Economics*, Vol. 31, No. 3, pp. 161-181.

Bompard, E. F., Corgnati, S. P., Grosso, D., Huang, T., Mietti, G., Profumo, F., 2022, "Multidimensional Assessment of the Energy Sustainability and Carbon Pricing Impacts along the Belt and Road Initiative", *Renewable and Sustainable Energy Reviews*, Vol. 154, 111741.

Cao, H. J., Qi, Y., Chen, J. W., Shao, S., Lin, S. X., 2021, "Incentive and Coordination: Ecological Fiscal Transfers' Effects on Eco-Environmental Quality", *Environmental Impact Assessment Review*, Vol. 87, 106518.

Carratu, M., Chiarini, B., D'Agostino, A., Marzano, E., Regoli, A., 2019, "Air Pollution and Public Finance: Evidence for European Countries", *Journal of Economics Studies*, Vol. 46, No. 7, pp. 1398-1417.

Chen, J. D., Gao, M., Li, D., Li, L., Song, M. L., Xie, Q. J., 2021a, "Changes in PM2.5 Emissions in China: An Extended Chain and Nested Refined Laspeyres Index Decomposition Analysis", *Journal of Cleaner Production*, Vol. 294, 126248.

Chen, J. D., Wu, Y. Y., Song, M. L., Dong, Y. Z., 2018, "The Residential Coal Consumption: Disparity in Urban-Rural China", *Resources, Conservation and Recycling*, Vol. 130, pp. 60-69.

Chen, T. J., 2016, "The Development of China's Solar Photovoltaic Industry: Why Industrial Policy Failed", *Cambridge Journal of Economics*, Vol. 40, No. 3, pp. 755-774.

Chen, Y., Huang, K., Hu, J. R., Yu, Y. J., Wu, L. X., Hu, T. T., 2021b, "Understanding the Two-Way Virtual Water Transfer in Urban Agglomeration: A New Perspective from Spillover-Feedback Effects", *Journal of Cleaner Production*, Vol. 310, 127495.

Coase, R. H., 1960, "The Problem of Social Cost", *Journal of Law and Economics*, Vol. 3, pp. 1-44.

Dahal, K., Juhola, S., Niemela, J., 2018, "The Role of Renewable Energy Policies for Carbon Neutrality in Helsinki Metropolitan Area", *Sustainable Cities and Society*, Vol. 40, pp. 222-232.

Das, S., Kashyap, D., Kalita, P., Kulkarni, V., Itaya, Y., 2020, "Clean Gaseous Fuel Application in Diesel Engine: A Sustainable Option for Rural Electrification in India", *Renewable and Sustainable Energy Reviews*, Vol. 117, 109485.

Deng, H. B., Yang, O., Wang, Z. S., 2017, "Considerations of Applicable Emission Standards for Managing Atmospheric Pollutants from New Coal Chemical Industry in China", *International Journal of Sustainable Development and World Ecology*, Vol. 24, No. 5, pp. 427-432.

Dong, X. Y., Zhang, B., Wang, B., Wang, Z. H., 2020, "Urban Households' Purchase Intentions for Pure Electric Vehicles under Subsidy Contexts in China: Do Cost Factors Matter?", *Transportation Research Part A: Policy and Practice*, Vol. 135, pp. 183-197.

Duan, Y. W., Jiang, X. M., 2021, "Pollution Haven or Pollution Halo? A Re-Evaluation on the Role of Multinational Enterprises in Global CO_2 Emissions", *Energy Economics*, Vol. 97, 105181.

Fan, L., Xu, J., 2020, "Authority-Enterprise Equilibrium Based Mixed Subsidy Mechanism for Carbon Reduction and Energy Utilization in the Coalbed Methane Industry", *Energy Policy*, Vol. 147, 111828.

Feng, T., Du, H. B., Lin, Z. G., Zuo, J., 2020, "Spatial Spillover Effects of Environmental Regulations on Air Pollution: Evidence from Urban Agglomerations in China", *Journal of Environmental Management*, Vol. 272, 110998.

Fu, S. K., Ma, Z., Ni, B., Peng, J. C., Zhang, L. J., Fu, Q., 2021, "Research on the Spatial Differences of Pollution-Intensive Industry Transfer under the Environmental Regulation in China", *Ecological Indicators*, Vol. 129, 107921.

Gao, Y. C., Hu, Y. M., Liu, X. L., Zhang, H. R., 2021, "Can Public R&D Subsidy Facilitate Firms' Exploratory Innovation? The Heterogeneous Effects between Central and Local Subsidy Programs", *Research Policy*, Vol. 50, 104221.

Guimon, J., Chaminade, C., Maggi, C., Salazar-Elena, J. C., 2018, "Policies to Attract R&D-Related FDI in Small Emerging Countries: Aligning Incentives with Local Linkages and Absorptive Capacities in Chile", *Journal of International Management*, Vol. 24, pp. 165-178.

Guo, S. H., 2016, "Environmental Options of Local Governments for Regional Air Pollution Joint Control: Application of Evolutionary Game Theory", *Economic and Political Studies*, Vol. 4, No. 3, pp. 238-257.

Guo, S. H., Lu, J. Q., 2019, "Jurisdictional Air Pollution Regulation in China: A Tragedy of the Regulatory Anti-Commons", *Journal of Cleaner Production*, Vol. 212, pp. 1054-1061.

Gyamfi, B. A., Bein, M. A., Udemba, E. N., Bekun, F. V., 2021, "Investigating the Pollution Haven Hypothesis in Oil and Non-Oil Sub-Saharan Africa Countries: Evidence from Quantile Regression Technique", *Resources Policy*, Vol. 73, 102119.

Hang, Y., Wang, Q. W., Wang, Y. Z., Su, B., Zhou, D. Q., 2019, "Industrial SO_2 Emissions Treatment in China: A Temporal-Spatial Whole Process Decomposition Analysis", *Journal of Environmental Management*, Vol. 243, pp. 419-434.

Hao, Y., Wang, L. O., Zhu, L. Y., Ye, M. J., 2018, "The Dynamic Relationship between Energy Consumption, Investment and Economic Growth in China's Rural Area: New Evidence Based on Provincial Panel Data", *Energy*, Vol. 154, pp. 374-382.

Heyman, F., Sjöholm, F., Tingvall, P. G., 2007, "Is There Really a Foreign Ownership Wage Premium? Evidence from Matched Employer-Employee Data", *Journal of International Economics*, Vol. 73, pp. 355-376.

Jiang, L., Chen, Y., Zhou, H. F., He, S. X., 2020a, "NO_x Emissions in China: Temporal Variations, Spatial Patterns and Reduction Potentials", *Atmospheric Pollution Research*, Vol. 11, pp. 1473-1480.

Jiang, L., He, S. X., Cui, Y. Z., Zhou, H. F., Kong, H., 2020b, "Effects of the Socio-Economic Influencing Factors on SO_2 Pollution in Chinese Cities: A Spatial Econometric Analysis Based on Satellite Observed Data", *Journal of Environmental Management*, Vol. 268, 110667.

Jiang, L., He, S. X., Zhou, H. F., 2020c, "Spatio-Temporal

Characteristics and Convergence Trends of PM2.5 Pollution: A Case Study of Cities of Air Pollution Transmission Channel in Beijing-Tianjin-Hebei Region, China", *Journal of Cleaner Production*, Vol. 256, 120631.

Karlsson, C., Hjerpe, M., Parker, C., Linner, B. O., 2012, "The Legitimacy of Leadership in International Climate Change Negotiations", *Ambio*, Vol. 41, pp. 46-55.

Ke, J., Price, L., Ohshita, S., Fridley, D., Khanna, N. Z., Zhou, N., Levine, M., 2012, "China's Industrial Energy Consumption Trends and Impacts of the Top-1000 Enterprises Energy-Saving Program and the Ten Key Energy Saving Projects", *Energy Policy*, Vol. 50, pp. 562-569.

Li, G. D., Fang, C. L., He, S. W., 2020a, "The Influence of Environmental Efficiency on PM2.5 Pollution: Evidence from 283 Chinese Prefecture-Level Cities", *Science of the Total Environment*, Vol. 748, 141549.

Li, J., Du, Y. X., 2021, "Spatial Effect of Environmental Regulation on Green Innovation Efficiency: Evidence from Prefectural-Level Cities in China", *Journal of Cleaner Production*, Vol. 286, 125032.

Li, L., Zhu, S. H., An, J. Y., Zhou, M., Wang, H. L., Yan, R. S., Qiao, L. P., Tian, X. D., Shen, L. J., Huang, L., Wang, Y. J., Huang, C., Avise, J. C., Fu, J. S., 2019a, "Evaluation of the Effect of Regional Joint-Control Measures on Changing Photochemical Transformation: A Comprehensive Study of the Optimization Scenario Analysis", *Atmospheric Chemistry and Physics*, Vol. 19, No. 14, pp. 9037-9060.

Li, M., Li, C., Zhang, M., 2018a, "Exploring the Spatial Spillover Effects of Industrialization and Urbanization Factors on Pollutants Emissions in China's Huang-Huai-Hai Region", *Journal of Cleaner Production*, Vol. 195, pp. 154-162.

Li, Q., Xue, Q. Z., Truong, Y., Xiong, J., 2018b, "MNCs' Industrial Linkages and Environmental Spillovers in Emerging Economies: The Case of China", *International Journal of Production Economics*, Vol. 196, pp. 346–355.

Li, R., Fu, H. B., Cui, L. L., Li, J. L., Wu, Y., Meng, Y., Wang, Y. T., Chen, J. M., 2019b, "The Spatiotemporal Variation and Key Factors of SO_2 in 336 Cities across China", *Journal of Cleaner Production*, Vol. 210, pp. 602–611.

Li, S., Liu, J. J., Shi, D. Q., 2021, "The Impact of Emissions Trading System on Corporate Energy Efficiency: Evidence from a Quasi-Natural Experiment in China", *Energy*, Vol. 233, 121129.

Li, Y. Y., Huang, S., Yin, C. X., Sun, G. H., Ge, Chang, 2020b, "Construction and Countermeasure Discussion on Government Performance Evaluation Model of Air Pollution Control: A Case Study from Beijing – Tianjin – Hebei Region", *Journal of Cleaner Production*, Vol. 254, 120072.

Li, Z. R., Song, Y., Zhou, A. N., Liu, J., Pang, J. R., Zhang, M., 2020c, "Study on the Pollution Emission Efficiency of China's Provincial Regions: The Perspective of Environmental Kuznets Curve", *Journal of Cleaner Production*, Vol. 263, 121497.

Liao, X. C., Shi, X. P., 2018, "Public Appeal, Environmental Regulation and Green Investment: Evidence from China", *Energy Policy*, Vol. 119, pp. 554–562.

Liu, D. Y., 2021, "Value Evaluation System of Ecological Environment Damage Compensation Caused by Air Pollution", *Environmental Technology & Innovation*, Vol. 22, 101473.

Lu, W., Tam, V. W. Y., Du, L., Chen, H., 2021, "Impact of Industrial Agglomeration on Haze Pollution: New Evidence from Bohai Sea Economic Region in China", *Journal of Cleaner Production*, Vol. 280, 124414.

Luan, B. J., Zou, H., Chen, S. X., Huang, J. B., 2021, "The Effect of Industrial Structure Adjustment on China's Energy Intensity: Evidence from Linear and Nonlinear Analysis", *Energy*, Vol. 218, 119517.

Mao, F. Y., Zang, L., Wang, Z., Pan, Z. X., Zhu, B., Gong, W., 2020, "Dominant Synoptic Patterns during Wintertime and Their Impacts on Aerosol Pollution in Central China", *Atmospheric Research*, Vol. 232, 104701.

Maxim, M. R., 2020, "Environmental Fiscal Reform and the Possibility of Triple Dividend in European and Non-European Countries: Evidence from a Meta-Regression Analysis", *Environmental Economics and Policy Studies*, Vol. 22, No. 4, pp. 633-656.

Meng, C. S., Tang, Q., Yang, Z. H., Cheng, H. Y., Li, Z. G., Li, K. L., 2021, "Collaborative Control of Air Pollution in the Beijing-Tianjin-Hebei Region", *Environmental Technology & Innovation*, Vol. 23, 101557.

Messner, S., 1997, "Synergies and Conflicts of Sulfur and Carbon Mitigation Strategies", *Energy Conversion & Management*, Vol. 38, pp. S629-S634.

Newell, R. G., Pizer, W. A., Raimi, D. U. S., 2019, "Federal Government Subsidies for Clean Energy: Design Choices and Implications", *Energy Economics*, Vol. 80, pp. 831-841.

Oates, W. E., 1999, "An Essay on Fiscal Federalism", *Journal of Economic Literature*, Vol. 37, No. 3, pp. 1120-1149.

Oates, W. E., 2008, "On the Evolution of Fiscal Federalism: Theory and Institutions", *National Tax Journal*, Vol. 61, No. 2, pp. 313-334.

Pan, X. Z., Wei, Z. X., Han, B. T., Shahbaz, M., 2021, "The Heterogeneous Impacts of Interregional Green Technology Spillover on Energy Intensity in China", *Energy Economics*, Vol. 96, 105133.

Pazienza, P., 2019, "The Impact of FDI in the OECD Manufacturing Sector on CO_2 Emission: Evidence and Policy Issues", *Environmental Impact Assessment Review*, Vol. 77, pp. 60-68.

Pierce, D., 1991, "The Role of Carbon Taxes in Adjusting to Global Warming", *The Economic Journal*, Vol. 101, No. 407, pp. 938-948.

Pigou, A. , 1920, *The Economics of Welfare*, London: Macmillan.

Pigou, A. C. , 1951, "Some Aspects of Welfare Economics", *The American Economic Review*, Vol. 41, pp. 287–302.

Qiang, W. , Lee, H. F. , Lin, Z. W. , Wong, D. W. H. , 2020, "Revisiting the Impact of Vehicle Emissions and Other Contributors to Air Pollution in Urban Built-Up Areas: A Dynamic Spatial Econometric Analysis", *Science of the Total Environment*, Vol. 740, 140098.

Qin, M. , Fan, L. F. , Li, J. , Li, Y. F. , 2021, "The Income Distribution Effects of Environmental Regulation in China: The Case of Binding SO_2 Reduction Targets", *Journal of Asian Economics*, Vol. 73, 101272.

Razzaq, A. , An, H. , Delpachitra, S. , 2021, "Does Technology Gap Increase FDI Spillovers on Productivity Growth? Evidence from Chinese Outward FDI in Belt and Road Host Countries", *Technological Forecasting and Social Change*, Vol. 172, 121050.

Reed, M. S. , 2008, "Stakeholder Participation for Environmental Management: A Literature Review", *Biological Conservation*, Vol. 141, No. 10, pp. 2417–2431.

Shao, N. N. , Ma, L. D. , Zhang, J. L. , 2018, "Study on the Rural Residence Heating Temperature Based on the Residents Behavior Pattern in South Liaoning Province", *Energy and Buildings*, Vol. 174, pp. 179–189.

Sjoberg, E. , 2016, "An Empirical Study of Federal Law Versus Local Environmental Enforcement", *Journal of Environmental Economics and Management*, Vol. 76, pp. 14–31.

Smith, K. R. , Frumkin, H. , Balakrishnan, K. , Butler, C. D. , Chafe, Z. A. , Fairlie, I. , Kinney, P. , Kjellstrom, T. , Mauzerall, D. L. , McKone, T. E. , McMichael, A. J. , Schneider, M. , 2013, "Energy and Human Health", *Annual Review of Public Health*, Vol. 34, pp. 159–188.

Song, Y. , Li, Z. R. , Yang, T. T. , Xia, Q. , 2020, "Does the Expansion of the Joint Prevention and Control Area Improve the Air Quality?

Evidence from China's Jing-Jin-Ji Region and Surrounding Areas", *Science of the Total Environment*, Vol. 706, 136034.

Stergiou, E., Kounetas, K. E., 2021, "Eco-Efficiency Convergence and Technology Spillovers of European Industries", *Journal of Environmental Management*, Vol. 283, 111972.

Sun, C. W., Ouyang, X. L., 2016, "Price and Expenditure Elasticities of Residential Energy Demand during Urbanization: An Empirical Analysis Based on the Household-Level Survey Data in China", *Energy Policy*, Vol. 88, pp. 56-63.

Sun, Y. X., Ibikunle, G., 2017, "Informed Trading and the Price Impact of Block Trades: A High Frequency Trading Analysis", *International Review of Financial Analysis*, Vol. 54, pp. 114-129.

Talebzadehhosseini, S., Garibay, I., 2022, "The Interaction Effects of Technological Innovation and Path-Dependent Economic Growth on Countries Overall Green Growth Performance", *Journal of Cleaner Production*, Vol. 333, 130134.

Tang, K., Qiu, Y., Zhou, D., 2020, "Does Command-and-Control Regulation Promote Green Innovation Performance? Evidence from China's Industrial Enterprises", *Science of the Total Environment*, Vol. 712, 136362.

Teng, M. X., Paul, J., Burke, P. J., Liao, H., 2019, "The Demand for Coal among China's Rural Households: Estimates of Price and Income Elasticities", *Energy Economics*, Vol. 80, pp. 928-936.

Thambiran, T., Diab, R. D., 2011, "Air Pollution and Climate Change Co-Benefit Opportunities in the Road Transportation Sector in Durban, South Africa", *Atmospheric Environment*, Vol. 45, No. 16, pp. 2683-2689.

Uhr, D. D. P., Chagas, A. L. S., Uhr, J. G. Z., 2019, "Estimation of Elasticities for Electricity Demand in Brazilian Households and Policy Implications", *Energy Policy*, Vol. 129, pp. 69-79.

Walter, I., Ugelow, J. L., 1979, "Environmental Policies in Developing-Countries", *Ambio*, Vol. 8, No. 2, pp. 102-109.

Wang, H. B., Zhao, L. J, 2018, "A Joint Prevention and Control Mechanism for Air Pollution in the Beijing-Tianjin-Hebei Region in China Based on Long-Term and Massive Data Mining of Pollutant Concentration", *Atmospheric Research*, Vol. 174, pp. 25-42.

Wang, H. R., Cui, H. R., Zhao, Q. Z., 2021a, "Effect of Green Technology Innovation on Green Total Factor Productivity in China: Evidence from Spatial Durbin Model Analysis", *Journal of Cleaner Production*, Vol. 288, 125624.

Wang, J. B., Yamamoto, T., Liu, K., 2021b, "Spatial Dependence and Spillover Effects in Customized Bus Demand: Empirical Evidence Using Spatial Dynamic Panel Models", *Transport Policy*, Vol. 105, pp. 166-180.

Wang, Q., Zhao, L. J., Guo, L., Jiang, R., Zeng, L. J., Xie, Y. J., Bo, X., 2019a, "A Generalized Nash Equilibrium Game Model for Removing Regional Air Pollutant", *Journal of Cleaner Production*, Vol. 227, pp. 522-531.

Wang, T., Wang, P. C., Hendrick, F., Van Roozendael, M., 2018, "Re-Examine the APEC Blue in Beijing 2014", *Journal of Atmospheric Chemistry*, Vol. 75, No. 2, pp. 235-46.

Wang, X. Z., Zheng, Y., Jiang, Z. H., Tao, Z. Y., 2021c, "Influence Mechanism of Subsidy Policy on Household Photovoltaic Purchase Intention under an Urban - Rural Divide in China", *Energy*, Vol. 220, 119750.

Wang, Y., Zhao, Y. H., 2021, "Is Collaborative Governance Effective for Air Pollution Prevention? A Case Study on the Yangtze River Delta Region of China", *Journal of Environmental Management*, Vol. 292, 112709.

Wang, Y. J., Li, H. L., Feng, J., Wang, W., Liu, Z. Y., Huang, L., Yaluk, E., Lu, G. B., Manomaiphiboon, K., Gong, Y. G.,

Traore, D. , Li, L. , 2021d, "Spatial Characteristics of PM2. 5 Pollution among Cities and Policy Implication in the Northern Part of the North China Plain", *Atmosphere*, Vol. 12, No. 1, p. 77.

Wang, Z. , Li, C. , Cui, C. , Liu, H. , Cai, B. F. , 2019b, "Cleaner Heating Choices in Northern Rural China: Household Factors and the Dual Substitution Policy", *Journal of Environmental Management*, Vol. 249, 109433.

Wang, Z. L. , Zhu, Y. F. , 2020, "Do Energy Technology Innovations Contribute to CO_2 Emissions Abatement? A Spatial Perspective", *Science of the Total Environment*, Vol. 726, 138574.

Wei, Y. G. , Wang, Z. C. , Wang, H. W. , Li, Y. , 2021, "Compositional Data Techniques for Forecasting Dynamic Change in China's Energy Consumption Structure by 2020 and 2030", *Journal of Cleaner Production*, Vol. 284, 124702.

Wu, J. W. , Wei, Y. D. , Chen, W. , Yuan, F. , 2019a, "Environmental Regulations and Redistribution of Polluting Industries in Transitional China: Understanding Regional and Industrial Differences", *Journal of Cleaner Production*, Vol. 206, pp. 142-155.

Wu, S. M. , Zheng, X. , Khanna, N. , Feng, W. , 2020, "Fighting Coal-Effectiveness of Coal-Replacement Programs for Residential Heating in China: Empirical Findings from a Household Survey", *Energy for Sustainable Development*, Vol. 55, pp. 170-180.

Wu, X. W. , Wang, L. , Zheng, H. L. , 2019b, "A Network Effect on the Decoupling of Industrial Waste Gas Emissions and Industrial Added Value: A Case Study of China", *Journal of Cleaner Production*, Vol. 234, pp. 1338-1350.

Wunder, S. , 2015, "Revisiting the Concept of Payments for Environmental Services", *Ecological Economics*, Vol. 117, pp. 234-243.

Xie, Y. J. , Zhao, L. J. , Xue, J. , Gao, H. O. , Li, H. Y. , Jiang, R. , Qiu, X. Y. , Zhang, S. H. , 2018, "Methods for Defining the Scopes and Priorities for Joint Prevention and Control of Air Pollution Regions Based on Data-Mining Technologies", *Journal of Cleaner Production*, Vol. 185, pp. 912-921.

Xu, M. M., Wu, J. N., 2020, "Can Chinese-Style Environmental Collaboration Improve the Air Quality? A Quasi-Natural Experimental Study across Chinese Cities", *Environmental Impact Assessment Review*, Vol. 85, 106466.

Xu, Y. Q., 2017, "Generalized Synthetic Control Method: Causal Inference with Interactive Fixed Effects Models", *Political Analysis*, Vol. 25, No. 1, pp. 57-76.

Yang, X., Teng, F., Wang, G. H., 2013, "Incorporating Environmental Co-Benefits into Climate Policies: A Regional Study of the Cement Industry in China", *Applied Energy*, Vol. 112, pp. 1446-1453.

Yang, X. H., Yang, Z. M., Jia, Z., 2021a, "Effects of Technology Spillover on CO_2 Emissions in China: A Threshold Analysis", *Energy Reports*, Vol. 7, pp. 2233-2244.

Yang, Y., Zhao, L. J., Wang, C. C., Xue, J., 2021b, "Towards More Effective Air Pollution Governance Strategies in China: A Systematic Review of the Literature", *Journal of Cleaner Production*, Vol. 297, 126724.

Ye, C. H., Sun, C. W., Chen, L. T., 2018, "New Evidence for the Impact of Financial Agglomeration on Urbanization from a Spatial Econometrics Analysis", *Journal of Cleaner Production*, Vol. 200, pp. 65-73.

Yeung, D. W. K., Zhang, Y. X., Bai, H. T., Islam, S. M. N., 2021, "Collaborative Environmental Management for Transboundary Air Pollution Problems: A Differential Levies Game", *Journal of Industrial and Management Optimization*, Vol. 17, No. 2, pp. 517-531.

Yu, C. Y., Kang, J. J., Teng, J., Long, H. Y., Fu, Y. Y., 2021a, "Does Coal-to-Gas Policy Reduce Air Pollution? Evidence from a Quasi-Natural Experiment in China", *Science of the Total Environment*,

Vol. 773, 144645.

Yu, Y., Xu, H. H., Jiang, Y. J., Chen, F., Cui, X. D., He, J., Liu, D. T., 2021b, "A Modeling Study of PM2.5 Transboundary Transport during a Winter Severe Haze Episode in Southern Yangtze River Delta, China", *Atmospheric Research*, Vol. 248, 105159.

Yu, Y. H., Zheng, X. Y., Han, Y., 2014, "On the Demand for Natural Gas in Urban China", *Energy Policy*, Vol. 70, pp. 57-63.

Yu, Y. T., Zhang, N., 2021, "Low-Carbon City Pilot and Carbon Emission Efficiency: Quasi-Experimental Evidence from China", *Energy Economics*, Vol. 96, 105125.

Yuan, Q. Q., Yang, D. W., Yang, F., Luken, R., Saieed, A., Wang, K., 2020, "Green Industry Development in China: An Index Based Assessment from Perspectives of Both Current Performance and Historical Effort", *Journal of Cleaner Production*, Vol. 250, 119457.

Yuan, X. L., Zhang, M. F., Wang, Q. S., Wang, Y. T., Zuo, J., 2017, "Evolution Analysis of Environmental Standards: Effectiveness on Air Pollutant Emissions Reduction", *Journal of Cleaner Production*, Vol. 149, pp. 511-520.

Zeng, J. J., Liu, T., Feiock, R., Li, F., 2019, "The Impacts of China's Provincial Energy Policies on Major Air Pollutants: A Spatial Econometric Analysis", *Energy Policy*, Vol. 132, pp. 392-403.

Zhang, B., Fang, K. H., Baerenklau, K. A., 2017, "Have Chinese Water Pricing Reforms Reduced Urban Residential Water Demand?", *Water Resources Research*, Vol. 53, No. 6, pp. 5057-5069.

Zhang, C. Q., Yang, J. J., 2019, "Economic Benefits Assessments of 'Coal-to-Electricity' Project in Rural Residents Heating Based on Life Cycle Cost", *Journal of Cleaner Production*, Vol. 213, pp. 217-224.

Zhang, D. Y., Vigne, S. A., 2021, "The Causal Effect on Firm Performance of China's Financing-Pollution Emission Reduction Policy: Firm-Level Evidence", *Journal of Environmental Management*, Vol. 279,

111609.

Zhang, F. F., Xing, J., Zhou, Y., Wang, S. X., Zhao, B., Zheng, H. T., Zhao, X., Chang, H. Z., Jang, C., Zhu, Y., Hao, J. M., 2020, "Estimation of Abatement Potentials and Costs of Air Pollution Emissions in China", *Journal of Environmental Management*, Vol. 260, 110069.

Zhang, N. N., Guan, Y., Li, Y. F., Wang, S. X., 2021, "New Region Demarcation Method for Implementing the Joint Prevention and Control of Atmospheric Pollution Policy in China", *Journal of Cleaner Production*, Vol. 325, 129345.

Zhang, P., Wu, J. N., 2018, "Impact of Mandatory Targets on PM2.5 Concentration Control in Chinese Cities", *Journal of Cleaner Production*, Vol. 197, pp. 323-331.

Zhang, S. H., Mendelsohn, R., Cai, W. J., Cai, B. F., Wang, C., 2019, "Incorporating Health Impacts into a Differentiated Pollution Tax Rate System: A Case Study in the Beijing-Tianjin-Hebei Region in China", *Journal of Environmental Management*, Vol. 250, 109527.

Zhao, L. J., Xue, J., Li, C. M., 2013, "A Bi-Level Model for Transferable Pollutant Prices to Mitigate China's Interprovincial Air Pollution Control Problem", *Atmospheric Pollution Research*, Vol. 4, No. 4, pp. 446-453.

Zhao, Z. Y., Chang, R. D., Chen, Y. L., 2016, "What Hinder the Further Development of Wind Power in China? —A Socio-Technical Barrier Study", *Energy Policy*, Vol. 88, pp. 465-476.

Zheng, D., Shi, M. J., 2017, "Multiple Environmental Policies and Pollution Haven Hypothesis: Evidence from China's Polluting Industries", *Journal of Cleaner Production*, Vol. 141, pp. 295-304.

Zheng, Y., Peng, J. C., Xiao, J. Z., Su, P. D., Li, S. Y., 2020, "Industrial Structure Transformation and Provincial Heterogeneity Characteristics Evolution of Air Pollution: Evidence of a Threshold Effect from China", *Atmospheric Pollution Research*, Vol. 11, No. 3, pp. 598–609.

Zhong, S., Li, J., Zhao, R. L., 2021, "Does Environmental Information Disclosure Promote Sulfur Dioxide (SO_2) Remove? New Evidence from 113 Cities in China", *Journal of Cleaner Production*, Vol. 299, 126906.

Zhou, L., Tian, L., Gao, Y., Ling, Y. K., Fan, C. J., Hou, D. Y., Shen, T. Y., Zhou, W. T., 2019a, "How Did Industrial Land Supply Respond to Transitions in State Strategy? An Analysis of Prefecture–Level Cities in China from 2007 to 2016", *Land Use Policy*, Vol. 87, 104009.

Zhou, Z., Tan, Z. B., Yu, X. H., Zhang, R. T., Wei, Y. M., Zhang, M. J., Sun, H. X., Meng, J., Mi, Z. F., 2019b, "The Health Benefits and Economic Effects of Cooperative PM2.5 Control: A Cost–Effectiveness Game Model", *Journal of Cleaner Production*, Vol. 228, pp. 1572–1585.

Zhou, Z. Y., Zhang, A. M., 2021, "High–Speed Rail and Industrial Developments: Evidence from House Prices and City–Level GDP in China", *Transportation Research Part A: Policy and Practice*, Vol. 149, pp. 98–113.

Zou, B. L., Luo, B. L., 2019, "Rural Household Energy Consumption Characteristics and Determinants in China", *Energy*, Vol. 182, pp. 814–823.